丛书编委会

主　　任　黄汉升
副 主 任　朱锦懋　苏　明　胡志刚
编　　委　（按姓氏笔画顺序排列）

马　达　叶雪梅　许益秀　刘恭祥　陈清华　宋鲁闽
林富明　林　钦　林　赟　胡志刚　俞如旺　黄宇星
黄培蓉　虞永飞

本书编写组

主　　编　俞如旺
编写人员　（按姓氏笔画顺序排列）

李君君　庄彩虹　林　敏
陈凤斌　黄宇星　俞如旺

教师教育专业课堂教学技能训练系列教材

2007福建师范大学重点教学改革与创新项目

【第二版】

生物微格教学

○ 俞如旺 主编

厦门大学出版社

总 序

　　微格教学在20世纪80年代引入我国,作为训练师范生教学技能的有效方式,目前已广泛应用于高师院校的教师教育专业课程。实践表明,微格教学有助于克服传统的教育类课程偏重理论灌输的局限,使教学理论的学习与操作技能的锻炼得到有机的统一,学生的教育教学实践能力明显提高。十几年来,福建师范大学各学院陆续开展微格教学,取得了一定成绩。在此基础上,今年正式将微格教学纳入"福建师范大学2007本科人才培养方案",在各学院设置以微格教学为基本方式的必修课程——"课堂教学技能"。我们相信,教师教育专业课程体系的改革必将为微格教学质量的提高创造更好的条件。

　　众所周知,微格教学需要一定的硬件设施。福建师范大学经过十几年的努力,微格教学的基础建设已具一定规模,现有设施较为先进的微格教室6间共390平方米,计划再建5间共280平方米。但是,包括教材在内的课程体系建设也是十分重要的,甚至更加重要。为学习兄弟院校的宝贵经验,学校组织13个学院的学科教学教研室主任分批到北京师范大学、首都师范大学、北京教育学院和陕西师范大学等参观考察。教育科学技术学院和各专业学院的有关教师共同申报了"福建师范大学教师教育专业'微格教学'课程建设"课题,并纳入"2007年福建师范大学重点教学改革与创新项目"。课题组在梳理、总结历年微格教学经验的基础上,制定了各学院教师教育专业"课堂教学技能"课程标准,并编写了这套"教师教育专业微格教学技能训练系列教材"。

　　这套系列教材的编写者大都是教师教育专业本科教学的一线

教师,编写者有较厚实的教育理论修养,又有丰富的教学技能训练经验,因此,教材既有精要的理论阐述,又有透辟的实例剖析,理论与实践相结合,易于操作,实用性强。教材还依据我国基础教育课程改革对教师的新要求,拓展了教学技能的外延,增加了说课技能、评课技能、调控技能、多媒体教学技能、教学设计技能等内容,既注意到教学技能的共同规范,又切合基础教育各学科课程的特点。

编写这套教材的初衷是吸收近年来国内外教师教育的研究成果,融入本科教学,使之成为引玉之砖,对我国的教师教育专业"课堂教学技能"类课程的教学有所帮助,对教师教育课程建设的科学化有所借鉴。

当然,在多学科的系列教材中,求得统一体例与学科特点之间的平衡并不是容易的事情,这套教材有些疏失在所难免。但做任何事情,行动是最重要的,只有行动起来,才能在实践中得到检验,在过程中不断完善。

教师教育专业课堂教学技能训练系列教材编写委员会
2007 年 10 月 10 日

再版前言

　　本书是福建师范大学重点教学改革与创新项目"福建师范大学教师教育专业微格教学课程建设"的成果之一。生物课堂教学技能训练是生物教师教育专业学生的一门必修课程。通过微格教学的手段,可使学生熟练掌握中学生物教师所必备的教学技能,为顺利适应教育实习和中学生物教学工作打下坚实基础。

　　本书第一版作为国内第一本讨论生物学微格教学训练的教材,得到了来自全国高师院校的肯定,并作为许多高师院校的本科、硕士教学用书。这主要得益于本书适应了生物学教师教育教学技能培训的需要。众所周知,当前教师课堂教学技能似乎从来没有这样被重视过,各种级别的教学技能大赛以及师范生就业选拔考试都强调了其训练的重要性。

　　借再版时机,我们对书稿进行了如下修订:

　　1. 删去了"微格教室的组成与使用"一章的内容。微格教学技术迅猛发展,尤其是现代网络信息技术的发展使传统的微格教学技术发生了很大的变化,各种形式的微格教室以及使用到的现代信息技术层出不穷,且均能很好地实现微格教学的要求。如全自动录播系统与微格教室的整合;图像定位系统替代过去传统的红外感应;课件录制系统、导播系统、非线性编辑系统在微格教室建设中的大量应用,使微格教室技术提到了很高的现代化水平,也为微格教学的开展提供了更大的发展空间。由此,再去规定一种微格教室的建设模式显得多余,故将其删去。

　　2. 增加了评价的一些实用方法,如应用模糊综合评价法进行微格教学评价,使评价能更客观、更具操作性。

　　同时还对本书的部分案例做了增加、补充及撤换处理,另外也对全书文字、语句等方面进行了详细地修订。

　　本书修订版分两个部分,第一章介绍了微格教学的来源、性质、意义和发展,包括训练程序、设计实施、教案编写的一般理论和方法。从第二章开始到第十四章,详细地论述和讲解了中学生物课堂教学的基本教学技能,包括生物教学设计技能、教态变化技能、教学语言技能、讲授技能、提问技能、板书技能、生物实验教学技能、演示实验教学技能、导入技能、强化技能、结束技能、说课技能、评课技能等。

　　本书编写及修订过程中,我们力求以现代教育教学理念为主导,以服务生物教师课堂教学技能的养成和提高为出发点,努力集理论性、实用性、可操作性于一体,将生物教育改革和研究的"新课程"、"新理念"、"新方法"与中学生物课堂教学实践融合在一起,以帮助读者掌握课堂教学的各项教学技能,提高教师课堂教学的实际应用能力,能够使高等师范生物教师教育专业的学生更加系统、全面地进行课堂教学技能的微格教学训练,促进生物课堂教学技能的改革和发展,为优化中学生物课堂、提高教学效率起到积极的作用。

　　本书的第一章由黄宇星编写,第二章由林敏编写,李君君参与了第五章、第六章、第十章、第十一章、第十二章、第十三章、第十四章的资料收集和部分编写工作,庄彩虹参与了第七章的资料收集和部分编写工作,其余由俞如旺编写完成,并负责全书策划和统稿、定稿。郑翠芳主要负责全书的修订工作。福建师范大学生命科学学院部分2004级本科生、2008级本科生及2011级教育硕士生参与了资料收集和书稿校对、整理工作,在此一并表示感谢。

　　本书在编写过程中,参阅了许多专家、同行的成果,谨此致谢;凡未一一注明的,敬请原谅。本书尚有不足之处,望同行不吝赐教,提出宝贵意见。

俞如旺
2012 年 2 月 26 日

内容提要

本书以心理学、教育学和生物课程与教学论的理论知识为基础，紧密结合我国中学生物课堂教学的实际情况，在参考了有关微格教学以及生物课堂教学技能研究资料的基础上，根据生物学科教学的特点，对微格教学的概念、特点和实施步骤及评价方案做了详细的阐述；对每个生物课堂教学技能的概念与作用、类型与设计、应用与评价作了可操作性的论述和讲解。全书力求以服务生物新教师教学为出发点，提倡"新课程"、"新理念"、"新方法"，对各个技能进行了全方位的介绍，突出实践性和可操作性，以帮助读者掌握课堂教学的各项教学技能，提高教师教学的实际应用能力。书中课例的运用力图结合当前基础生物教育新课程改革的现状，采用了中学生物新课程改革的一些典型课例作为本书编写的案例。

本书可作为高等师范院校生物教育专业和各级教育学院的微格教学培训教材或参考书，也可作为中学生物教师的继续教育用书和教学参考书。

目 录

第一章 微格教学理论与实践	1
第一节 微格教学概述	1
一、什么是微格教学	1
二、微格教学的产生和发展	2
三、微格教学的理论依据	5
四、微格教学的基本特点	7
五、微格教学的作用	9
第二节 微格教学的开展模式	10
一、斯坦福大学及芝加哥大学模式(美国)	10
二、悉尼大学模式(澳大利亚)	12
三、新乌斯特大学及斯特灵大学模式(英国)	14
四、对各国微格教学模式的分析	17
五、我国的微格教研模式	19
第三节 微格教学设计与教案编写	20
一、微格教学的教学设计	20
二、微格教学教案的编写	21
第四节 微格教学过程的组织实施	22
一、理论学习和辅导	23
二、教学技能分析	23
三、组织示范观摩	23
四、指导备课	24
五、角色扮演	24
六、反馈评议	25
七、修改教案,反复训练	26

第五节 微格教学技能的评价与反馈 …… 27
   一、微格教学评价的意义和作用 …… 27
   二、评价指标体系的建立 …… 29
   三、微格教学评价的实施 …… 30
   四、微格教学中的反馈 …… 45
   思考与练习 …… 46

第二章 生物教学设计技能 …… 47
第一节 教学设计概述 …… 47
   一、教学设计的概念 …… 47
   二、教学设计的作用 …… 47
   三、教学设计的特点 …… 48
   四、教学设计的基本要素 …… 49
   五、教学设计模式的构成 …… 50
第二节 生物教学设计的内容 …… 51
   一、前端分析 …… 51
   二、教学目标的设计 …… 57
   三、教学策略的设计 …… 62
   四、教学评价的设计 …… 69
第三节 生物学教学设计案例 …… 71
   一、新授课教学设计案例 …… 71
   二、实验课教学设计案例 …… 77
   三、探究课教学设计案例 …… 82
   四、研究课教学设计案例 …… 89
第四节 生物教学设计技能的评价记录表 …… 96
   思考与练习 …… 96

第三章 教态变化技能 …… 97
第一节 教态变化技能概述 …… 97
   一、什么是教态变化技能 …… 97
   二、体态语言的特点 …… 98
   三、体态语言在教学中的作用 …… 98
   四、教态变化的类型 …… 99
第二节 教态变化技能的设计 …… 102
   一、眼神变化 …… 102

二、表情变化 …………………………………… 104
　　三、手势变化 …………………………………… 107
　　四、体态变化 …………………………………… 109
第三节　教态变化技能的运用 ……………………… 113
　　一、运用教态变化技能的方法与技巧 …………… 113
　　二、运用教态变化技能的基本原则 ……………… 115
第四节　教态变化技能评价记录表 ………………… 116
思考与练习 …………………………………………… 116

第四章　教学语言技能 ……………………………… 118
第一节　教学语言技能概述 ………………………… 118
　　一、什么是教学语言技能 ………………………… 118
　　二、教学语言技能的作用 ………………………… 119
　　三、教学语言技能的组成要素 …………………… 120
第二节　教学语言的设计 …………………………… 124
　　一、导言的设计 …………………………………… 124
　　二、新知讲授的设计 ……………………………… 124
　　三、课堂提问的设计 ……………………………… 125
　　四、章节小结的设计 ……………………………… 125
　　五、过渡语言的设计 ……………………………… 126
　　六、评价语的设计 ………………………………… 126
第三节　教学语言技能的运用 ……………………… 128
　　一、运用教学语言技能的技巧 …………………… 128
　　二、如何提高教学语言技能 ……………………… 131
　　三、运用教学语言技能的基本要求 ……………… 132
第四节　教学语言技能评价记录表 ………………… 137
思考与练习 …………………………………………… 137

第五章　讲授技能 …………………………………… 139
第一节　讲授技能概述 ……………………………… 139
　　一、什么是讲授技能 ……………………………… 139
　　二、讲授技能的特点 ……………………………… 140
　　三、讲授技能的作用 ……………………………… 142
　　四、讲授技能的类型 ……………………………… 143
　　五、讲授技能的组成要素 ………………………… 144

  第二节 讲授技能的设计 …………………………………… 146
   一、解释式 …………………………………………………… 146
   二、描述式 …………………………………………………… 146
   三、原理中心式 ……………………………………………… 147
   四、问题中心式 ……………………………………………… 148
  第三节 讲授技能的运用 …………………………………… 149
   一、运用讲授技能的方法 …………………………………… 149
   二、运用讲授技能的技巧 …………………………………… 150
   三、运用讲授技能的原则 …………………………………… 151
  第四节 讲授技能评价记录表 ………………………………… 153
   思考与练习 …………………………………………………… 153

第六章 提问技能 ……………………………………………… 154
  第一节 提问技能概述 ……………………………………… 154
   一、什么是提问技能 ………………………………………… 154
   二、提问技能的作用 ………………………………………… 155
   三、提问技能的构成要素 …………………………………… 156
   四、课堂提问的过程 ………………………………………… 159
  第二节 提问技能的设计 …………………………………… 160
   一、回忆型提问 ……………………………………………… 160
   二、理解型提问 ……………………………………………… 161
   三、运用型提问 ……………………………………………… 162
   四、分析与综合型 …………………………………………… 163
   五、评价型提问 ……………………………………………… 165
  第三节 提问技能的运用 …………………………………… 165
   一、当前课堂提问存在的常见问题 ………………………… 165
   二、运用提问技能方法与技巧 ……………………………… 166
   三、运用提问技能的要求 …………………………………… 168
   四、运用提问技能的注意事项 ……………………………… 170
  第四节 提问技能评价记录表 ………………………………… 172
   思考与练习 …………………………………………………… 172

第七章 板书技能 ……………………………………………… 173
  第一节 板书技能概述 ……………………………………… 173
   一、什么是板书技能 ………………………………………… 173

　　二、板书技能的特点 …………………………………… 174
　　三、板书技能的作用 …………………………………… 175
　第二节　板书的设计 …………………………………… 177
　　一、板书设计的方法 …………………………………… 177
　　二、板书设计的类型 …………………………………… 178
　　三、板书的设计要求 …………………………………… 185
　第三节　板书技能的运用 ……………………………… 189
　　一、板书绘画技巧 ……………………………………… 189
　　二、运用板书技能的技巧 ……………………………… 190
　　三、运用板书技能的原则 ……………………………… 192
　　四、运用板书技能的注意事项 ………………………… 194
　第四节　板书技能评价记录表 ………………………… 195
　　思考与练习 ……………………………………………… 195

第八章　生物学实验教学技能 ………………………… 196
　第一节　生物学实验概述 ……………………………… 196
　　一、什么是生物学实验 ………………………………… 196
　　二、生物学实验组成要素 ……………………………… 196
　第二节　生物学实验的类型分析 ……………………… 198
　　一、实验室实验和自然实验 …………………………… 198
　　二、探索性实验与验证性实验 ………………………… 199
　　三、定性实验与定量实验 ……………………………… 200
　　四、比较实验 …………………………………………… 201
　　五、析因实验 …………………………………………… 202
　　六、模拟实验 …………………………………………… 202
　　七、调查实验 …………………………………………… 203
　　八、演示实验、学生实验、课外实验 ………………… 203
　第三节　生物学实验的设计与实施 …………………… 204
　　一、生物学实验的设计 ………………………………… 204
　　二、生物学实验的实施 ………………………………… 206
　第四节　生物学实验设计的一般原则 ………………… 207
　　一、科学性原则 ………………………………………… 207
　　二、单一变量原则 ……………………………………… 207
　　三、对照性原则 ………………………………………… 208

四、随机性原则 ………………………………………………… 209
五、可重复性原则 ……………………………………………… 209
六、简便性原则 ………………………………………………… 210
七、可行性原则 ………………………………………………… 210
八、安全性原则 ………………………………………………… 210
第五节　中学生物学实验 …………………………………………… 210
一、中学生物学实验的目的 …………………………………… 210
二、中学生物学实验的意义 …………………………………… 211
三、中学生物学实验教学的组织、实施与优化 ……………… 220
第六节　生物学实验教学技能评价记录表 ………………………… 223
思考与练习 ………………………………………………………… 223

第九章　演示实验教学技能 …………………………………… 224
第一节　演示实验概述 ……………………………………………… 224
一、什么是演示实验 …………………………………………… 224
二、演示实验的特点 …………………………………………… 224
三、演示实验的作用 …………………………………………… 225
第二节　演示实验教学技能设计 …………………………………… 226
一、演示内容设计 ……………………………………………… 227
二、演示过程设计 ……………………………………………… 229
三、演示人员设计 ……………………………………………… 231
第三节　演示实验教学技能的运用 ………………………………… 231
一、演示实验教学的方法 ……………………………………… 231
二、演示实验教学的优化 ……………………………………… 233
三、运用演示实验技能的原则 ………………………………… 235
第四节　演示实验教学技能评价记录表 …………………………… 242
思考与练习 ………………………………………………………… 242

第十章　导入技能 ………………………………………………… 243
第一节　导入技能概述 ……………………………………………… 243
一、什么是导入技能 …………………………………………… 243
二、导入技能的作用 …………………………………………… 244
三、导入技能的组成 …………………………………………… 245
第二节　导入技能的设计 …………………………………………… 246
一、直接导入 …………………………………………………… 246

目　录

　　二、直观导入 …………………………………………………… 248
　　三、置疑导入 …………………………………………………… 249
　　四、悬念导入 …………………………………………………… 250
　　五、逻辑推理导入 ……………………………………………… 251
　　六、谈话导入 …………………………………………………… 251
　　七、习题导入 …………………………………………………… 251
　　八、趣味导入 …………………………………………………… 252
 第三节　导入技能的运用 ………………………………………… 254
　　一、导入技能的方法选择 ……………………………………… 254
　　二、运用导入技能的要求 ……………………………………… 255
　　三、运用导入技能应该注意的几个问题 ……………………… 256
　　四、导入技能教学案例分析 …………………………………… 257
 第四节　导入技能评价记录表 …………………………………… 259
　　思考与练习 ……………………………………………………… 259

第十一章　强化技能 …………………………………………… 260
 第一节　强化技能概述 …………………………………………… 260
　　一、什么是强化技能 …………………………………………… 260
　　二、强化技能的作用 …………………………………………… 261
　　三、强化技能的构成要素 ……………………………………… 263
 第二节　强化技能的设计 ………………………………………… 264
　　一、语言强化 …………………………………………………… 264
　　二、动作强化 …………………………………………………… 266
　　三、标志强化 …………………………………………………… 268
　　四、活动强化 …………………………………………………… 269
 第三节　强化技能的运用 ………………………………………… 270
　　一、运用强化技能的技巧 ……………………………………… 270
　　二、运用强化技能的原则 ……………………………………… 274
 第四节　强化技能评价记录表 …………………………………… 276
　　思考与练习 ……………………………………………………… 277

第十二章　结束技能 …………………………………………… 278
 第一节　结束技能概述 …………………………………………… 278
　　一、什么是结束技能 …………………………………………… 278
　　二、结束技能的作用 …………………………………………… 279

  三、结束技能的构成要素 ………………………………………… 280
 第二节 结束技能的设计 ……………………………………………… 281
 第三节 结束技能的运用 ……………………………………………… 287
  一、运用结束技能的基本要求 …………………………………… 287
  二、运用结束技能应该避免的几个问题 ………………………… 289
  三、运用结束技能的原则 ………………………………………… 290
  四、结束技能教学案例分析 ……………………………………… 291
 第四节 结束技能评价记录表 ………………………………………… 293
  思考与练习 …………………………………………………………… 293

第十三章 说课技能 …………………………………………………………… 295
 第一节 说课概述 ……………………………………………………… 295
  一、什么是说课 …………………………………………………… 295
  二、说课的特点 …………………………………………………… 296
  三、说课的类型 …………………………………………………… 296
  四、说课的作用 …………………………………………………… 298
  五、说课与备课、上课的关系 …………………………………… 299
 第二节 说课的设计 …………………………………………………… 300
  一、说教材 ………………………………………………………… 300
  二、说目标 ………………………………………………………… 301
  三、说学情 ………………………………………………………… 302
  四、说教法 ………………………………………………………… 303
  五、说教学程序 …………………………………………………… 303
 第三节 说课的运用 …………………………………………………… 305
  一、说课的方法和技巧 …………………………………………… 305
  二、说课的基本要求 ……………………………………………… 306
  三、说课应该注意避免的几个问题 ……………………………… 307
  四、说课案例 ……………………………………………………… 308
 第四节 说课技能的评价 ……………………………………………… 319
  一、说课技能总的评价标准 ……………………………………… 319
  二、说课技能评价记录表 ………………………………………… 320
  思考与练习 …………………………………………………………… 321

第十四章　评课技能 …………………………………………………… 322
　第一节　评课技能的概述 ………………………………………… 322
　　一、什么是评课技能 …………………………………………… 322
　　二、评课技能的功能 …………………………………………… 323
　　三、评课技能的构成要素 ……………………………………… 324
　　四、评课技能的类型 …………………………………………… 324
　第二节　评课的内容与形式 ……………………………………… 326
　　一、评课的内容 ………………………………………………… 326
　　二、评课的形式 ………………………………………………… 331
　第三节　评课技能的运用 ………………………………………… 332
　　一、一堂好课的标准 …………………………………………… 332
　　二、评课指标体系 ……………………………………………… 336
　　三、运用评课技能的原则 ……………………………………… 338
　　四、评课注意事项 ……………………………………………… 340
　　思考与练习 ……………………………………………………… 342
主要参考文献 …………………………………………………………… 344

第一章
微格教学理论与实践

第一节　微格教学概述

一、什么是微格教学

微格教学来自英文 Microteaching,可译为"微型教学"、"微观教学"、"小型教学"等,国内称之为"微格教学",是一种利用现代教学技术手段来培训教师教学技能的教学方法。通常,让参加培训的学员(师范生或在职教师)分成若干小组,在导师的理论指导下,对一小组学生进行 10 分钟左右的"微格教学",并当场将实况摄录下来。然后在指导教师引导下,组织小组成员一起反复观看录制成的视听材料,同时进行讨论和评议,最后由导师进行小结。让所有学员轮流进行多次微格教学训练,使师范生或在职教师的教学技能、技巧有所提高。

微型教学的创始人,美国斯坦福大学爱伦(Dwght. W. Allen)教授将它定义为:"它是一种缩小了的可控制的教学环境,它使准备成为或已经是教师的人有可能集中掌握某一特定的教学技能和教学内容。"其实,微格教学是一种通过"讲课→观摩→分析→评价"的方法,借助音视频记录装置和实验室的教学练习,对需要掌握的知识、技能进行选择性的模拟,使师范生及在职教师的各种教学行为的训练可被观察、分析和评价。

结合我国实际,可定义为:"微格教学是一个有目的、有控制的实践系统。它使师范生和教师能集中解决某一特定的教学行为,或在有控制的条件下进行学习。它是建立在教育教学理论、视听理论和教学技术基础上,系统训练教师教学技能的方法。"[①]

二、微格教学的产生和发展

1. 微格教学的产生

第二次世界大战后,直到20世纪50年代中期,美国的教育状况没有多大改观。1957年10月前苏联第一颗人造地球卫星上天,引起美国朝野和教育界的极大震惊。于是,美国从20世纪50年代末开始,开展了较大规模的教育改革运动,其主要目标是为了改变教育状况,使美国的教育水平与现代科学技术的发展相适应。改革涉及教育思想、教育结构、教育评价、教师培训、教学管理以及课程现代化等方面。作为培训教师手段的微格教学,便伴随着现代科学技术的应用,在美国教育改革浪潮中应运而生。

作为教育改革的一部分,美国大学的教育学院对师范生的培训方法进行改革,斯坦福大学的爱伦和他的同事们认为,师资培训的科学化、现代化是师范教育改革的主要任务之一。多年来,师范生在毕业前都要进行教育实习,要像教师一样到课堂上去授课,再由指导教师提出指导意见。爱伦教授和他的同事发现师范生的"角色扮演"(相当于我国的实习试讲)过程存在许多问题,主要有:①初登讲台的实习生很难适应正式的教学环境;②每个实习生试讲时间太长,指导教师很难自始至终地认真听讲、记录和评估;③给实习生评价意见多属印象性的,较笼统,实习生难于操作和改正,一般也没有机会立即改正;④试讲学生对自己的教学没有直观感受,难以进行客观的自我评估。

爱伦和他的同事们经过多次反复试验,提出了由师范生自己选择教学内容、缩短教学时间,并用摄像机记录教学过程,以便课后对整个过程进行更细致的观察和研究。1963年,斯坦福大学爱伦教授第一个将手提式摄像机带入课堂,应用于师资培训,创立了微格教学。

2. 微格教学的发展

微格教学出现后,迅速在美国各地得到推广、应用和研究。20世纪60年代末传入英国、德国等欧洲各国,20世纪70年代又传入日本、澳大利亚、新加坡等国家和我国的香港地区,20世纪80年代开始传入中国大陆、印度、泰国、印尼以及非洲的一些国家。

在英国,微格教学得到了教师们的支持,该课程的每个部分都引起了教师的广泛兴趣。微格教学课程通常被安排在第四学年,学生在教育实习前先学

---

① 孟宪恺.微格教学基本教程.北京:北京师范大学出版社,1992.1.

习"微格教学概论"、"课堂交流技巧"的理论和实践。微格教学课程共安排 42 周,每周 5 学时,共计 210 学时,师范生接受了微格教学训练后,再到各中学进行教育实习。20 世纪 70 年代初,澳大利亚悉尼大学教育学院注意到微格教学对师范教育和在职教师进修的促进作用,在初步实践的基础上,由国家投资进行了微格教学课程的开发项目,并编写出版了一套(共五册)《悉尼微格教学技能》教材,在国内外引起了强烈反响,并得到广泛推广。经进一步应用实践,悉尼大学微格教学项目小组又将第一、二分册重新编写,并于 1983 年出版,教材中的培训技能有强化技能、基本提问技能、变化技能、讲解技能、导入和结束技能及高层次提问技能,对于以上六项技能还配以完整的录像示范资料,使微格教学培训课程更加生动、有效。

微格教学在发展过程中,吸收了许多新的教育思想和方法,从而不断系统化并日趋完善。譬如,美国著名教育心理学家布鲁姆的"教育目标分类"和"掌握学习"理论,加涅的"学习的条件"、"学习的分类"等学习与教学的著名原理,均为微格教学中教学目标的制定、教学技能的划分、教学设计的思想方法提供了理论基础和依据。弗朗德的"师生相互作用分析"为分析教师教学和学生学习行为提供了记录范畴和分析方法。录像机、电子计算机等教育新媒体的运用,为行为的记录和分析创造了更为理想的条件。目前,许多国家不仅已将微格教学列为师资培训的必修课程,而且还应用于其他教育类别的技能训练中,如职业技术教育、特殊教育、医学、军事、体育、戏剧、舞蹈等,并获得了良好的效果。

3.我国微格教学的发展

20 世纪 80 年代,微格教学开始传入我国,北京教育学院 80 年代中期首次从英国引进了微格教学。从此,微格教学开始在全国各地推广开来。

(1) 微格教学培训的开展

自 1983 年起,北京教育学院受国家教委师范司的委托,举办了两期外国专家微格教学讲习班,五期国内微格教学讲习班,培养了一批我国开展微格教学的实践和研究人才。1986 年原上海教育学院开始运用微格教学,开展在职教师的教育培训,并取得很好的效果。按照国家教育委员会师范教育司的意见和要求,1989 年三四月间,在北京教育学院举办了两期"微格教学研讨班",全国有 70 多所教育学院的教师参加了学习和研讨。

1991 年 6 月至 7 月,受国家教育委员会外资贷款办公室委托,在北京举办了"世界银行贷款项目院校教师教育与微格教学讲习班",聘请了澳大利亚悉尼大学教育学院的科力夫·特尼(Cliff. Turney)和肯·阿尔提斯(Ken. Eltis)两位教授任主讲教师,两位专家介绍了师范教育中微格教学课程的地位、微格教学的基本教学技能分析及实施。1992年1月,同样性质的讲习班在原北京师范学院举办,聘请了英国诺丁汉大学的乔治·布朗和帕丁顿夫妇三位专家来为我国的高师教育工作者介绍微格教学课程在师范教育中的应用,促进了微格教学在国内高等师范教育中的发展。

1992年2月,全国性的教学研究组织——"世界银行贷款中学教师培训项目"微格教学协作组在海南教育学院正式成立,协作组挂靠在北京教育学院下,并定期出版《微格教学研究》专刊。1992年12月,由北京教育学院和四川教育学院联合举办的全国首期微格教学高级研讨班在成都举行,会议讨论了微格教学的理论和实践问题。微格教学的实践活动已从全国教育学院系统和师范院校发展到中师、幼师、小学,国内一些院校已开发出各具特色的微格教学示范录像带,探讨了微格教学的某些理论问题,开始编写适应不同层次教育工作者的培训教材和分学科的微格教学教材。

1994年4月及1997年4月,分别在海南省琼山市及湖南省常德市召开微格教学现场会暨全国微格教学研究会年会,各地市教育局在会上介绍了在中小学推广微格教学的经验,并作了实地考察,交流了国内外微格教学在理论研究和实践方面的经验,促进了我国的微格教学研究的发展。

1998年10月,全国微格教学协作组年会在云南教育学院召开,来自美国的微格教学创始人之一——爱伦教授作了"关于微格教学新旧模式对比"的报告,展示了新型微格教学的实习与评价模式;来自香港的任伯江教授作了"优质教学,以微格教学为首"的演讲。大会交流的论文从数量到质量均超过以往各届,表明我国的微格教学研究经过十多年的探索,已不断深入,成效显著。

(2) 微格教学实验的开展

80年代中期,随着我国电化教育的重新崛起,微格教学在国内开始受到重视。1988年10月,中国第一次派代表参加联合国教科文组织在香港举行的"亚太地区微格教学国际交流会",正式把微格教学列入国内研究项目,随之各地逐步开展了微格教学实验。如北京丰台区教科所从1989年秋季开始,首先在一所条件较差的农村小学进行"利用微格教学培训教师掌握教学技能、提高教学水平实验"的实验,取得了较好的效果。几年来,他们不断扩大实验范围,充实实验内容,探索培训规律,积极摸索适合该区特点的微格教学培训模式。又如海南省琼山市教育局教研室从1992年10月开始,共举办了六期微格教学骨干培训班,先后选定了四所小学和教师进修学校、琼山中学作为微格教学的实验点。通过试点,总结经验教训,1993年下半年全市逐步推广微格

第一章 微格教学理论与实践

教学。

（3）微格教学研究的深入

我国开展微格教学十几年来，大、中专院校及广大中、小学的教育工作者撰写出了一批质量较高的科研论文。先后出版了《微格教学初步》（孙文杰）、《微格教学与教学测量》（陈献芳等）、《微格教学》（王维平）、《微格教学数学教程》（金井平）、《教师教学技能》（郭友）等一批专著。

1991年，由全国微格教学协作组秘书长孟宪恺主编的《微格教学基本教程》出版。1992年，北京教育学院与河南平顶山矿务局教师进修学校，合作出版了《微格教学（示范带）》五集，并先后在该院学报上出版了《微格教学研究》专刊5期，为全国从事微格教学研究和教学的同志提供了参考资料。1997年，北京教育学院孙立仁主编的《微格教学理论与实践研究》以及配套的中小学各学科微格教学教程出版，标志着微格教学的研究和实践在我国不断地深入开展，为教师的专业化发展，发挥其重要的作用。

三、微格教学的理论依据

1. 以系统的思想为指导研究培训教学技能

教学过程是复杂的，是由许多环节和许多师生的具体活动所构成的一个整体。因此，教学是一个系统，教学过程是一个系统的运行过程。所谓系统，是由相互联系、相互制约、相互作用的要素构成的，具有特定功能的有机整体。要对系统进行研究，必须首先对其构成要素进行分解和研究，要使系统达到优化，首先必须使各要素达到优化。对教学研究也是如此，教学技能是教学系统的基本构成要素，要使课堂教学达到优化，实现教学的总体目标，首先要使每一个教学技能达到优化，然后再把它们有机组合起来，相互作用而形成教学的整体。

2. 示范为被培训者提供模仿的样板和信息

示范是对事实、观念、过程形象化的解释，是通过实际动作、电视等进行演示，来说明某件事是如何进行的，以便让被培训者学会应该如何去做。在微格教学培训中，为被培训者提供多种风格的教学示范，辅以对各种技能的说明，使他们获得直接的感受，有了模仿的样板。示范无论是通过实际动作还是电视提供，都是从视听两个方面作用于被培训者的感官。许多实验已经证明，视听并用的方法能使信息接受者获得大量的信息，比只用语言描述的方法好得多。

人类在利用自身的各种感官接受信息时，由于各种感官的分辨率不同，感受时不同,接受信息的比率也不同。但如果把几种感官综合起来利用,就会获得更多更全面的信息。根据信息传输量的香农(C. E. Shannon)—维纳(Norbert Wiener)公式:

$$S = Bt \log_2\left(1 + \frac{P}{N}\right)$$

公式中 S 代表接收的信息量,B 表示通道的频带宽度,N 是原有信息量,P 是所传递的信息量。其中频带宽度 B 与学习者所接收的信息量是成正比关系。在微格教学中用视听结合的方法提供技能示范,会使被培训者接收的信息量大大增加,对某种教学技能更好地感知。

3. 技能训练是掌握复杂活动的途径

在微格教学中,主要是通过对教学技能的分解和分别训练,使被培训者形成教学能力。技能按其本身的特点,可分为动作技能和心智技能两种。原苏联心理学家加里培林等人在对心智技能的研究中,建立了心智活动分阶段形成的学说,他们认为:"心智活动是一个从外部的物质活动向内部的心理活动的转化过程。"

在微格教学训练中,同样也包括心智技能和动作技能两个方面。它的外部物质活动是借助讲解、角色扮演、录像示范等为支柱而进行的,通过观察使被培训者形成对活动过程和效果的感知,形成表象。在准备教学和实际训练中,再以此为基础进行各种语言阶段的心智活动。根据动作技能和心智技能形成过程具有不同的阶段性,即掌握局部动作阶段、初步掌握完整动作阶段、动作协调和完善阶段的特点,在微格教学训练中即可分技能、分阶段逐步进行,当每一个技能都掌握以后再把它们综合起来,形成较为完善的课堂教学能力。这种学习和训练教师教学技能的方法,是符合心理学中动作技能和心智技能形成规律和原理的。

4. 直接的反馈对改变人的行为有重要作用

反馈是控制的基本方法和过程,其目的是使控制者知道以往的活动或过程的结果,并以此调节下一步活动的过程,实现所要达到的目的。反馈应同时具有两个条件,一是准确性,二是及时性,二者缺一不可。准确性是指反馈信息必须真实可靠,错误的反馈信息会导致做出错误的判断,而使控制失效。及时性是指反馈的速度要大于受控体状态改变的速度,即反馈要在下一次决策之前完成,只有这样才能起到有意义的调节作用,才能达到控制的目的。

人的技能学习是以反馈为基础的,学习过程是一个不断反馈强化的过程。在进行有目的的活动时,都有一种要获得及时反馈的迫切需求。由于科学技

第一章 微格教学理论与实践

术的迅速发展，录像技术被广泛地应用于艺术、体操、军事、医学、教育等各种训练活动之中，为被培训者及时得到准确的反馈创造了有利条件。微格教学中利用各种现代技术条件为被培训者提供训练的反馈信息，正是满足人类学习的这种要求，以保证被培训者教学技能的迅速形成。

心理学研究已经证明，人类在观察了自身行为后所得到的反馈刺激，要比他人提供的反馈强烈得多。如果一个教师在教学中有不雅观的行为习惯，当别人提出时改正可能较慢，而当他自己观察到的时候，就会立刻注意，急于改正。反馈对于达到一定的目的具有重要的作用。微格教学就是要为师范生或在职教师在教学技能训练时提供及时、准确、自我反馈的刺激，帮助他们较好地掌握教学技能。

5.定性分析与定量评价相结合，有利于被培训者改进和提高

在微格教学中对被培训者的评价是形成性评价，不把评价结果作为最终成绩。或对某人教学技能高低进行定性，作为学习者改进、提高教学技能的依据，明确自己在哪些方面还存在着不足或问题。微格教学的评价，有自我分析、小组分析、指导教师分析三结合的定性分析评价，也有按照一定评价标准制定的评价量表的定量分析，以量化的结果说明在哪些指标上还存在问题，以及技能整体所达到的程度。定量分析给出具体的量化结果，定性分析找出产生不足的原因，指出努力的方向，容易被评价者接受。因此，两种评价相结合的方法有利于被培训者改进和提高，完善自己的教学技能。

四、微格教学的基本特点

微格教学将复杂的教学过程作了科学细分，并应用现代化的视听技术，对细分了的教学技能逐项进行训练，帮助师范生和在职教师掌握有关的教学技能，提高他们的教育、教学能力。微格教学具有如下特点：

1.技能单一集中性

微格教学是将复杂的教学过程细分为容易掌握的单项技能，如导入技能、讲解技能、提问技能、强化技能、演示技能、结束技能等等，使每一项技能都成为可描述、可观察和可培训，并能逐项进行分析研究和训练，以提高培训效能。

2.目标明确可控性

微格教学中的课堂教学技能以单一的形式逐一出现，使培训目标明确，容易控制。课堂教学过程是各项教学技能的综合运用，只有对每项细分的技能都反复培训、熟练掌握，才能形成完美的综合艺术。微格教学培训系统是一个受控制的实践系统，要重视每一项教学技能的分析研究，使培训者在受控制的

条件下朝着明确的目标发展,最终提高综合课堂教学能力。

3. 参加的人数少

在训练过程中学生角色一般由 7～10 名学生组成,师生角色可以频繁地调换。实践表明,这样便于机动灵活地实施微格教学,深入进行讨论与评价。

4. 上课时间短

微格教学每次实践过程的时间很短,通常只有 5～10 分钟。在这期间集中训练某一单项教学技能,如讲解技能或板书技能,以便在较短的时间内掌握这项技能。

5. 运用视听设备

借助现代视听设备真实记录课堂互动细节,使受训者获得自己教学行为的直接反馈,并可运用慢速、定格等手段,在课后进行反复讨论、自我分析和再次实践,以行为结果确定个别进度,强调合格标准。

6. 反馈及时全面性

微格教学利用了现代视听设备作为记录手段,真实而准确记录了教学的全过程。对执教者而言,课后所接收到的反馈信息有来自于导师的,也有来自于听课的同伴的,更为主要的是来自于自己的教学信息,反馈及时而全面。

7. 角色转换多元性

微格教学冲破了传统的教师培训的理论灌输或师徒传带模式,运用了现代化的摄像技术,对于课堂教学技能研究既有理论指导,又有观察、示范、实践、反馈、评议等内容。在微格教学课程中,每个人从学习者到执教者,再转为评议者,如此不断地转换角色,反复地从理论到实践,经过实践再进行理论分析、比较研究,这种角色转换多元化的培训方式,既体现了教学方法、教学模式的改进,又体现了新形势下教育观念的更新。

8. 评价科学合理

传统训练中的评价主要是凭经验和印象,带有很大的主观性。微格教学中的评价因参评者的范围广、评价内容比较具体、评价方法比较合理、可操作性强,使评价结果包含的个人主观因素成分减少,因此,比较科学合理。

9. 心理负担小

微格教学上课持续时间短,教学内容少,而且班级人数不多,可以使受训者的紧张感与焦虑感减少到比较弱的程度,从而减轻受训者的实质性心理紧张。又由于评价既指出不足,更要肯定优点,会增加受训者自信心与成功感。另外,微格教学的环境是特殊安排的,是在一定控制条件下进行实践活动,避免了学生的干扰,因而也减轻了受训者的心理负担。

五、微格教学的作用

从以上的特点我们可以看到，微格教学具有理论联系实际、目的明确、重点突出、反馈及时、自我教育、利于创新、心理压力小等特征，容易被受训者接受。其次，微格教学培训是在微型课堂中进行的角色扮演。其过程是在事前对微格教学理论进行学习和研究，确定培训技能后，又在观看了教学示范录像的基础上，编写教案，然后进行微格教学实践。在教学实践的过程中用现代化手段准确记录教学实况，再经过重放录像、自我分析和讨论评价后，对教案进行修改。如果微格教学实践中存在的问题较多，还可以再反复进行实践，直到达到预期的效果。这些过程都为受训者提高教学技能，创造了和谐的氛围和条件。微格教学还具有以下方面的作用：

1. 完善和丰富了培训内容

多年来，师范院校对未来的教师进行职前的技能训练，主要措施是开设教学法课程。然而，传统的教学法在培训师范生教学技能方面，目标笼统、不具体，师范生不能很好地掌握这些技能。微格教学让学生感到有兴趣、有意义、有价值，而且容易学习。微格教学训练目标的完成，是通过具体的内容细节和实际的操作步骤进行的。而且，对这些细节和步骤的了解和掌握，是通过受训者亲自参与实践活动来实现的，培训内容具体、有效。

2. 培训方法科学合理

传统的培训方法主要是通过教师的言传身教，使师范生理解教学、学习教学，但由于言传身教的粗犷性和随意性，使师范生很难把握教学的原理和原则。而微格教学则将日常复杂的课堂教学分解简化，创造出一种可操作、易重复、易观测的教学环境。师范生在学习、把握教学时，不再仅靠心领神会，而是通过不断学习、实践，不断改进来进行。同时，微格教学按照人类的行为形成的规律来设计整个教学过程。它的训练前提是：人类行为的塑造和改进，是一个逐步实现或达到的过程。一个从未登过讲台的人，必须经过多次反复的训练，才能成为一个训练有素的职业教师。

3. 理论联系实际

微格教学把传统的以理论灌输为特点的教师培训，改变为以技能训练为主体的教师培训，这就抓住了提高教师教学能力的关键。但是，微格教学的技能训练并没有脱离理论的指导。培训对象在学习每一项教学技能的开端，都要学习有关的理论，在微格教学的每一个步骤中，都有教育专家或专职教师的理论指导，这就使技能更容易地与教学理论相结合。

4. 真实反馈与过程的有效调控

微格教学把传统的脑记、笔录为主要根据的反馈，改变为以摄像、放像为主要手段的反馈，为技能评价提供了真实而全面的反馈信息。有了这种反馈信息就可以非常客观、准确地评价，使评价更为有效。在此基础上，被评价者可以提出更好的改进措施，以调控自己的教学行为，迅速地掌握教学技能。

总之，微格教学实践，能够更快更好地促进教师课堂教学能力的提高，促使教师尽快从"生手"型变成"熟手"型教师，并向专家型教师发展。

第二节　微格教学的开展模式

微格教学从60年代初产生至今已有30多年的历史，培训对象从师范生发展到在职教师及许多其他行业的从业人员，应用地域也已发展到世界各国。微格教学在发展应用的过程中，实践者结合了本国的国情，融入了各种教育观念和思想，由此产生了多种模式。

一、斯坦福大学及芝加哥大学模式（美国）

（一）斯坦福大学的"行为改变"模式

美国的斯坦福大学是微格教学的起源地。爱伦和他的同事们经过数年的探索、试验、研究，在1963年确立了微格教学的基本模式，从此微格教学从美国迅速走向世界。微格教学在世界各国推广、应用的过程中，逐渐产生了一些变化模式，尤其是80年代初在非洲一些国家的应用中，由于当地教育环境较差、教育资源匮乏，必须在新的环境资源条件下，对较复杂、正规的早期微格教学模式进行改革，由此产生了新的模式。新旧微格教学模式的主要变化对比如下：

1. 教学时间

微格教学实习片断的时间从原来长达20分钟缩短为5分钟，新模式认为5分钟即可形成单一概念的片断课。实际上教学时间的长短是根据班级人数、课时安排、场地环境等多种因素而定的。

2. 微格教学的学生

过去在微格教学实习时，要从中小学请来真正的学生，这会带来接送、管理、资金等一系列的问题，在新模式中启用同伴，即由教师扮演者的同伴来扮演学生。目前，这种同伴训练方法的效果已被证实是切实可行的。

3. 小组规模

从原来全组约 20 人减为 4 到 5 名学生为一组。爱伦认为若小组规模大到约 20 人，则要 19 人去听 1 人讲课，每人要听 19 次，这样的方式使学员听课过多，反而会使学员感到疲劳、抓不住重点，而且因为时间太长，使重教困难。新模式的 5 人小组规模小，导师布置好训练任务后，即让学生自己管理。学生可以自选课题，自找实习场地，即使没有正规的微格教学室，只要有摄像机即可，还能实行重教。小组规模小，能使每个学员得到多次重教机会。当然，小组的活动记录和反馈意见要及时交给指导老师。

4. 教学技能

爱伦和他的同事们根据经验和参考有关的教育理论文献，以统一意见的方式提出 14 项课堂教学技能，它们是：

(1) 变化刺激(stimulus variation)；

(2) 导入(set induction)；

(3) 结束(closure)；

(4) 非语言暗示(silence and nonverbal cues)；

(5) 强化学生参与(reinforcement of student participation)；

(6) 流畅的提问(fluency in asking questions)；

(7) 探查性提问(probing questions)；

(8) 高水平组织的提问(higher－order questions)；

(9) 发散性提问(divergent questions)；

(10) 确认(recognizing attending behavior)；

(11) 举例说明(illustrating and use of examples)；

(12) 讲演(lecturing)；

(13) 有计划的重复(planned repetition)；

(14) 完整的交流(completeness of communication)。

5. 反馈与评价

原来的微格教学模式对每项技能有完整的评价表，评价项目多到有时连执教者的衣着也在评价之列，以至于在重教时，执教者往往失去方向，抓不住重点。在微格教学新模式中，爱伦教授提出了 2＋2 的重点反馈方式，即小组每位成员听完课后要提出 2 条表扬性意见及 2 条改进性建议，最后指导教师根据这些反馈信息，总结出 2 条表扬性意见和 2 条改进性建议。这种评价指导方式操作简单、目标明确、重教效果显著。

(二)芝加哥大学的"动力技能模式"

美国芝加哥大学的高奇(Guiltier)和詹科森(Jackson)等人在1970年提出了"动力技能模式",他们批评斯坦福模式"很大程度上忽略了各技能之间的关系和技能的恰当组织形式与某一特殊的教学情境的关系"。他们认为"教学是一种有目的的活动,技能在这种有目的的教学过程中的应用同样是重要的。在技能训练中,教学内容本身也需要同时考虑在内,这样才能使学生获得恰当的综合使用技能的决策经验"。

芝加哥模式考虑教学中的两个方面——教学内容和教师行为,强调在教学计划中依据学科内容,设计应用各项教学技能的教学过程,这样,教学技能(如强化技能、课堂组织技能等)被作为子系统,而不是彼此孤立的行为来运用。麦可格瑞指出:"动力技能模式的基础是基于学科内容分析的系统化教学计划。它强调所训练的技能必须小心地编排到教学计划中,在课程逻辑结构中,师范生能够将教学活动集中于重要的师生相互作用中,在这个意义上教学技能被认为是促进中小学生学习的动力因素,提出这些师生间的相互作用,对于促进中小学生学习的逻辑发展是必要的。"

二、悉尼大学模式(澳大利亚)

微格教学由克利夫·特尼(Cliff Turney)等人在70年代初引入澳大利亚的悉尼大学。他们开设的"悉尼微型技能"(Sydney micro skills)课程基本上坚持了"细分"和"可观察的行为改进"的斯坦福模式的做法,但作了一些改进。特尼指出:"教学是一个非常复杂的过程,对于刚刚开始从事这一职业的人来说,它需要被分解为有意义的和可获得的各个部分,涉及其中的某些部分,经过特殊的选择,这些部分是可观察的教学行为或技能,而且是建立在有效教学的基础上的。这些技能的构成表现为将复杂的教学过程分解为相对分立的、便于定义的行为,而且可以迁移到大多数的课堂教学中,并适合于各种有目的的不同组合。"

悉尼大学的微格教学是以教学技能的训练为主线展开的,教育思想和教育教学的理论及实验研究融合在各项教学技能之中。整个微格教学课程分成五个系列,前两个系列包括六项基本的教学技能,后三个系列是三项小综合式的教学技能:

系列 1:(1)强化(reinforcement);
　　　　(2)基础提问(basic questioning);
　　　　(3)变化(variabihty);

系列 2：(4)讲解(explaining)；
(5)导入和结束(introductory procedures and closure)；
(6)高层次提问(advanced questioning)；

系列 3：(7)纪律和课堂组织(treats classroom management and decipher skills)；

系列 4：(8)小组讨论、小组教学和个别化教学(treats skills of guiding small group discussion, small group teaching, and individualized teaching)；

系列 5：(9)通过发现学习和创造性学习，发展学生思维能力(deals with skills concerned with developing pupils' thinking through guiding discovery learning and fostering creativity)。

　　澳大利亚悉尼大学对微格教学的开发应用及研究是很有成效的。澳大利亚悉尼的微格教学模式有以下特点：

1. 开发出完整的微格教学教材

　　悉尼大学开发的微格教学教材在世界上享有一定声誉，《悉尼微格教学技能》一书被许多国家采用。教材中列出了六项课堂教学基本技能——强化技能、一般提问技能、变化技能、讲解技能、导入和结束技能及高层次提问技能。每项技能都从教育学和心理学的理论出发加以论述，并且对每项技能都配以生动形象的示范用录像资料。

2. 重视学生的自我发展

　　澳大利亚是一个多民族的移民国家，在学校教育中十分注意尊重每个人的个性，重视发现个人的特点，并给以引导发展，希望每个人都获得成功。学校教育对学生个性差异和心理健康发展颇有研究。在微格教学课程的第一周先安排每个学生在摄像机镜头前作一二分钟的自我介绍或表演，内容自选，轻松自然，然后再让同学们在愉快的气氛中观看评论。这样的活动既提高了学生对微格教学的兴趣，又使师范生消除了面对摄像镜头的紧张心理，为扮演角色时的正常发挥打下良好的基础。

　　悉尼模式还在充分研究学生的认知心理的基础上建立了微型观察室。如新南威尔士大学教育学院内的一组微型观察室，每间只有约 2 平方米大小，导师们考虑到师范生在角色扮演后，希望自己先看到自己的表演录像，或找一位最信得过的好朋友一起观看评议，而微型观察室正好仅供一二位学生闭门观看。执教者可以先与"好朋友"边看边商量，先听取他的看法和意见，在心理学上这时的意见无疑是一个"强刺激"，是最容易接受的，也是印象最深的。根据这些意见，学生先写出对自己扮演的角色的评价，这一做法充分体现了微格教学中重视学生自我发展的教育原则。

3. 自我评价贯穿微格教学始终

澳大利亚的微格教学模式中,评价是很重要的。评价方式是贯穿于整个过程之中的。评价不是由别人来对某位学生的录像加以评论、分等级打分数,而是通过学生自己在微型观察室中的观看,根据微格教学过程中各个环节的反馈及"好朋友"的反馈信息,自己来评价自己。导师经常以肯定、表扬为主,对存在的问题以提示、暗示等方式启发学生自己发现。最后让学生在评价单上作自我评价,做到的项目画一记号,还没有做到的不画,再根据整个微格教学过程中来自各方面的反馈信息认真地写自我评价,从而提高学生的教学技能和教学实习效果。

澳大利亚的微格教学主要步骤有:

(1) 播放教学技能的示范录像,讲解教学技能的构成、有关理论知识及要求,帮助师范生认识教学技能,有重点地观察,用不同的类型示范同一技能,促进对技能的掌握。

(2) 角色扮演,为师范生提供实践机会,增强自信心。

(3) 反馈,为师范生改进自己的教学行为提供明确、具体的帮助。

(4) 重教,当师范生对自己的教学行为非常不满意时才进行,对大多数师范生来说这一步可取消。

从上述步骤可以看出,澳大利亚的微格教学强调四个环节:示范、角色扮演、反馈和重教。没有列出评价这一环节,因为评价是贯穿于全过程中的,而且主要是启发学生自我评价,体现了尊重学生的教育原则。

三、新乌斯特大学及斯特灵大学模式(英国)

1. 新乌斯特大学的"社会心理学模式"

60年代末微格教学引入英国时,当时的一些模式已受到了一些批评。斯通斯(Stones)和莫里斯(Morris)指出:"微格教学的目的和作用需要重新澄清,应该将方向转移到加强教学理论与教学实践的联系上来。"他们两人都认为:"微格教学是一种有价值的革新,比一般的教学有更大程度的可控性,所以强调理论与实践的关系可以挖掘出更大的潜力,可以使师范生掌握教学模式。"

莫里斯等人发现,有社会能力的教师在教学中表现得更为突出,并从社会心理学的角度看待教学,认为教学是一种社会活动技能,教学依赖于人际关系和师生间的交流。将社会心理学的观点引入微格教学,首先对教学中的社会

第一章 微格教学理论与实践

技能进行定义，并且对师范生进行分技能的训练，然后将各项社会技能综合在一起，整体地运用到完整课的教学中。

布朗（Brown）在1975年将这一模式引入了新乌斯特大学，哈奇（Hargie）于1977年在乌斯特学院，进行了这一模式的微格教学。他们认为微格教学需要集合三个方面的要素——计划、角色扮演和反馈认知。

（1）计划的方法，是通过课堂讲授和小组研讨来学习的，师范生学习如何将一个课题分解为各个概念成分，并将这些组织成一个序列，选择合适的教学方法。

（2）角色扮演，首先是训练斯坦福大学模式中的各项技能，如提问、强化、刺激变化、讲解、导入和结束，然后把各项技能综合起来运用到完整课教学中去。

（3）反馈和认知是师范生与指导教师一起讨论微型课的录像，使师范生学习在与中小学生相互作用时自己所应充当的角色。这种对师生相互作用的认知将使师范生的教学行为得到改进，并影响序列计划和完整课的教学行为。取消了重教，但师范生在微格教学的各个环节都要进行充分的讨论。

哈奇还强调了与技能相关的理论的重要性，各项教学技能的教学不仅提供音像示范，而且还要说明依据人际关系社会心理学所建立的各项技能的理论基础，这样才能使师范生不仅知道如何应用技能，而且还知道什么时候使用它。微格教学不只是关于行为的改进，而且也应该是关于认知结构的改进。

由于新乌斯特大学在微格教学中强调技能的综合应用，强调学员在微格教学中形成对教学的认知结构，以及依据社会心理学，强调在微格教学中的人际间相互作用的情感因素，所以教学技能只是作为微格教学课程的组成部分而没有单独列出来进行训练。

现将他们的微格教学的课程介绍如下，从中可以分析出他们所重视的教学技能成分：

（1）微格教学的理论（以学员小组的组织方式）（microteaching）（group org—animation）；

（2）教一个概念（设备操作训练）（teaching a concept）（equipment operation）；

（3）教学计划（教学员小组中的同伴）（lesson planning）（teaching peers）

（4）导入和结束（教实际的学生）（set and closure）（teaching pupils）；

（5）教师解释（教实际的学生）（teacher explanation）（teaching pupils）；

（6）教师的生动活泼（教实际的学生）（teacher liveliness）（teaching pupils);

(7)学生强化(教实际的学生)(pupil reinforcement)(teaching pupils);

(8)学生参与(教实际的学生)(pupil participation)(teaching pupils);

(9)提问中的流畅(教实际的学生)(fluency in questioning)(teaching pupils);

(10)高水平组织的提问(教实际的学生)(higher order questioning)(teaching pupils);

*(11)综合的教学技能(教实际的学生)(integrating the skills)(teaching pupils);

*(12)师生相互作用,环境要素(教实际的学生)(teacher/pupil interaction,environmental factors)(teaching pupils)。

(*最后两项内容是以综合教学技能的形式设定的)

2.斯特灵大学的"认知结构模式"

1969年,斯坦福大学的模式被引入斯特灵大学的微格教学,经过几年的实践和研究,在70年代中期,麦克因泰尔(McIntyre)等人提出了"认知结构模式"。他们发现斯坦福大学模式中的技能描述和反馈评价只停留在技能行为上,"这些只能给师范生若干个作为假定的教学技能的特殊教学行为方式"(麦克因泰尔、马克莱德,1977)。然而,在这些特殊的教学技能的有效性方面存在着相当程度的不确定性。在课堂教学的经验性研究中,相关的心理学理论和有经验教师的一致意见,只能当作合理化的建议,而不是权威性的评价表述。于是,在斯特灵大学,这些教学技能只是作为教学大纲的组成部分,而不是作为理论基础。

斯特灵大学的研究者们认为,师范生关于教学的认知结构,在他们的教学活动中起决定性的作用。技能训练和反馈的重要性,在于使师范生的认知结构发生改变,这种改变是通过将各项技能中的认知概念,有机地结合在一起而形成的。在研究的基础上,他们对师范生在微格教学中认知结构的形成过程进行了如下的推论:

(1)在进入微格教学之前,每个师范生都具有彼此不同的复杂的教学概念的图式(schemata),这些图式与对教学的评价有很大的关系。

(2)个人的图式之间存在着较大的差异,但通过将这些图式与教学内容体系相结合,仍然存在很多的共同之处。

(3)这些图式表现出较高程度的稳定性,但通过微格教学的学习和实践,可获取新的结构和概念原则,这些图式将会逐渐发生变化。

(4) 师范生的这些图式很大程度上控制着他们的教学行为，并且图式的改变导致教学行为的改变。

建立在这些推论基础上的"认知结构模式"，将微格教学对师范生所起的作用解释为使师范生的教学认知结构产生变化，并帮助他们形成自己的作为教师的概念结构。为此，他们强调教学技能应该用"可组织的概念"这些术语来定义，这些术语可以描述由复杂的课堂相互作用所产生的信息过程，而不是由可描述的教学行为来定义教学技能。师范生可以运用这一概念结构，对在教学中什么时候应该用什么教学技能进行决策，并能帮助他们在实际教学活动中感知教学技能，从而形成对技能表现的价值评价。技能示范可以帮助师范生将各项技能的概念有组织地纳入他们的认知结构中。微格教学中的反馈，可以提供师范生现已存在的教学认知结构的信息，从而改进和扩充这一认知结构。

四、对各国微格教学模式的分析

由于各国各大学进行微格教学的培养目的不同，所依据的理论观点和理论基础也不同，各个微格教学模式之间都存在着一定的差异，现分析如下：

(1) 斯坦福大学所开展的微格教学，是建立在对宏观教学活动的分解，以及进行行为描述的基础上的，强调在有控制的条件下对单项技能的训练，强调音像示范和反馈评价的作用。

(2) 芝加哥大学的微格教学，强调教学技能应实现教学目的、发挥教学功能，他们认为斯坦福模式在这方面所存在的缺陷，是由于技能训练没有很好地与教学内容相结合，没能系统地综合应用各项教学技能所造成的，所以他们强调将各项技能作为子系统经过结合应用到教学中，并强调在应用技能时与教学内容结合在一起进行系统分析，在这种系统计划中获得应用技能的决策经验。芝加哥大学微格教学的目的，是在完整课的教学中培养结合教学内容、综合应用各项教学技能的决策能力和实践能力。

(3) 悉尼大学所开展的微格教学，仍然强调对宏观教学活动的分解和对可观察的教学行为进行描述，但对教学技能中的行为在有效性方面，进行了较深入的实验研究，使所提出的教学技能，满足澳大利亚教育工作者对师范教育的理论观点和实验研究的检验。强调了基于某些教学观点的几项小综合型的教学技能训练，并通过控制实现从单项技能到小综合技能训练的过渡。

(4) 新乌斯特大学微格教学的特点是：先进行分技能的训练（同时强调控制变量），后综合到完整课教学中；强调用社会心理学作为各项技能的理论基

础,以此来保证技能应用的有效性;在完整课的综合应用中,强调以社会心理学为基础,通过计划决策和实践形成认知结构。可以看出,新乌斯特大学微格教学的培养目的是培养以社会心理学为基础的课堂教学综合能力。

(5)斯特灵大学微格教学的特点是,指出了斯坦福模式中的技能行为描述在有效性方面存在很大的不确定性。为此,提出用心理学理论和成功的教学经验的概念来描述技能,并形成对技能的价值评价;强调了内部心理机制对外部教学行为的调节和控制作用。基于以上观点,认为微格教学主要是通过改进认知结构来实现对教学行为的改进,并认为认知结构的改进是通过各项技能中的认知概念有机结合在一起而形成的,认知结构可以促进应用教学技能时的决策能力,促进在实际教学中感知教学技能,从而形成对技能的价值评价。由此可见,斯特灵大学微格教学的目的是在综合应用各项教学技能的实践中建立教学的认知结构。

综上所述,我们可以看出各国开展微格教学的情况虽不尽相同,但斯坦福模式中的教学技能成分和体现科学方法论的一些做法,在各国的微格教学中基本上被保留了下来。同时我们还可以看出各大学在对斯坦福模式进行改进时所共同关心的问题,即这些改进或发展很大程度上都源于对行为描述的教学技能,发现其在教学中的有效性存在着很大程度上的不确定性,从而使实施技能时的目的性和在评价中的价值判断出现困难。但各大学对这一问题解决的方法是不同的,在保证教学技能的目的性、有效性和价值判断方面,芝加哥大学是强调技能与教学内容的结合,从教学内容的系统分析上来实现的;悉尼大学是通过对所提出来的技能行为进行实验验证来实现的;新乌斯特大学是从师生相互作用的角度,强调以人际交往的社会心理学理论作为教学技能的理论基础来解决技能价值不确定的问题;斯特灵大学强调用心理学和成功教学经验的概念原则系统作为技能的理论基础,从而保证技能应用的目的性、有效性和价值判断。

对斯坦福模式的发展还表现出将各项教学技能综合应用到完整课教学中去的趋势,某些大学已经把微格教学深入到综合教学能力的培养这一较为广泛的领域,但对于"综合教学能力"的理解和所依据的理论观点,各大学有较大的差异,但各种综合应用教学技能都是建立在对各技能成分的训练的基础上,或建立在对宏观层次的教学活动分析的基础上的,在这一点上又是比较一致的。①

---

① 孙立仁. 微格教学理论与实践研究. 科学出版社,1997. 7.

五、我国的微格教研模式

微格教学自80年代中期引入我国后，先后在一些教育学院以及高等、中等师范院校和许多中小学展开了积极的研究和实践，并进行了广泛的交流。起初研究和实践主要集中在吸收借鉴国外微格教学的做法，并在实践中移植到自己的微格教学中。随着研究的深入，各地院校也提出了一些共同关心的问题，即微格教学与传统教法之间的区别和微格教学中的科学方法论问题；教学技能中的教育学、心理学理论基础的问题；适合我国国情的教学技能分类的问题；微格教学的技能训练与完整课教学能力之间的关系问题等。这些问题实际上与国外微格教学所提出的问题是类似的，反映出微格教学中的共性问题。北京教育学院微格教学研究室在引进、借鉴国外微格教学的基础上，对以上问题进行了认真地研究，取得了系列研究成果。

各地教育工作者在应用微格教学时，都结合了本地区本学校的实际情况，对微格教学的基本模式有所变通和发展，使之成为发展我国师资培训教育的有效方式。上海市华东理工大学附属中学推行的"微格教研"活动就是微格教学的一种变通模式。该模式采用了微格教学的合理内核，提取微格教学流程中的重要环节，采取摄录像方式，供教研组在教研活动时进行局部的定格研讨。这样，既学习了有关理论，也探讨了具体操作方法，从而获得完整的认识，提高了教师的整体能力和素质。微格教研的基本结构是：先进行在特定课题理论指导下的实际教学的现场观摩与实况录像；再重放录像、观摩录像，进行自我反思与直观再现式同伴研讨；然后进行理性总结、理论升华；最后还要将理论运用到教学实践中去予以检验、拓展。在一所学校的各个教研组中，推行微格教研活动，将教学技能研究的要求与教研组活动结合起来，首先是增强了研究气氛。过去教研组活动，由于教师们担任不同年级的课，共同的话题较少，在教研组中的微格教研活动，则形成了浓浓的研究气氛。其次，运用了微格教研的方法，给教研组活动定位于教法、学法研究。由于录像的形象性和再现功能，使教研活动丰富生动，又因为每次活动只研究一项技能，使研究的问题的切入点小，所以开掘就会更深一些。随着资料的积累，更便于作纵向及横向的比较研究。微格教研活动对于经验不足的青年教师是有实际意义的，对于有经验的老教师，也可启示自我提炼、概括总结教学特点，互相交流、共同提高，起到精化教学的作用。

第三节 微格教学设计与教案编写

教学设计是微格教学过程中的一个重要环节,也是踏入教学实践的第一阶。

微格教学的教学设计是建立在学习理论、传播理论、系统科学理论基础之上的对教学过程和方法的描述。

师范生在学习完每一项教学技能之后,紧接着要通过一个简短的微型课对所学的教学技能进行实战训练,使其理论在实践过程中得到提高和完善。如何根据教学内容和技能训练目标,对微型课的教学方案和教学过程进行设计,将要训练的教学技能恰如其分地运用于课堂教学过程,这是微格教学训练中极其重要的工作。这项工作几乎贯穿微格教学训练的全过程,我们要求师范生在教学改革实践中从教学设计的高度认识并操作整个过程,使微格教学的训练方案更加科学有序。

一、微格教学的教学设计

微格教学的教学设计是根据课堂教学目标和教学技能训练目标,运用系统方法分析教学问题和需要,建立解决教学问题的教学策略微观方案、试行解决方案、评价试行结果和对方案进行修改的过程。它以优化教学效果和培训教学技能为目的,以学习理论、教学理论和传播理论为理论基础。

微格教学的教学设计与一般的课堂教学设计既有联系,又有区别。一般的课堂教学设计对象是一个完整的单元课,教学过程包括导入、讲解、练习、总结评价等完整的教学阶段。而微格教学通常都是比较简短的,教学内容只是一节课的一部分,便于对某种教学技能进行训练。因此,不能像课堂教学设计那样主要从宏观的结构要素来分析,而是要把一个事实、概念、原理或方法等当作一套过程来具体设计。所以,在微格教学教学技能训练的过程中应有两个教学目标,一是使被培训者掌握教学技能;二是通过技能的运用,实现中小学课堂教学目标。教学技能是实现教学目标的方法和措施,而课堂教学目标所达到的程度是对教学技能的检验和体现,二者紧密联系、互相依存。由此,微格教学的教学设计既要遵循课堂教学设计的原理和方法,又要体现微格教学的教学技能训练特点。

二、微格教学教案的编写

在微格教学中,教案的编写是教师的一项重要工作,它是根据教学理论、教学技能、教学手段,并结合学生实际,把知识正确传授给学生的准备过程。微格教学教案的产生是建立在微格教学教学设计基础之上的,以"设计"作指导,具体编写微格教学的计划。

1. 微格教学教案编写的内容和要求

(1)确定教学目标。片断教学内容教学目标的确定和整堂课教学目标的确定方法一样,只不过对象是一个片断,所以教学目标的确定应立足于本片断当中。

(2)确定技能目标。即教师课堂教学技能训练目标,针对不同的学员可以有不同的技能要求。

(3)教师教学行为。要求教师把教学过程中的主要教学行为,即要讲授的内容、提问的问题、列举的实例、准备做的演示或实验、课堂练习题、师生的活动等,都一一编写在教案内。

(4)标明教学技能。在实践过程中,每处应当运用哪种教学技能,在教案中都应予以标明。当有的地方需要运用好几种教学技能时,就要选其针对性最强的主要技能进行标明。标明教学技能是微格教学教案编写的最大特点,它要求受训者感知教学技能,识别教学技能,应用教学技能,突出体现微格教学以培训教学技能为中心的宗旨。不要以为把教学技能经过组合就是课堂设计,而要根据教学目标结合教学实践决定各种技能的运用,这对师范生来说尤为重要。

(5)预测学生行为。在课堂教学设计中,对学生的行为要进行预测,这些行为包括学生的观察、回答、活动等各个方面,应尽量在教案之中注明,它体现了教师引导学生学习的认知策略。

(6)准备教学媒体。教学中需要使用的教具、幻灯、录音、图表、标本、实物等各种教学媒体,按照教学流程中的顺序加以注明,以便随时使用。

(7)分配教学时间。每个知识点需要分配的时间预先在教案中注明清楚,以便有效地控制教学进程和教学行为的时间分配。

2. 微格教学教案设计表例

微格教学教案设计的具体格式可以是各种各样的,但大致应该包括教学目标、教师的主要教学行为、对应的教学技能、学生的学习行为、演示器材、媒体和时间分配等项目,导师可以设计好表格(表1-1),发给学生用于教案设计。

表 1-1　微格教学教案设计表

学科：　　　　执教者：　　　　年级：　　　　日期：　　　　指导老师：

教学课题	
教学目标	1. 2. 3.
技能目标	1. 2. 3.

时间分配	教师行为	教学技能	学生行为	所用教具仪器和媒体等

第四节　微格教学过程的组织实施

微格教学是一项细致的工作，要有效地提高教师的教学技能，关键是要紧紧抓好微格教学全过程所包含的理论学习、示范观摩、编写教案、角色扮演、反馈评价和修改教案等环节。这些环节，环环相扣、联系密切，削弱其中任何一个环节，都会影响培训的效果。我们应针对被培训者的实际情况，落实每一个实施步骤(如图 1-1 所示)。

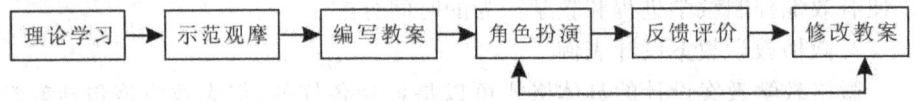

图 1-1　微格教学实施过程

第一章　微格教学理论与实践

一、理论学习和辅导

在微格教学实践和发展的过程中,融入了许多新的教育观念、教育思想和方法。如布鲁姆的"教育目标分类学"及"掌握学习法",弗朗德的"师生相互作用分析"理论。具体实践中又有美国爱伦教授的双循环式和英国布朗教授的单循环式等。微格教学培训是一种全新的实践活动,也有其深刻的理论基础。因此,学习和研究新的教学理论是十分必要的。理论辅导的内容包括:微格教学的概念、微格教学的目的和作用、学科教学论、各项教学技能理论。理论研究和辅导阶段要确定好教学的组织形式。通常在学习教学理论时,导师以班级为单位作启发报告,讨论和实践则以小组为单位。小组成员为6人左右,最好是同一层次的教师或师范生。指导教师要启发小组成员尽快相互了解,对所研讨的问题有共同语言,互相成为"好朋友"。

二、教学技能分析

微格教学的研究方法就是将复杂的教学过程细分为单一的技能,再逐项培训。导师可以根据培训对象的不同层次和需要,有针对性地选定几项技能。一般说来,对于师范生和刚踏上讲台不久的青年教师来说,经过微格教学实践可以及早掌握教态、语言、板书等方面的基本技能;对于有一定教学经验的教师,可以通过微格教学实践,深入探讨较深层次的技能,有利于总结经验、互相交流、共同提高教学能力,以达到提高教师整体素质的目标。在技能分析和示范阶段,导师要作启发性报告,分析各项技能的定义、作用、实施类型、方法及运用要领、注意点等,同时将事先编制好的示范录像给学员观看。

三、组织示范观摩

针对各项教学技能,提供相关的课堂教学片断,组织学生进行示范观摩。观看录像后经过小组成员讨论分析,取得共识。这样,学员不仅获得了理论知识,也有了初步的感知。

1. 观摩微格教学示范录像

(1)教学示范录像片断的选择。在选择示范录像时要遵循两条原则,一是水平要高;二是针对性要强。示范的水平越高,学员的起点就越高;针对性越强,该技能的展现就越具体、越典型。

(2)提出观摩教学示范录像片断的要求。在观看示范录像片断时,指导教师要先提出具体要求,明确目标,突出重点,边观看边提示。提示时要画龙点睛,简明扼要,不可频繁,以免影响学员观看和思考。

2.组织学习、讨论、模仿

(1)谈学习体会。各自谈观后感;哪些方面值得学习;对照录像,检查自己的教学与其存在哪些差距。师范生注重前者,在职教师注重后者。

(2)集体讨论。重点交换各自的意见,在要学习的方面形成共识。指导教师也要参加讨论,重点指导。

(3)要点模仿。示范的目的是为使受训者进行模仿。许多复杂的社会型行为,往往都能通过模仿而获得。实际上,受训者在观看录像时,就已渗透着模仿的意义。这里讲模仿,主要是在指导教师指导下进行重点模仿。此外,指导教师的亲自示范或提供反面示范,对学员理解教学技能也会起到十分重要的作用。

四、指导备课

1.组织学员钻研某项教学技能

(1)充分备课,熟悉教材。熟悉教材是至关重要的,如果对教材理解不透彻不深入,甚至出现片面性或错误,就无法体现教学技能。

(2)根据指定教材,针对某项教学技能进行钻研。在熟悉教材的基础上,重点应该考虑教学技能的运用。要正确运用教学技能,对该教学技能的钻研是先决条件,指导教师要正确引导学习者钻研教学技能的理论,联系教材,把理论用于实践。

2.学员备课

(1)在钻研指定教材和该项教学技能的基础上,编写出教案。教案的格式如表1-1所示。

(2)在指导教师的指导下,交流备课情况,取人之长,补已之短。

(3)对在职教师和师范生要求有别。钻研教材,熟悉教材,理解教材,并结合教学技能备课,对在职教师来说,问题不是很大,但对在校的师范生来说,相对有一定的难度。师范生应先接受教学基本理论和教材分析的培训,指导教师在给他们指定教材时,还要对教材进行适当的分析,以帮助师范生正确理解教材,从而结合教学技能的运用进行备课。

五、角色扮演

1.角色扮演的意义

角色扮演是微格教学的中心环节,是受训者训练教学技能的具体教学实

践活动,在活动中每个受训者都要扮演一个角色,进行模拟教学。角色扮演改变了传统的老师讲、学生听的教学模式,给受训者有充分的实践机会,从而使师资培训工作上了一个新台阶。

2. 角色扮演的要求

培养教学技能,必须通过真实的练习与训练,否则就难以形成技能。微格教学中的角色扮演,给学生提供了上讲台的机会,使他们能把备课时的设想和对单项技能的理解,通过自己的实践表现出来,同时进行录像。师范生由原来的被动听课者,变为教学活动的参与者,充分发挥了学生的主体作用,体现了微格教学的优势。

在微格教学实习室内,有指导教师、学生和摄像人员。"教师"由接受培训的学员轮流担任,学生也由学员扮演。每节微格教学课的时间控制在10分钟左右。为了使"角色扮演"的效果更佳,微格教学实践应该注意以下几点:

(1)在角色扮演前,指导教师要向师范生说明有关角色扮演的规定。

(2)除了执教者和学生以外,减少模拟课堂上其他无关人员,这样当执教者面对摄像镜头时,能减少紧张情绪。

(3)扮演"教师"者要把自己当成一个"纯粹"的教师,要把自己置身于课堂教学的真情实境之中,一切按照备课计划有控制地进行教学实践活动,训练教学技能。

(4)扮演"学生"者要充分表现学生的特点,自觉进入特定情境。有时也可以让学员扮演一位常答错题的学生,以培训执教者的应变能力。"学生"最好是执教者平时的好朋友,这样初登讲台的执教者能获得一种安全感。

(5)在角色扮演过程中,任何人不要打断"教学",让"教师"去处理教学中的"麻烦",技术人员在拍摄过程中,不能对"教师"提出约束条件。

六、反馈评议

反馈评议阶段,首先由执教者将自己的设计目标、主要教学技能和方法、教学过程等向小组成员进行介绍,然后播放微格录像,全组成员和导师共同观摩。观看录像后进行评议,可以由执教者本人先分析自己观看后的体会,检查事先设计的目标是否达到,及自我感觉如何;再由全组成员根据每一项具体的课堂教学技能要求进行评议。评议过程由以下三个环节构成:

1. 学员自评

(1)照"镜子"、找差距。由教师角色扮演者分析技能应用的方式和效果,看是否达到预期目标。

(2)列出优、缺点。肯定成绩,找出不足之处。如果自己认为很糟、非常不满意,可以申请重新进行角色扮演和录像。指导教师可根据条件和时间,决定是否重录,尽量做到不挫伤学员积极性。

2.组织讨论、集体评议

评议时应以技能理论作指导,分析优、缺点,进行定性评价;

根据量化评价表给出成绩,进行量化评价;

提出建设性意见,提出如何做可能会更好。指导教师要注意引导,营造一种学术讨论的氛围。

3.指导教师评议

学习者对指导教师的评价是十分重视的,指导教师的意见举足轻重。因此,指导教师的评价应尽量客观、全面、准确。对于扮演者的成绩和优点要讲足,缺点和不足要讲准、讲主要的。要注意保护学习者的自尊心和积极性,要以讨论者的身份出现,讨论"应该怎样做和怎样做更好"。

七、修改教案,反复训练

1.学员修改教案

根据本人录像,参考技能示范录像和技能理论,对照评议结果,针对不足之处,由学员自己修改教案。

2.进行重教

根据评议情况,学员进行第二次实践,重复上述过程。

3.再循环或总结

是否再循环,可以根据培训对象的具体情况及课时安排而定。当然,在课堂教学过程中,各项技能是交织在一起的,任何单项的教学技能都不会单独存在。如培训导入技能,重点研究导入的方式、新旧知识的联系、情境的创设等问题。但导入过程必然用到语言技能,还可能用到提问、板书、演示等技能,只是对这些技能暂不考虑,只重点考虑导入技能的应用情况。

因此,当各项教学技能都经过训练并达到一定水平以后,指导教师应安排学习者进行各项技能的综合训练,也只有对教学技能进行综合训练,才可能最终形成教学能力。

第五节　微格教学技能的评价与反馈

微格教学中的评价是对教学技能的评价,是以一定的目标、需要、期望为准绳的价值判断过程。它通过对各项教学技能指标的考察与分析,对教学构成、作用、过程、效果等进行科学的价值判断,从而评价受训学员的课堂教学技能水平。在教学技能的学习和形成过程中,评价起着重要的作用,没有评价就不能通过微格教学进行技能改进。

一、微格教学评价的意义和作用

教学评价是依据预定的教学目标,把学生在知识、技能及能力等方面所达到的实际水平同事先确定的教学目标进行对照比较。为此,首先要在教学过程中为评价提供信息,信息包括知识信息和改进信息。其次,教师的各种综合能力对本教学系统的控制起着决定性的作用。

(一)微格教学评价的意义

微格教学的评价是微格教学的一个重要组成部分。评价的重点是在课堂教学的技能技巧方面,评价的目的在于考查学员对各项课堂教学技能的掌握和提高程度。微格教学评价的意义有以下几方面:

1. 通过评价来比较、区分受训学员的教学能力,获得学员是否掌握某项技能的证据,以便及时指导。

2. 通过评价可以让被评价者看到自己的成绩和不足,好的地方得到强化,缺点和错误得到纠正,从而提高课堂教学技能。

3. 教学技能评价目标的制定一般都体现了方向性和客观性,通过评价目标、评价体系的指引,可以为教学指明方向。因此,教学技能评价具有促进受训学员提高教学技能水平的导向作用。

(二)微格教学中评价的作用

1. 及时全面获取反馈信息

从控制论的观点来看,反馈是很重要的。教育学上的传统反馈形式是执教老师上完课后通过回忆听取来自评课者的反馈和来自学生的反馈。但有时执教者很难理解这些评议,因为他想像不出自己教学行为的形象是如何的。微格教学则利用了现代化的设备,记录下全面的现场资料。执教者可以反复观看自己的微格课录像,因而不仅可以得到上述来自评课者和学生的反馈,而

且得到了来自执教者自身的反馈,执教者可以自己发现教学行为中的优缺点。从心理学的观点出发,这一反馈无疑是一个强刺激,最能强化行为人的优点,并改变行为人的缺点,所以在微格教学的评价中所接受到的反馈信息是及时全面的。

微格教学又是一个受控制的实践系统。微格教学的评价使师生双方及时全面地获得反馈信息,因而使培训者在有控制的条件下进行教学实践,控制沿着有目标的、正确的方向进行。

2. 理论与教学实践紧密结合

从信息论的观点来看,让学员观看示范录像是对复杂的教学过程的一种形象化解释。学员从各种风格的教学示范中得到的是大量有声有像的信息,而这种信息是最易被接受的,因为视觉神经的信息接受能力要比听觉神经的信息接受能力大得多。在微格教学的理论学习阶段,学员已经从理论上学习分析了各项课堂教学技能的作用、方法和要领;在角色扮演阶段又亲自运用了某项教学技能进行微格课的实践;在微格教学的评价过程中,通过讨论评议,将各项教学技能的理论和实践科学地结合起来,从观察、模仿到综合分析,形成了完整的课堂教学艺术。

3. 相互交流、促进提高

微格教学通常采用定性或定量的评价方式。定性评价根据反馈信息,结合课堂教学技能的理论,由小组成员提出各种个人的观点和建议。微格教学的组织形式已使全组师生成了研究教学技能的知己,每位成员都可以直率地提出意见,互相取长补短。微格教学的评价也为执教者本人提供了充分的发言权。这与传统的评课是不同的,这种评价既不是简单地打分,也不是单看教学实践成绩的高低,而是在整个评价过程中发挥集体的智慧,对提高课堂教学质量起了重要作用。

对于师范生来说,微格教学评议的重点是能让学员对照课堂教学的基本技能要领,看到自己课堂教学的不足之处,从而加以改进,使自己尽快掌握课堂教学基本技能。对于有一定经验的中学教师来说,微格教学要求参加培训的教师能发挥个人教学特长。评议的重点是经验交流,同时在微格教学中暴露出来的不足之处也将在和谐的气氛中得以解决。通过评价使本来已具有一定教学经验的教师在课堂教学技能的掌握运用方面更上一个台阶。

4. 促进教学理念与技能的提升

随着时代的发展、科技的进步,在教育改革不断深化过程中,新教材、新思想、新观点、新方法会不断引入到课堂教学中,教师会面临传统的教学观念与

第一章 微格教学理论与实践

现代化课堂教学观点的矛盾。微格教学融进了国内外许多现代教学理论的观点、技能和方法。经过微格教学的理论研究、课堂教学技能分析示范、微格备课、实习记录等环节，学员对这些新的理论观点、技能方法已有了一定的认识。微格教学评价过程，充分综合了来自各方面的反馈信息，这种全新的评议方法能激发学员学习的积极性。在微格教学中应用新理论、新方法，钻研新教材，运用新的课堂教学技能，从而使每位受培训者的职业技能和素质在原有的基础上有所提高、有所发展，并使之适应教育改革的新形势，加快实现现代化课堂教学的进程。

二、评价指标体系的建立

（一）微格教学评价的性质

微格教学的全过程中既有诊断性评价，也有形成性评价。

在微格教学活动中，导师和学员通过各种活动形式，如理论学习研究、技能观摩讨论、相互听课、角色扮演等，得到了来自多方面的反馈信息，从而对学员的课堂教学特点及基本技能运用程度有了一定的认识，这就是诊断性评价。

所谓形成性评价，即在微格教学的评价阶段，通过具体的系统性评议讨论，导师和全体成员努力开发对这个过程最为有用的各类证据，探寻并记录下形成这些证据的最为有用的方式。这是微格教学活动群体中每一个成员都积极参与的结果。信息反馈和改正提高是形成性评价的必要因素。

微格教学的活动过程，反馈信息是多方面的，有来自小组同伴的反馈，有来自导师的反馈，也有来自执教者自我的反馈，而且与其他教学活动不同的是微格教学的反馈信息能做到因人而异，既有针对性又有比较性，并通过活动中的特有交流方式达到改正提高的目的。参加微格教学学习的个人能掌握以前没有掌握的技能要领，能纠正过去尚未察觉的缺点和错误，并明确今后努力提高的方向。微格教学的评价结果不是单纯看被评者的统计得分，而是强调从诊断性评价和形成性评价的比较中来判断价值。无论参与者是师范生还是有一定教学经验的教师，最重要的是提高和发展。

（二）微格教学评价量表的制定

微格教学是以提高课堂教学技能为主要任务的教学研究活动，评价的重点应该以达到技能训练的目标要求为标准。因此，如何建立合理的课堂教学技能评价量表对于微格教学评价工作来说是十分重要的。

微格教学的评价指标就是根据每项技能的目标要求分解确定的。这些指标必须是具体的、可观察的、可比较的、易操作的，并尽量注意相互间的独立性。下面以教学语言技能的评价为例加以说明(表1-2)。

表1-2 语言技能评价记录表

课题：   执教：

评价项目	好	中	差	权重
1.讲普通话,字音正确	☐	☐	☐	0.10
2.语言流畅,语速、节奏恰当	☐	☐	☐	0.20
3.语言准确,逻辑严密,条理清楚	☐	☐	☐	0.15
4.正确使用学科名词术语,无科学性错误	☐	☐	☐	0.15
5.语言简明形象、生动有趣	☐	☐	☐	0.05
6.遣词造句通俗易懂	☐	☐	☐	0.10
7.语调抑扬顿挫	☐	☐	☐	0.05
8.语言富有启发性	☐	☐	☐	0.10
9.没有不恰当的口头语和废话	☐	☐	☐	0.05
10.音量恰当	☐	☐	☐	0.05

根据教学语言技能的作用、方法和要领,确定了评价记录表中的10项具体指标。每一条指标在该指标体系中的重要程度,用权重系数表示,各项权重系数之和应该等于1。每一条指标的评价等级可分为好、中、差三等。

三、微格教学评价的实施

(一)分等评价法

导师准备好小组角色扮演的录像资料和各项技能的评价记录表。在播放某一段微格教学的录像资料前可以先请执教者向小组全体成员介绍自己设计这一教学片断的意图,包括教学目标、教学技能方法等。然后导师和全组成员一起观看录像。小组观摩完毕,开始讨论评议。执教者本人可以作观看后的自我评议,评述自己原来设想的教学目标哪些达到了,哪些没有达到。小组评议可以根据每一项课堂教学技能的评价量表来对照分析、讨论。导师要启发和鼓励每位学员积极参加小组评议,让学员懂得课堂教学技能评价能力的提高,对于提高课堂教学质量是很有帮助的。通过讨论,大家一起定性地评述运用某项教学技能的情况,肯定优点,提出改进意见。在定性评价的同时,也可以采用定量评价的方式。在观摩微格教学片段时,每位小组成员都是评价员。学员可以利用事先设计好的各种微格教学技能评价记录量表,在每一评价项目旁边的对应等级处划上"√"。然后,利用教学评价统计软件,将每份评价表

第一章 微格教学理论与实践

的量值逐一输入计算机,经过计算机运算处理后可以打出一定的分数值。这种分等评价法运用了定性和定量评价结合的方式,相对客观。最后,由导师根据小组评议情况和定量结果进行小结,书写评语。

在采用分等评价法时,应注意以下几点:

1. 每位学员在微格教学实习前要了解每项技能的要点。

2. 每位学员在观摩微格教学片断前要仔细阅读有关技能的指标体系中的各项评价内容。

3. 在观摩评价过程中,对微格教学片断中没有涉及的项目以评中间等级为宜。

4. 不必将各个项目的等级相加,因为它们没有可加性。必须强调的是微格教学的评价目的不是看最后得分多少,而是看学员在整个微格教学实施过程中对运用课堂教学技能的理解和掌握程度。

(二)评价统计的方法

评价统计是在评价记录表完成后,由统计员完成以下步骤:

1. 填写统计表格

我们以教学语言技能为例,参阅本章表 1-2,统计方法说明如下:

统计员先制定好统计用的表格,如下表所示,假如有 10 人参加评课,对第一项"讲普通话,字音正确",评好的有 2 人,占总人数 2/10;评中等的有 6 人,占总人数的 6/10;评差的有 2 人,占总人数的 2/10。在统计表格的第 1 项右边等级比率栏内,分别填入 0.2、0.6、0.2,依次将每个评价项目的等级比率分别填入统计表(表 1-3)。

表 1-3 等级比率统计量表

项目	权重	等级比率		
		好	中	差
1	0.10	2/10=0.2	6/10=0.6	2/10=0.2
2	0.20	3/10=0.3	7/10=0.7	0
3	0.15	1/10=0.1	7/10=0.7	2/10=0.2
4	0.15	5/10=0.5	5/10=0.5	0
5	0.05	0	5/10=0.5	5/10=0.5
6	0.10	2/10=0.2	6/10=0.6	2/10=0.2
7	0.05	4/10=0.4	5/10=0.5	1/10=0.1
8	0.10	1/10=0.1	6/10=0.6	3/10=0.3
9	0.05	1/10=0.1	8/10=0.8	1/10=0.1
10	0.05	2/10=0.2	5/10=0.5	3/10=0.3

2. 统计运算

根据表 1-3 中的数据,可以得到两个矩阵,其中矩阵 A 由各项目的权重组成:

$$A = [0.10\ 0.20\ 0.15\ 0.15\ 0.05\ 0.10\ 0.05\ 0.10\ 0.05\ 0.05]$$

等级矩阵 R 由各评价项目的等级比率组成:

$$R = \begin{bmatrix} 0.2 & 0.6 & 0.2 \\ 0.3 & 0.7 & 0 \\ 0.1 & 0.7 & 0.2 \\ 0.5 & 0.5 & 0 \\ 0 & 0.5 & 0.5 \\ 0.2 & 0.6 & 0.2 \\ 0.4 & 0.5 & 0.1 \\ 0.1 & 0.6 & 0.3 \\ 0.1 & 0.8 & 0.1 \\ 0.2 & 0.5 & 0.3 \end{bmatrix}$$

矩阵 A 和矩阵 R 的乘积为矩阵 B,矩阵 B 是对教学语言技能的评价矩阵:

$$B = A \times R$$
$$= [0.1\ 0.2\ 0.15\ 0.15\ 0.05\ 0.1\ 0.05\ 0.1\ 0.05\ 0.05] \times$$

$$\begin{bmatrix} 0.2 & 0.6 & 0.2 \\ 0.3 & 0.7 & 0 \\ 0.1 & 0.7 & 0.2 \\ 0.5 & 0.5 & 0 \\ 0 & 0.5 & 0.5 \\ 0.2 & 0.6 & 0.2 \\ 0.4 & 0.5 & 0.1 \\ 0.1 & 0.6 & 0.3 \\ 0.1 & 0.8 & 0.1 \\ 0.2 & 0.5 & 0.3 \end{bmatrix}$$

矩阵乘法是矩阵 A 的每一行(横为行,当前只有一行)与矩阵 R 的每一列(竖为列,当前有三列)对应元素的积作为新的矩阵的各元素。

即:B = [0.1×0.2+0.2×0.3+0.15×0.1+0.15×0.5+…+0.05×0.2
   0.1×0.6+0.2×0.7+0.15×0.7+0.15×0.5+…+0.05×0.5
   0.1×0.2+0.2×0.0+0.15×0.2+0.15×0.0+…+0.05×0.3]
  =[0.235 0.615 0.15]

矩阵 B 的结果显示,参加评价的 10 人中,对执教者的课堂教学语言技能各项指标全面评价后,有 23.5% 的人认为好,61.5% 的人认为中等,15% 的人认为差。设每个等级与一百分制分数的对应关系为:好=95 分,中=75 分,差=55 分,则组成分数矩阵 C:

$$C = \begin{bmatrix} 95 \\ 75 \\ 55 \end{bmatrix}$$

用矩阵 B'=B×C,得出最终评价结果:

$$B' = [0.235\ 0.615\ 0.15] \times \begin{bmatrix} 95 \\ 75 \\ 55 \end{bmatrix} = (0.235 \times 95 + 0.615 \times 75 + 0.15 \times 55)$$

  =76.7

即:被培训者的教学语言技能为 76.7 分,属于中等水平。

以上方式要用到矩阵计算,或利用计算机运行专门编制的程序,若条件不具备,也可以用下列方法加以简化:

以前面介绍的教学语言技能为例,假设各项评价的等级为:好(95 分)、中(75 分)、差(55 分)。可填写出下表(表 1-4):

表 1-4 语言技能评价记录表

课题: 执教:

评价项目	好	中	差	权重
1. 讲普通话,字音正确	✓	□	□	0.10
2. 语言流畅,语速、节奏恰当	□	✓	□	0.20
3. 语言准确,逻辑严密,条理清楚	□	✓	□	0.15
4. 正确使用专业名词术语,无科学性错误	✓	□	□	0.15
5. 语言简明、生动有趣	□	✓	□	0.05
6. 遣词造句通俗易懂	□	✓	□	0.10
7. 语调抑扬顿挫	□	✓	□	0.05
8. 语言富有启发性	✓	□	□	0.10
9. 没有不恰当的口头语和废话	✓	□	□	0.05
10. 音量恰当	□	✓	□	0.05

那么某一评价者对试讲者的评分为:用各项所给等级对应的分数乘以各项所对应的权重,统计各项目的得分之和。

即 95×0.1+75×0.20+75×0.15+95×0.15+75×0.05+75×0.10+75×0.05+95×0.10+95×0.05+75×0.05=83(分)

按以上方法,逐张统计出每位评价者的评分,最后计算出平均分即可。

这种方法也能在一定程度上反映出试讲者运用技能的情况。

3.统计程序设计

使用人工计算微格教学的评价统计比较繁琐,有条件的地方可以采用计算机数据处理的方法实现。根据上述原理使用 FoxPro 数据库程序或其他计算机语言编制微格教学评价统计软件,其程序设计思想流程图如图 1-2 所示。

(三)微格教学技能评价软件使用

1.软件介绍

现代微格教学系统多采用先进的电脑软件进行教学技能评价,通过该软件系统可以全方位地进行微格教学,并且对教学结果进行准确的记录和合理的评估,从而促进受训者不断地完善教案和提高教学水平与教学效率。该评价软件界面如图 1-3 所示。

在服务器 IP 地址栏输入服器 IP 地址,本机 IP 地址栏输入本机 IP 地址,在评估人一栏输入评估人姓名,再点击获取姓名按钮即可。

(1)教学评估内容

该软件系统对教师进行评估的内容,严格按照微格教学标准来制定,主要有导入技能、语言技能、提问技能等 10 项评估标准,10 项标准根据权值定为好、中、差三等级,然后系统自动统计进行数字分析,产生评估值。

(2)评估方法

进入系统控制窗口,切换到指定示范点,鼠标左键单击教学评估菜单中的教育评估选项,进入教学评估窗口,填入教师名称和评估人,然后根据微格教学要求对教师进行教学评估,根据教学的实际情况选择权值(好、中、差),如果评估人要查看各项教学指标,左键单击"统计图"或者"报表"按钮,系统可自动进行数字化统计。

2.软件使用

(1)评课设置

点击菜单栏中的"评课"菜单项中的菜单项,弹出"评课设置"对话框,如图 1-4 所示,评课设置以班级为单位,一个班级保存为一个文件夹。在"文件名称"项中输入保存的文件名,在"班级名称"项中输入班级名称,在"人数"项的

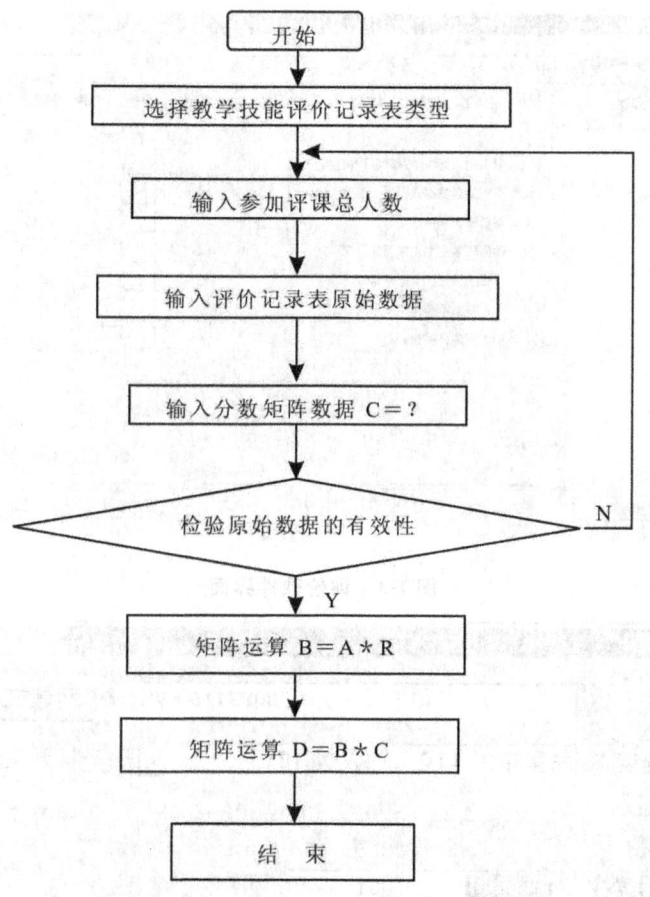

图 1-2　教学评价统计程序设计流程图

下拉列表框中选择该班级的学生人数。在学生姓名、学号参数输入框中设置好整个班级的学生姓名和相应的学号。点击按钮以保存设置好的班级参数。点击按钮退出"评课参数"设置对话框。

（2）评课数据输入

点击菜单栏中的"评课"菜单项中的菜单项，弹出评课对话框（图1-5），在"学生姓名"和"标题"项中的下拉列表框中，选择被评的学生和技能。在"评课技能"框中对各项进行评课。评课完毕后点击按钮以保存评课结果，点击按钮退出评课对话框。

（3）评课结果分析处理

点击菜单栏中的"评课"菜单项中的菜单项，弹出"评课成绩"列表框，列表

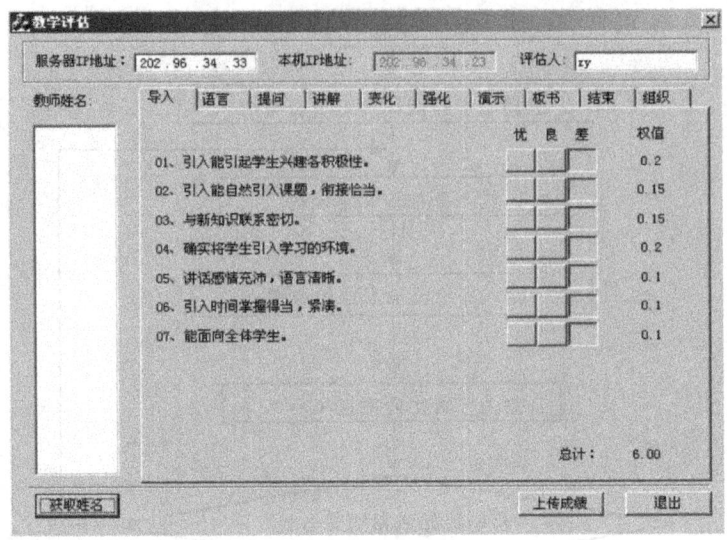

图 1-3　评价软件界面

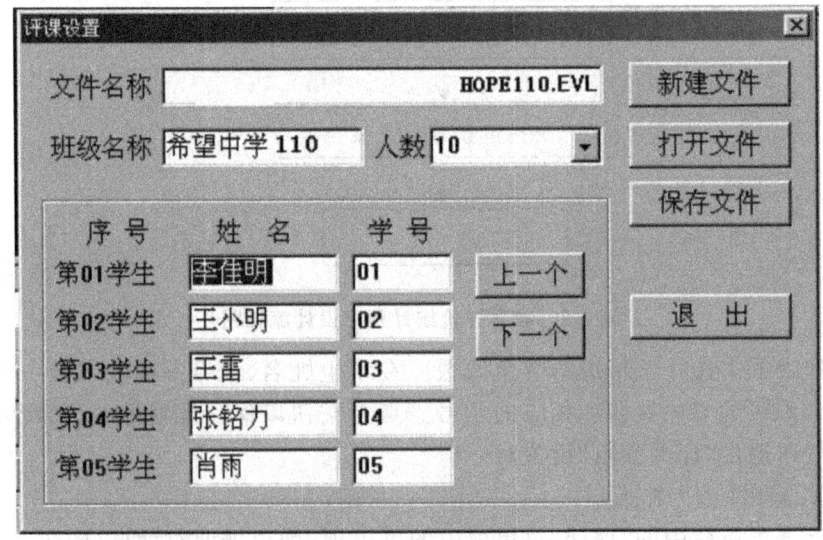

图 1-4　评课设置界面

框中将会详细地显示各个学生各部分技能的成绩(图 1-6)。

　　点击"评课"菜单项中的项,弹出"评课分析"柱形图框,该框以柱型坐标显示该班级各个技能的对比情况。

第一章 微格教学理论与实践

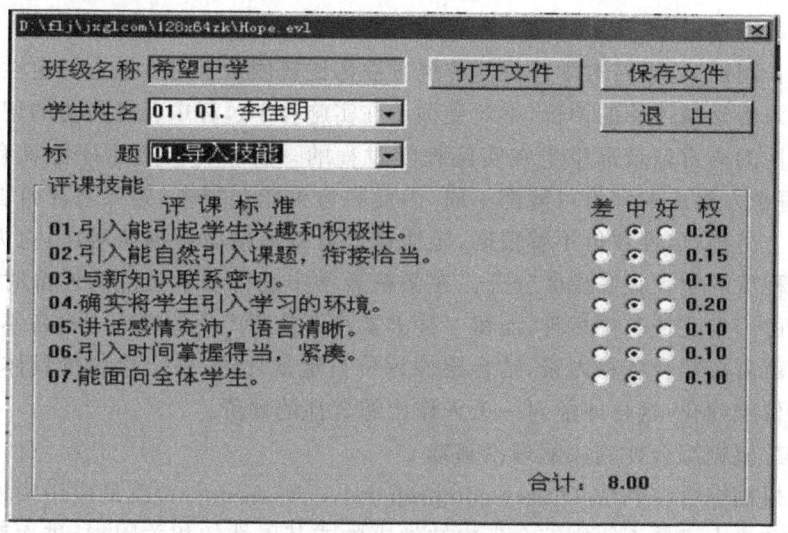

图1-5 评课数据输入对话框

图1-6 评课成绩列表

(四)应用模糊综合评价法进行微格教学评价

在微格教学的实施过程中,反馈评价是重要的一个环节。微格教学专家罗伯特.E.嘉博曾描述过微格教学的评价作用:"没有评价标准,学生(受训者)会问我为什么这样做?怎样做算好?教师会疑虑:我如何帮助学生有更好地表现?如何有效地影响他们?有了评价标准,学生说根据分值和水平指标,我知道我进步了"[1]

长期以来,微格教学评价的传统方法都比较侧重于对学生进行定性评价。定性评价是描述性的评价,是对受训者在实施教学过程中各种行为的记录,用描述性的语言记录下学生在实施教学过程的一言一行。定性评价具有多样性,每个人提出的评价可能都不同,因此数量可能会很多,导致被评价者无所适从。另外,定性评价不够精确,无法进行有效地横向和纵向对比,也无法将不同程度的学生很好地区分开。在微格教学中进行教学技能的评价时,影响评价的因素往往有许多种,而每一种因素对评价所产生的影响力也各不相同。这时就需要综合各种因素,结合定性评价与定量评价,使定量评价具体化,定性评价准确化,这样才能对一个人作出综合性的评价。

1. 模糊综合评判法的理论基础

模糊综合评判法(Fuzzy comprehensive Assessment)就是应用模糊变换原理和最大隶属度原则综合考虑被评事物或其属性的相关因素,进而对某事物进行等级或类别评价。模糊综合评价法是以隶属度来描述模糊界限的,是模糊数学中最基本的数学方法之一。

有些情况下,可能存在评价因素的复杂性、评价对象的层次性、评价标准及其影响因素的模糊性或不确定性、定性指标难以定量化等一系列问题,使得人们难以用绝对的"非此即彼"来准确的描述某些客观现实,经常存在着"亦此亦彼"的模糊现象。如课堂教学质量的评价,我们往往用自然语言的方式来进行描述式评价。自然语言存在模糊性,模糊性的自然语言是很难用经典数学模型加以量度的。因此,模糊综合评价是对受多种因素影响的事物做出全面评价的一种十分有效的多因素决策方法,其特点是评价结果不是绝对地肯定或否定,而是以一个模糊集合来表示[2]。

建立在模糊集合基础上的模糊综合评判方法,是从多个评价指标对被评价对象隶属等级状况进行综合性评判,它把被评判对象的变化区间做出详细划分,一方面可以顾及对象的层次性,使得评价标准、影响因素的模糊性得以体现;另一方面在评价中又可以充分发挥人的经验,使评价结果更客观,符合实际情况。因此,模糊综合评判可以做到定性和定量因素相结合,扩大信息

---

[1] 吴志华,周德茂. 简论微格教学评价标准的建立[J]. 教育科学,2003,19(6):25-27

[2] 于俊乐,许永龙. 实践教学课程体系质量的综合评价研究[J]. 天津师范大学学报:自然科学版[J],2006(1):73-76

量,使评价结论更可信。

2.模糊综合评价法在微格教学评价中的应用

(1)模糊综合评价法的一般方法

①确立权重

权重是一个相对的概念,是针对某一指标而言。某一指标的权重是指该指标在整体评价中的相对重要程度。权重表示在评价过程中,是被评价对象的不同侧面的重要程度的定量分配,对各评价因子在总体评价中的作用进行区别对待。通常,采用权重系数表示权重的大小,重要的、核心的评价指标的权重大一些,不重要的、非核心的评价指标的权重小一些。所有评价指标的权重系数之和必须等于1。

确立各指标的权重时,可采用两种方式:一种时专家确立,即专家根据自身的经验确立各种评价指标的权重大小;另一种时利用数理统计的方式确立权重大小,如利用层次分析法。

层次分析法(AHP)是由美国运筹学家 T. J. Saaty 提出的对一些较为复杂、较为模糊的问题,将定性与定量分析相结合的系统化、层次化的多因素决策方法。

其主要过程为:

首先,构造出层次模型;接着,通过两两因素比较的方式,构造出成对比矩阵;然后检验成对比矩阵的一致性;最后,计算出每一因素的权重。

它的优点在于可以将决策者的主观判断与政策经验导入模型,通过将多个因素进行两两比较的方式进行量化处理。因此,对于那些难以定量的系统中,多次、不同因素之间的比较可以提供更多量化的数据,从而确立出在诸多因素中每个因素对某一事件分别具有多大的影响力,这样要比将一个因素与其他全部因素对比而得出的结果要准确。

②采集数据,进行综合评价

对多种因素的综合评价可以模糊综合评价法。模糊综合评价法是把模糊数学应用于创新教学评价而形成的方法,它根据评价对象和评价目标建立起模糊矩阵,通过一系列的判断、推理、论证,由最佳隶属原则得出可靠结论的一种方法[1]。

它的优点在于考虑到了评价某一事件时,影响其的每个因素都具有不同

---

[1] 郝莉,龙华,吴志刚.对学生学习进行综合评价的探索[J].东华大学学报,2004(4)1:70-74

的重要程度,以及这种评价方式能够全面、客观地将评价者的意见都汇集起来,利用数理的方式转化为定量的数据进行分析比较,避免了定性分析中的主观性,又能得出定量的结果。由此可以对一名师范生作出较为理性、全面的评价。

③对整段微格教学片断的定性评价

采用艾伦(D. Alien)教授所提出的"2+2"教学评价法①,即每个评价者只提出两条赞扬性意见和两条改进性意见。这样就把评价的范围大大缩小,每个人的反馈意见都较为集中,评价者会针对被评议者最优秀的地方和最需要改进的地方进行评价,大大提高了评价的有效性。

(2)以提问技能微格教学为例进行模糊综合评价

①设计评价表格

在微格教学中采用定性评价与定量评价相结合的方式建立一个评价量表。如表1-5所示:

表1-5 提问技能评价量表

课题:　　　　　授课者:　　　　　时间:　　　　　评价人:

评价项目	权重	优 90~100分	良 80~90分	中 60~80分	差 低于60分
1. 提问的主题明确,内容紧扣教学课题;					
2. 问题富有启发性;					
3. 问题难度适中,符合学生认知水平;					
4. 提问的层次设计巧妙,促进学生思维;					
5. 提问时机把握合理,助于学生思考;					
6. 提问介入及时,点拨学生思维;					
7. 对学生回答的评价分析准确,引导性强。					

对整段微格教学片断的评价:

优点1:

优点2:

不足1:

不足2:

---

① 王斌华.教师评价模式:微格教学评价法[J].全球教育展望,2004,33(9):43-47

②确立评价标准

针对提问技能的特点确立出七条评价标准

③确立评价等级

可采用定性与定量结合的方式,将每个等级评价标准划出一个分数等级,如:好:90～100分,中:60～80分,差:低于60分,这样,评价者在选取等级时就可以有一个明确的划分标准。

④利用层次分析法(Analysis of Hierarchy Process,AHP)确立评价标准的权重

层次分析法(The analytic hierarchy process)简称AHP,在20世纪70年代中期由美国运筹学家托马斯·塞蒂(T. L. Saaty)正式提出。它是一种定性和定量相结合的、系统化、层次化的分析方法,其基本步骤如下:

Ⅰ 根据1－9标度法确定评价标准间两两比较的重要性判断尺度表(表1-6),由此构造出权重矩阵。1－9标度法是将评价标准项两两比较,根据重要程度赋予比较系数,得到评价标准的矩阵。

表1-6 重要性判断尺度表[①]

相对重要程度 α_{ij}	含义
1	元素i与元素j对上一层次因素的重要性相同
3	元素i比元素j略重要
5	元素i比元素j重要
7	元素i比元素j重要得多
9	元素i比元素j极其重要
$a_{ij}=2_n, n=1,2,3,4$, 倒数	元素i与j的重要性介于 $a_{ij}=2_n-1$ 与 $a_{ij}=2_n+1$ 之间;若因素i与因素j的重要性之比为 α_{ij},那么因素i与因素j的重要性之比为 $\alpha_{ij}=1/\alpha_{ji}$

[①] 宋阳,佟延秋. 微格教学评价的数学模型[J]. 中国医学教育技术. 2006. 20(2):101-103

$$A = \begin{bmatrix} a11 & a12 & a13 & a14 & a15 & a16 & a17 \\ a21 & a22 & a23 & a24 & a25 & a26 & a27 \\ a31 & a32 & a33 & a34 & a35 & a36 & a37 \\ a41 & a42 & a43 & a44 & a45 & a46 & a47 \\ a51 & a52 & a53 & a54 & a55 & a56 & a57 \\ a61 & a62 & a63 & a64 & a65 & a66 & a67 \\ a71 & a72 & a73 & a74 & a75 & a76 & a77 \end{bmatrix} = \begin{bmatrix} 1 & 1 & 4 & 4 & 4 & 7 & 7 \\ 1 & 1 & 4 & 4 & 4 & 7 & 7 \\ 1/4 & 1/4 & 1 & 1 & 1 & 3 & 3 \\ 1/4 & 1/4 & 1 & 1 & 1 & 3 & 3 \\ 1/4 & 1/4 & 1 & 1 & 1 & 3 & 3 \\ 1/7 & 1/7 & 1/3 & 1/3 & 1/3 & 1 & 1 \\ 1/7 & 1/7 & 1/3 & 1/3 & 1/3 & 1 & 1 \end{bmatrix}$$

II 计算判断矩阵的特征向量和权向量

首先，计算矩阵每行元素的乘积，并计算该乘积的 n 次方根，得向量：

$$w_1 = \sqrt[7]{1*1*4*4*4*7*7} = 3.15851$$

同理：$w_2 = 3.1585$，$w_3 = 0.9211$，$w_4 = 0.9211$，$w_5 = 0.9211$，$w_6 = 0.3581$，$w_7 = 0.3581$

接着将向量 $w = [3.1585, 3.1585, 0.9211, 0.9211, 0.9211, 0.3581, 0.3581]^T$ 归一化，得：

权向量 $\omega_1 = w_1/(w_1 + w_2 + w_3 + w_4 + w_5 + w_6 + w_7) = 0.3224$（归一化即是使得它的各分量都大于零，各分量之和等于1）

同理：权向量 $\omega_2 = 0.3224$，$\omega_3 = 0.0940$，$\omega_4 = 0.0940$，$\omega_5 = 0.0940$，$\omega_6 = 0.0366$，$\omega_7 = 0.0366$

III 对矩阵进行一致性检验

$$CR = \frac{CI}{RI}$$

其中，$CI = \frac{\lambda_{max}(A) - n}{n-1}$，RI 表示平均随机一致性指标，当阶数 7 时，由表查得 RI = 1.32，利用 MATLAB 的 eig 函数计算矩阵的最大特征根 λ_{max} 得：$\lambda_{max} = 7.0714$

则：$CR = \frac{7.0714 - 7}{6 \times 1.32} = 0.009015 < 0.1$，故认为矩阵具有一致性，评价结果大致相容，分析结果可信。

由此确立各个指标的权重为：0.32, 0.32, 0.09, 0.09, 0.09, 0.04, 0.04

⑤评价统计的计算

在微格教学前将表格分发给各个评议人员，教学结束后进行统计。

首先，由评价标准的权重集，可以得到矩阵 A

A = [0.32, 0.32, 0.09, 0.09, 0.09, 0.04, 0.04]

接着，假设有10位评议人员参与听课，则将10个人的评判结果相加，如某一学生第一个评价项目"提问的主题明确，内容紧扣教学课题"有三个评议人员评定"优"，四个评议人员评定"良"，两个评议人员评定"中"，一个评议人员评定"差"，则为３４２１，再将其除以评价人员数Ｋ＝10，即可得到矩阵Ｂ

$$B = 1/10 \times \begin{pmatrix} 3 & 4 & 2 & 1 \\ 1 & 7 & 1 & 1 \\ 3 & 6 & 1 & 0 \\ 1 & 5 & 2 & 2 \\ 2 & 4 & 2 & 2 \\ 3 & 3 & 2 & 2 \\ 1 & 7 & 2 & 0 \end{pmatrix} = \begin{pmatrix} 0.3 & 0.4 & 0.2 & 0.1 \\ 0.1 & 0.7 & 0.1 & 0.1 \\ 0.3 & 0.6 & 0.1 & 0 \\ 0.1 & 0.5 & 0.2 & 0.2 \\ 0.2 & 0.4 & 0.2 & 0.2 \\ 0.3 & 0.3 & 0.2 & 0.2 \\ 0.1 & 0.7 & 0.2 & 0 \end{pmatrix}$$

最后，利用加权平均综合评价模型，得出综合评价结果Ｎ，即：
Ｎ＝Ａ×Ｂ

$$N = [0.32, 0.32, 0.09, 0.09, 0.09, 0.04, 0.04] \times \begin{pmatrix} 0.3 & 0.4 & 0.2 & 0.1 \\ 0.1 & 0.7 & 0.1 & 0.1 \\ 0.3 & 0.6 & 0.1 & 0 \\ 0.1 & 0.5 & 0.2 & 0.2 \\ 0.2 & 0.4 & 0.2 & 0.2 \\ 0.3 & 0.3 & 0.2 & 0.2 \\ 0.1 & 0.7 & 0.2 & 0 \end{pmatrix}$$

$N = [0.32 \times 0.3 + 0.32 \times 0.1 + 0.09 \times 0.3 + 0.09 \times 0.1 + 0.09 \times 0.2 + 0.04 \times 0.3 + 0.04 \times 0.1,$

$0.32 \times 0.4 + 0.32 \times 0.7 + 0.09 \times 0.6 + 0.09 \times 0.5 + 0.09 \times 0.4 + 0.04 \times 0.3 + 0.04 \times 0.7,$

$0.32 \times 0.2 + 0.32 \times 0.1 + 0.09 \times 0.1 + 0.09 \times 0.2 + 0.09 \times 0.2 + 0.04 \times 0.2 + 0.04 \times 0.2,$

$0.32 \times 0.1 + 0.32 \times 0.1 + 0.09 \times 0 + 0.09 \times 0.2 + 0.09 \times 0.2 + 0.04 \times 0.2 + 0.04 \times 0]$

$= [0.198, 0.527, 0.157, 0.108]$

由此可以说明，将评价该师范生实验技能的7条评价指标综合起来考虑，其属于优、良、中、差的程度分别为：0.198,0.527,0.157,0.108，根据最大隶属原则，该师范生属于"良"这个等级。

若设每个等级与百分制分数的对应关系为：优＝95分，良＝85分，中＝70

分,差＝55 分,则组成分数矩阵 C:

$$C = \begin{bmatrix} 95 \\ 85 \\ 75 \\ 55 \end{bmatrix}$$

则可得到矩阵 F＝N×C:

$$F = [0.198, 0.527, 0.157, 0.108] \times \begin{bmatrix} 95 \\ 85 \\ 75 \\ 55 \end{bmatrix}$$

$$= (0.198 \times 95 + 0.527 \times 85 + 0.157 \times 75 + 0.108 \times 55) = 81.32$$

即:该师范生的实验技能为 81.32 分,属于"良"的水平。

3. 总结

通过与传统微格教学评价方式的比较,我们可以发现模糊综合评价方式较为科学。

首先,这种评价方式将每项技能的评价细分为多个的评价指标。于是,评议者在评议时就有理可依,有据可寻,被评议者也有了一个可以改进的标准。

其次,利用层次分析法确立出各个指标的权重后,再利用模糊综合评价法进行评价。这种方式既能利用定量分析与定性分析结合的方式确立权重,避免了以前只由专家凭经验确立权重,主观随意性太大的缺点,又能利用模糊综合评价的方式,综合多方面的因素,将一些不易测量的因素通过数理的方式转化为定量的数据,增强了评价结果的准确性。而且,评价过程的数理统计部分可以通过设计相应的计算机程序,利用计算机来处理数据,在节约大量时间的同时,得出的结果也较为精确,具有可操作性。

最后,在这种评价法中还采用了"2+2"教学评价法,让评议者直接写出被评议者的优缺点,具有针对性,在共性的基础上很好地体现每个人的个性,利于学生清楚认识自己的优点和确定,以便改进或发扬。

总之,模糊综合评价的方式不仅克服了单一定量或定性评价的缺点,还增强了评价的客观性、准确性,同时也兼顾了评价的综合性。不仅让师范生有一个对照的标准,还让他们了解自己在教学中存在的问题,反思自己的教学行为,并不断改进、优化自身的课堂教学行为,更好地促进专业发展。

四、微格教学中的反馈

（一）微格教学反馈的意义

反馈是控制系统的基本方法和过程。教学中的反馈可以有效地强化动机，促进行为的改善。一般教法课的试讲活动，因为在事后评定，反馈环节很微弱，控制调节作用更小，达不到强化的效果。微格教学中的反馈弥补了教法课的不足。借助录像，采用自评、互评、点评相结合的方式对被训者进行真实地、及时地反馈，能很好地发挥反馈的控制调节作用，强化效果好。由于微格教学的技能评价是形成性评价，其理论依据就是反馈原理，因此微格教学的反馈是根据过去的操作情况来调整未来行动。它根据形成性评价提供的信息，肯定教学技能、理论知识的优势，并诊断出问题，及时改进，提高教学，具有很大的调整和矫正作用。微格教学中的反馈是及时反馈，信息量大。在教学技能实践之后，立即以重放录像的形式，给被培训者提供自我观察教学过程和分析自己教学行为的条件，让学员能够找出自己的优缺点。同时"学生"、"评价人员"和指导老师也给被培训者指出优缺点和改进意见。通过反馈，使被培训者获得大量的信息，并在此基础上进行调控。被培训者能在集思广益的基础上，经过自己的分析、加工和重组，修改完善原有的方案。在多次修改和反复练习的基础上，受训者的教学技能得到了明显的提高。

（二）微格教学反馈的方式

反馈的方式按时间分为及时反馈、短时反馈和长时反馈。微格教学采用的是形成性评价中的及时反馈或短时反馈，以充分发挥评价的改进功能，做到及时调整和矫正。反馈的方式按信息来源分为他人反馈和自我反馈。微格教学把他人反馈与自我反馈相结合，把来自同行和指导老师的意见和对自身教学行为的分析结合起来，有效地改进教学行为。教学中的教师不易觉察自己的某些行为，如语速太快、面孔呆板、语调低而平淡、知识量过大、行走过于频繁等，他人反馈对解决这些问题比较有效。受训者观看自己的授课录像，这种自我反馈的形式能产生较强的信息刺激，利于自我矫正。在反馈评议的过程中，小组的学员们一起充分讨论，共同献计献策，提出改进方案，受训学员可再次修改、讲课、录像、评价，使评价反馈起到了改进和提高教学技能的强化作用。

（三）微格教学反馈中应注意的问题

1. 加强组织，用好录像

在反馈评价中，指导老师要给予恰当的组织和安排，被评价者要通过重放

45

录像,观察审视自己的教学行为,根据自己确定的目标找出教学中存在的问题,进行自我分析、自我反馈。与此同时,评价人员,包括指导教师要根据录像提供的信息,按照一定的评价要求,定性定量地分析被评价对象的教学行为,以他人反馈的方式,给被评价者提供大量的反馈信息。在这个过程中,被评价者获得了非常有效的改进教学的意见,学员评价者提高了评价能力和鉴赏水平,指导教师掌握了学员的训练情况。

2. 反馈意见要具体、集中、可行

微格教学强调具体、集中的反馈,并能在重教中立即得到利用。评价人员可根据爱伦教授的"2+2"教学评价指导法,即对每个被评价者一般只提出两条赞扬性意见和两条改进性意见,反馈意见限制两条。目的在于使评价者和被评价者把注意力集中在最主要、最容易改进的方面,因此针对性强,重点突出,有利于被评价者抓住关键问题,诊断和改进教学行为。

3. 选用恰当的反馈形式

评价目标达到程度的反馈信息,对被评价者来说,是一个极为敏感的问题。被评价者的自信心、自尊心和情绪都会受到评价结果反馈的影响。特别是简单的否定,可能会使被评价者的自信心动摇,情绪不稳定,甚至产生一些消极的心理行为。因此要注意选择恰当的反馈方式,以避免使被评价者感到焦虑。如多采用启发式,引导学员自我客观认识,或采用讨论作为反馈方式,转移过分关心分数的注意力,还可采用小范围的反馈,或将评价分数、直方图结果和相互作用分析的结论,在讨论时交给被评价者本人,防止扩散否定性的评价结果。

思考与练习

1. 什么是微格教学?
2. 微格教学有哪些基本特点和基本功能?
3. 简述微格教学实施的基本步骤及要点。
4. 微格教学评价的分类、过程和方法如何?
5. 微格教学教案编写有哪些项目?试就一个中学生物教学片断撰写微格教学教案。

第二章 生物教学设计技能

第一节 教学设计概述

一、教学设计的概念

教学设计（Instructional Design）是运用系统思想和方法，以学习理论、教学理论和传播学理论为基础来计划和安排教学全过程的诸环节及各要素，以实现教学效果最优化为目的的一种计划过程与操作程序。教师通过教学设计，将对生物课程标准的理解、对具体的教学内容和教学对象的分析等加以整合，作出对教学的整体规划、构想和系统设计，形成一种思路，对一系列具体操作层面的教学事件作出整体安排，形成一个个体现一定教育思想观念、具有可操作性的教学方案。从某种意义上来说，教学设计实际上是课程实施过程中的一个决策过程，教师要回答"为什么教"、"教什么"、"怎么教"、"教得怎么样"等问题，对教学作出整体安排。

二、教学设计的作用[①]

1. 教学设计能充分体现学习者的主体地位

现代教学论认为，在教与学双边活动中，学生是认知活动的主体，学习者在认知活动中发挥着主体作用。教学设计是在对学习者进行全面及时的了解和分析之后进行的设计活动，它以学习者的学习为出发点确定教学目标、选择教学策略、设计教学媒体，以学习者为中心，围绕学习者在学习过程中遇到的学习问题而展开教学设计，充分体现了学习者的主体地位。

---

① 郑晓蕙.生物课程与教学论.杭州:浙江教育出版社,2003.78.

2.教学设计使教学工作走上了科学化的道路

教学设计从教学的科学规律出发,对教学问题的确定、分析,对解决教学问题的方案的设计、实施以及评价和修改策略都采用了系统的观点和客观的分析方法,从而摆脱了教学活动设计中的纯经验主义,使教学工作走上了科学化的道路。

3.教学设计能提高教学效率和教学效果

教学设计首先要对学习需要、学习内容和学习者进行分析,称为教学设计的前端分析。在教学设计前端分析的基础上可以明确教学目标,这样就可以减少许多不必要的重复内容或活动。另外,在分析的基础上还可以科学地制定教学策略,合理地使用教学媒体,科学地拟定教学进度,准确地评价教学效果,提高教学效率。

4.教学设计可以调动学习者的积极性

教学设计通过对学习者的分析能充分了解学习者的特点,这样就可以针对学习者的特点运用相应的教学策略,采取相应的教学方法和教学形式,灵活地应用教学媒体。在这种富有吸引力的教学活动中,学习者乐学、会学,大大减轻了学习者的负担,使学习者在轻松愉快的教学活动中增强学习兴趣,提高学习的积极性。

三、教学设计的特点

1.教学设计强调运用系统方法

教学设计将教学过程或教学对象作为一个系统来对待。因此,教学设计要用系统的思想和方法对参与教学过程的各个要素及其相互关系作出分析、判断和操作。

2.教学设计以学习者为出发点

教学设计从"教什么"入手,分析学习需要、学习内容和学习者,因此,特别重视学习者不同特征的分析。教学设计强调充分挖掘学习者的内部潜能,调动学习者学习的主动性和积极性,突出学习者在学习过程中的主体地位。教学设计注重学习者的个别差异,着重考虑的是对个体学习者的指导作用。目的是使每个学习者都得到最佳的学习效果。

3.教学设计以教学理论和学习理论为基础

教学设计依赖系统的方法,使教学过程设计的完整性、程序性和可操作性得到了保证。但教学过程设计的科学性必须依赖教学理论和学习理论,只有这样才能设计出科学的教学目标、教学内容、教学策略和教学媒体,才能保证

教学效果的最优化。

4. 教学设计是一个问题解决的过程

教学设计是以促进学习者学习为目的的。所以,教学设计要以学习者所面临的学习问题为出发点,确定问题的性质,寻找解决问题的办法,最终达到解决问题的目的。也就是说,教学设计是先寻找学习者所面临的问题,然后寻找解决问题的方法。

四、教学设计的基本要素

1. 教学对象

以谁为中心进行教学系统的设计,是教学设计的根本问题,也是在教学设计之前,必须认真考虑和回答的问题。长期以来,在传统教学思想影响下,过分注重教师的教,忽视学生的学;过分强调教师教的过程,忽视学生学的过程,结果导致无论是理论研究还是教学实践活动,总是从教师角度出发,以教师为中心展开。实际上教学系统的服务对象是学习者,为了搞好教学工作,必须认真分析、了解学习者的情况,掌握他们的一般特征和初始能力,这是做好教学设计的基础。必须以学习者为中心进行教学设计,要分析学习者的特点,评定学习者的初始状态,预测学习者发展的可能空间。

2. 教学目标

是教师通过精心设计的教学活动和学习活动,学习者学习和掌握哪些知识和技能,智力获得怎样的发展,获得什么样的能力,达到什么样的水平,形成什么样的态度等有关学习者发展的问题。在教学设计时,都必须用具有可观察、可测定性的术语精确地加以表述。即在分析学习需要、学习内容和学习者的基础上,确定教学目标,编写行为目标。确定教学目标,是教学系统设计的一项基本要求。一旦教学目标确定,其他方面的设计便围绕教学目标展开。

3. 教学策略

教学目标确定之后,我们就要选择教学策略,以期实现我们的预期目标。教学策略的设计包括许多方面,主要有采用何种经济而有效的教与学的形式,安排什么样的教师教的活动和学习者学的活动,设计何种教的方法和学的方法,选择什么样的教学媒体及怎样进行设计,怎样利用现有的教学资源及挖掘潜在的教学资源,安排什么样的课型,设计怎样的教学环节和步骤等一系列问题在这部分展开。此外还有一些更具体的问题需要加以分析和考虑。在整个教学设计过程中,教学策略的设计具体而详细,发挥着十分重要的作用。

4. 教学评价

经过以上步骤,就会完成一个教学设计的"产品"。对其"产品"是否符合教学目标的要求,是否符合学习者的实际,能否保证取得最优的教学效果,是高耗低效还是低耗高效以及所采用的教学形式、教学方法,安排的教学活动、步骤是否具体、可行等一系列问题必须进行检验。这就需要对教学设计的成果进行评价,并根据评价结果进行修正。根据实际需要和可能,可进行实施前的评价、实施中的评价以及实施后的评价。

对象、目标、策略和评价四个基本要素相互联系、相互制约,构成了教学过程设计的总体框架。

五、教学设计模式的构成

一般来说,组成教学设计的因素有八个方面,即学习需要的分析、学习内容的分析、学习者的分析、教学目标的设计、教学策略的设计、教学媒体的设计、教学过程的设计、教学设计的评价等。

上述八个方面所构成的教学设计过程,可用下面的流程图表示(图2-1)。

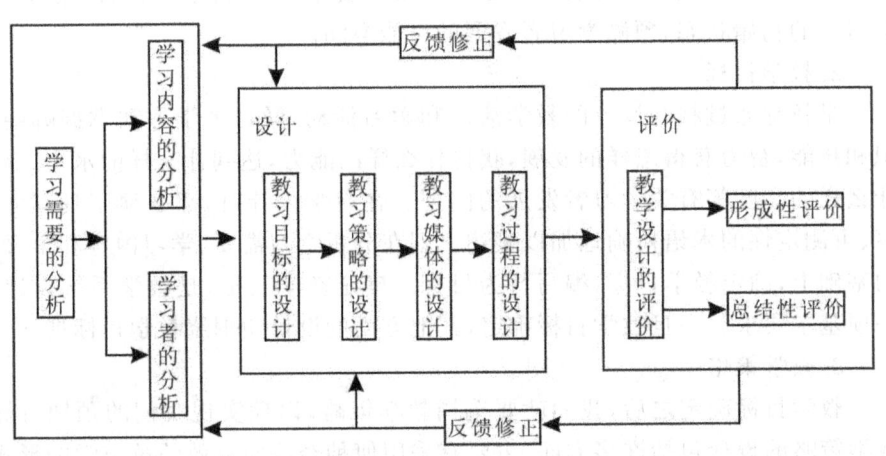

图 2-1　教学设计过程模式流程图

第二章 生物教学设计技能

第二节 生物教学设计的内容

一、前端分析

（一）学习需要的分析

1. 学习需要的概念

学习需要在教学设计中是一个特定的概念，是指学习者在学习方面目前的状况与所期望达到的状况之间的差距。也就是说，学习需要是学习者目前与期望达到的水平之间的差距。目前的状况是指学习者在能力素质方面已经达到的水平；期望达到的状况是指学习者应当具备什么样的能力素质。而差距揭示了学习者在能力素质方面的不足，指出了学习者在学习中实际存在的问题和将要解决的问题。差距就是学习需要，有差距就有教学的必要。在当前我国新一轮的基础教育课程改革中，学习需要主要是着眼于学生全面发展和终身发展的需要。

2. 学习需要分析的概念

学习需要分析是一个系统化的调查研究过程，这个过程的目的就是要揭示学习需要，从而发现学生学习中实际存在的问题。教学设计是问题解决的过程，学习需要分析是问题解决过程的第一步，这个过程的结果是提供充分的资料和数据，帮助形成要进行教学设计项目的总的教学目标。

学习需要分析是组成教学设计过程的要素，它和其他要素共同完成教学设计、优化教学效果的使命。学习需要分析是一种差距分析，其结果是提供尽可能确切可靠和有代表性的差距资料和数据，从而形成教学设计项目的总目标，为教学设计的后续工作提供基础。学习需要分析可以理顺问题与方法、手段与目的之间的关系，也就是说，教学设计以学习需要分析开始，可以从问题的分析和确定出发形成总的教学目标，然后寻找相应的解决问题的方法，从而最终解决问题。

3. 学习需要分析的方法

（1）内部参照需要分析方法

内部参照需要分析方法是由学习者所在的组织机构内部以已经确定的教学目标对学习者的期望与学习者学习现状作比较，找出两者之间的差距，从而鉴别学习需要的一种分析方法。这种方法是以接受既定的目标作为期望值来分析学习需要的,在生物课堂教学设计中既定的目标体现在生物课程标准中。如果目标的制定可以充分反映机构内外的要求,可以充分考虑学生自身发展的特点和要求,内部参照需要分析方法进行的学习需要分析就是有效的,否则不能揭示真正的需要,就要进行修改。

(2)外部参照需要分析方法

外部参照需要分析方法是根据机构外的要求来确定学习者的期望值,以此为标准来衡量学习者学习的现状,找出差距从而确定学习需要的一种分析方法。这种方法是以社会目前和未来发展的需要为准则和价值尺度来揭示教学中存在的问题,寻找学习者目前的状况与社会实际要求存在的差距。制定教育、教学的目标,它是对机构内部目标的合理性进行论证的有效方法。例如:新的生物课程标准的研制。对于学校教育来说,尤其是基础教育,学习需要分析必须着眼于学生全面发展和终身发展的需要。传统的教学由于受"应试教育"的影响,培养出来的学生创新能力差,实践动手能力弱,不能适应社会发展的需要和未来发展的需要。因此,必须改变旧的教学模式,修改旧的生物教学大纲,制订新的生物课程标准,倡导新的学习方式,使机构内部的目标趋向合理。

(二)学习内容分析

1. 学习内容分析的概念

学习内容是指为实现教学目标要求学生系统学习的知识、技能和行为经验的总和。学习内容分析就是对学习者从初始能力转化成教学目标所规定的能力所需要学习的所有从属先决知识、技能和态度以及各项先决知识、技能和态度之间的纵向和横向的关系进行详细剖析的过程。通过学习内容的分析,我们将规定达到教学目标所需要的学习内容的广度(范围)、深度和结构(各组成部分的内在联系)。

2. 学习内容确定和选择的基本原则

中学生物课堂教学学习内容的确定和选择,必须是从大量的现代生物的宝库中选择那些既适合中学生物教学目的和要求,又适合学生发展水平的基础知识和技能的内容。因此,确定和选择学习内容时必须遵循下列原则:

(1)适应学生发展的原则

随着科技的发展和人们的生活水平不断提高,学生可以从很多渠道获得生物学知识。以前在中学才能学到的知识,现在在启蒙阶段就有可能通过电视、广播和少儿读物获得。我们应正确地评估学生的知识基础和智力发展水平,否则估计过低,学生对所选内容已经有所了解,激发不起学习兴趣;估计过高,学生认为所选内容太抽象、太陌生,同样激发不起学习兴趣。

(2)适应生命科学发展的原则

生命科学是一门发展很快的科学,生命科学研究在20世纪取得了许多重大突破,例如:DNA分子结构和功能的揭示,哺乳动物体细胞克隆的成功,人类基因组计划的实施等等,这些都标志着21世纪人类将进入生命科学技术的新时代。确定和分析学习内容时在保证基础知识的前提下,要选择一些生物科学新成就,使学生了解生命科学的发展状况,产生强烈的求知欲和紧迫感。

(3)适应社会需求的原则

当前和未来人类所面临的许多复杂问题,如食品短缺、能源减少、环境污染、人类健康等,都与生物学知识有关,人们的日常生活也与生物学科知识密切相关。确定和分析学习内容时,考虑学习内容与社会和学生日常生活的关系,对将来不从事生物专业学习和研究的学生的现在和将来的实际生活都很有意义。

3.生物学科知识点的分析

知识点是学习内容中所包含的知识类型,也就是说学习内容中都包含哪些方面的知识。要进行课堂教学设计,首先必须能将学习内容中的知识点抽出来,明确知识点的数量和范围;其次对每个知识点进行目标分析,准确地预定要求学生所达到的教学目标,明确学生学习内容的范围和深度。

4.生物学科知识类型的分析

生物知识的类型很多,分类也比较复杂。根据知识的性质来划分主要包括四大类:

(1)事实性知识

描述生物界和生物体的各种具体科学事实或现象的感性知识以及有关生物科学术语的知识,包括术语、具体事实、生物科学现象(生理过程或生理功能)三部分。

(2)方法性知识

是组织、处理和研究各种生物学科事实和现象的基本方法、步骤、技术和准则的知识;是学生认识生物界或生物体的客观存在,将感性认识上升到理性认识或将理性认识具体化所采取的方法;是学生掌握生物技术,形成生物学科能力的知识。包括惯例知识、趋势和顺序的知识、分类和类别的知识、准则的知识、方法知识五部分。

(3)概括性知识

是把各种事实、现象以及观念等组织起来的知识。它集合了大量的具体

事实,描述了这些具体事实之间的关系,是经过一定的科学思维方式上升到理性认识的抽象知识,是比较抽象和复杂的知识。

(4)应用性知识

是将方法性知识和概括性知识转化为指导具体实践活动的知识。例如:蘑菇的栽培、血型的鉴定等等。

不同知识类型所要求达到的教学目标不同,所选用的教学方法和教学媒体也不同,教学策略的设计和教学时间的安排也不同。

5. 重点内容和难点内容的分析

(1)重点内容的确定和分析

课时重点内容是一节课中最本质、最重要的知识内容,是这节课的核心和基础,是教师组织教学的主线,是课堂教学过程中师生共同的主攻方向。例如:重要的事实、共性的知识、概括性和理论性比较强的知识、与学生的生活联系比较紧密的知识、具有经济价值的知识。重点内容的确定和分析有利于知识结构的优化,抓住了重点知识也就抓住了各个知识点编织的"网"中的"纲",使内容体系有了一个好的结构,有利于一般内容的理解和记忆。

(2)难点内容的确定和分析

难点内容是指那些学生比较难以理解和不容易掌握的内容。例如:太抽象的知识、离生活实际太远的知识、过程太复杂的知识、理论太深奥的知识等等。难点内容不能一概而论,它随着学生的年龄、知识水平和生活经验的不同而不同。对于同一个知识点来说,有可能城市中学的学生认为是难点,而乡村中学的学生不认为是难点;普通中学的学生认为是难点,而重点中学的学生不认为是难点。

在大多数情况下,教学内容的重点和难点是相同的。但是,有时候难点不一定是重点,重点也不一定是难点。当重点和难点相同时,在教学的过程中必须先突破难点才有利于重点的解决。如果难点与重点无关,对难点就不必花费太多的时间。

6. 章节学习内容的系统分析

主要分析本章节在课程和单元中所处的位置,即本章节在整个教材中的地位以及本章节与前后章节内容的关系和生物课程标准对本章节教学内容的具体要求。

学习内容确定并组织好以后,需对整个内容的选择和组织做初步的评价,即进一步考察选择和组织的教学内容的效度和对学生的适合性。首先要考虑所选定的学习内容是否为实现教学目标所必需?还需要补充什么?有哪些内容与目标无关需删除？这有助于在学习内容上保证教学效率。另外还要考虑学习内容顺序的安排是否符合有关学科的逻辑序列结构？是否能反映知识的基本结构？这有利于保证学习内容组织的科学性。最后要考虑的是学习内容的选择和结构安排是否符合学生的学习实际和学生的认知结构？这有利于揭示学习内容分析和学生特征分析的相互作用、相互依存的关系。现代心理学告诉我们，当学习内容的结构和学生原有的认知结构相符合时，可以促进学生学习的快速发展。因此，在分析了学习内容之后，还要对学习者进行分析。

（三）学习者分析

1.学习者一般特征的分析

学习者一般特征是指学习者学习有关学科内容时对学习者产生影响的心理和社会特征。它们与具体学科内容虽无直接联系，但影响教学设计者对学习内容的选择和组织。影响教学方法、教学媒体和教学组织形式的选择与运用。教学设计的目的是为了突出学习者在学习过程中的主体地位，发挥和调动学习者学习的积极性和主动性，有效地指导学习者获得学习上的成功。从教学角度来说，教学目标能否实现，教学任务能否完成，主要取决于我们对学习者学习情况的掌握程度。只要以学习者原来具有的认知结构为基础，通过精心设计的教学活动，指导学习者重建自己的认知结构，就能使教学获得成功。学习者的一般特征有其共性，也存在着差异。相同年龄的学习者有大致相同的感知能力和信息处理能力，有相同的智力、心理和语言的发展过程。但是相同年龄的学习者也存在着智商的差异、社会和家庭背景的差异。

例如：根据皮亚杰的认知发展阶段理论，初中阶段的学生正处在抽象逻辑发展阶段，认知发展由具体逐渐向抽象过渡，能够理解并使用相互关联的抽象概念。因此初中生物教学中的一些复杂的概念，如光合作用、生态系统、免疫等，只要教学方法得当，是能够被学生接受的。由于这一阶段学生的形象思维能力比较强，因此在生物教学中运用直观手段会收到比较好的效果。特别是在知识学习方面，当面临新任务时，实际经验成为学习的支柱，因此生物教学设计由具体到抽象的教学顺序能提高学习效果。而在态度方面，初中生则表现出双重特点：一方面他们愿意接受自己敬重的教师的指导；另一方面他们又有较强的独立性，需要通过教育和自身的体验来培养或转变态度。

因此，在教学设计中要对学习者进行充分的分析，体现教学设计面向全体学生的教学理念，使教学设计具有较强的针对性和实用性。

2.学习者学习风格的分析

学习风格是指学习者感知不同刺激，并对不同刺激作出反应所表现出来

的所有心理特征。也就是学习者在学习过程中经常喜欢采用的某些特殊学习方式、学习策略的倾向。学习者是生活在社会中的人,每个学习者都有自己独特的个性和心理特征。他们在信息接受、信息加工、信息输出方面有差异,在认识方面有差异,在个性意识方面有差异,在生理结构方面有差异。另外,他们对学习环境和学习条件的需求也不同。每个学习者都是带着一定的心理、生理结构和认知结构进入学习环境的。在各种学习环境中,每一个学习者都必须自己感知信息,并对信息进行加工。而不同的学习者学习风格不同,对信息的感知和处理也就不同。在进行教学设计时,要充分考虑学习者的学习风格,针对不同的学习者确定不同的学习内容,选取不同的教学媒体,制定不同的教学策略,使每个学习者的潜能都得到开发,真正体现面向全体学生的教学理念。

克内克提出的教学中应该掌握的学习风格有五类:信息加工的风格、感知或接受刺激所用的感官、感情的需求、社会性的需求、环境和情绪的需求(实际需求和感觉到的需求)。

只有在教学设计中充分考虑和照顾到不同学习风格学生的特点,才能收到良好的教学效果。如在教学中考虑到学生有的适于接受视觉刺激,即使在讲解比较抽象的生理过程时,也要尽可能提供板书、图表等形象材料以帮助适于接受视觉刺激的学生的学习。

3.分析学习者的初始能力,确定教学起点

教学活动和其他活动一样,知道出发点和目的地就明确了活动的方向,就能很好地完成这项活动。通过对学习需要的分析,已经确定了总的教学目标即目的地,而学习者初始能力的分析就是要确定教学的出发点。

(1)学习者初始能力的分析

学习者初始能力的分析一般包括三个方面:①对已具备的知识和技能的分析:主要是了解学习者是否具备了进行新的学习所必须掌握的知识与技能,这是从事新的学习的基础。②对技能目标的分析:主要是了解学习者是否已经掌握和部分掌握了教学目标中要求学习者学会的知识和技能。③对学习者所学内容所持态度的分析:主要是了解学习者对所学内容所持的态度是否存在偏差和误解。

(2)学习者初始能力和教学起点的确定方法

对于学校教育来说,由于课程标准、课程计划有一定的规律性和连续性,学生的成绩和各方面的表现都有记载,因此大部分都是采取一般性了解的方法获取信息。但这种方法获取的信息不太准确。当课程内容和学生的情况有

所变化时,要用预测的方法。预测是以内容分析为依据,在通过一般性了解获取学生初始能力的大体信息的基础上精心设计测试题,从而客观准确地鉴定学生的初始能力。

4.其他特点

学生的文化背景差异、性别差异、家庭的社会地位差异,都会引起学生在学习中爱好和能力倾向上的差异。如一些农村学生由于在植物栽培和动物饲养中遇到问题而对生物有较大的兴趣,而有的学生则因为不喜欢干农活而不愿意学习生物。当学生中的这种差异越小时,教学设计就越容易。

学生的基本素质差异:智商、情商和身体素质的差异,也会引起学习兴趣的差异。其中情商是日益受到重视的基本素质,可以通过设计合作学习的形式促进学生情商的发展。

(四)生物课堂教学环境分析

教学环境是时刻围绕在学习过程周围的背景因素,它的构成非常复杂,有些是社会方面的,有些是自然方面的,在教学中不同的教师对环境的选取往往有很大的差别,如在植树节前后教师可能选择出板报的方式进行宣传创设环境,教学时将有关内容引入课堂,也可以将社会上的活动、宣传直接引入课堂等等。只有对教学环境的作用进行正确分析,才能在教学设计中有效地利用环境因素使教学设计达到最理想的效果。

教学环境分析的一般程序为:

1.明确课堂教学中的环境因素。

2.确定对教学和迁移产生阻碍的关系因素。如:课堂教学组织形式不当、教学设备条件不足、师生关系不融洽、学生受到不良信息影响等。

3.确定缺失的关键背景因素。如没有动机、缺乏环境信息、缺少正确的舆论等。

4.确定关系的有利因素。如学生对教师有较高的期望、教学地点的自然状况良好等。

5.明确阻碍因素、缺失因素、有利因素三者间的关系,为环境因素的设计提供参考。

二、教学目标的设计

生物教学目标的设计是生物教学设计的关键部分,它关系到课堂教学选择、教学策略和教学媒体与环境的合理组合和运用,以及对教学成果的合理评价,也关系到生物课程目标的实现和国家基础教育培养目标的落实。

(一)教学目标设计的依据

从教育目的、培养目标、课程目标和教学目标的关系来看,制定教学目标的直接依据无疑是课程目标。《生物课程标准》是在教育部的领导和布置下有计划完成的一个全新的生物学课程文件,它描述了我国在新世纪生物学课程发展的方向和教学要求。《生物课程标准》中的课程总目标和具体目标都规定了学习者通过学习后应该发生的变化。《生物课程标准》虽然在技能和情感态度等目标方面进一步具体化了,但作为课程目标,仍是相对概括的。因此,进行教学目标设计时必须深刻地领会课程标准的精神,用课程标准指导教学目标的设计。

生物教学目标设计应当落实生物课程目标,体现生物课程的学术取向、社会取向和学生取向。由于能力培养和思想教育必须与学习相应的知识内容和方法相适应,所以能力培养和思想教育目标的设计除必须在对具体教学内容进行分析的基础上进行外,还应结合对学生情况和社会情况的分析。

对学科知识的分析主要是依据生物课程标准提供的教学内容及其要求,结合学生对已学过知识的掌握情况的分析,设计出知识教学目标,在对知识内容和实验、实习内容分析的基础上进行能力目标分析。选择哪一个或哪几个方面作为本节目标,还要考虑学生的需要、社会需求和后续课程的需要。如生物教学中培养观察能力是一个很重要的目标,而在观察能力方面学生并不是不会"看",而是缺乏"看"的方法,如按一定顺序观察、标记观察、对照观察等。所以在学习显微镜结构和细胞结构的内容时,不论观察图还是实物,我们都要以学习按一定顺序观察为能力目标;而在探究"种子萌发条件"之前就必须将对比观察的目标完成,这样才能有完成探究任务的能力。同样,在知识和能力目标分析的基础上,也可以设计出一节内容适合培养哪些方面的情感和态度目标,然后根据对学生思想状况的分析,按需求的紧迫性和重要性进行选择,同时考虑学校与社会环境中可借用的有利因素。例如,了解到学生爱护花草树木、保护环境的意识比较薄弱,我们就应在实验课上设立相关目标结合教学内容进行教育;在"世界环境日"、"植树节"等社会性节日临近时,应注意从教材中挖掘相关内容进行相应教育。不同年级的学生或同一年级不同班级的不同学生具有不同的学习风格和学习特征,教学目标设计时要充分考虑学习者的特征,设计出符合学生实际的教学目标。总之,学科知识、学生、社会因素三者是交互作用的,任何单一因素都不足以成为确定教学目标的依据。要设计好教学目标,做好对课程目标的理解、研究工作,对学生和社会的全面分析是不可缺少的。

第二章 生物教学设计技能

(二)教学目标的表述

1. 表述的要求及表述方法

教学目标是学生通过学习应达到的行为结果,是学生以前所不能做的而学习后能做的事情。教学目标的表述是对结果达到的程度的表述。因此,教学目标的表述措辞要准确,所采用的行为动词不能有多义性,也就是说要将学生的学习结果用一种特定的行为方式来陈述,使教学目标变得清晰、明确,具有可操作性。例如:学生(可以省略)在示意图上能够标出细胞各种结构的名称;全体学生在5分钟的时间内(可以省略)能够画出细胞结构的示意图;80%的学生能够用自己的话解释新陈代谢等等。用这种方式表述教学目标时,教学目标直接注意的是学生和作为学习过程的结果所表现出来的行为类型。在这里行为的具体类型是"标出"、"画出"、"解释"等术语,这些具体的行为术语指出了学生通过学习之后发生了哪些改变,使教学意图变得清晰,避免了用传统方法制定教学目标的含糊性,使学生知道了"如何学"、"学什么"、"学会什么"等等。另外用这些具体的行为术语来表述教学目标还有助于教学测量和教学评价。例如:教学目标是"通过教学使70%的学生能用自己的话解释蒸腾作用的概念和过程",这时要检查学生的学习结果,可以请学生"用自己的话解释蒸腾作用的概念和过程",然后进行统计,假如70%以上的学生能够用自己的话对蒸腾作用的概念和过程进行比较准确的解释,就可以得出结论,这节课的教学达到了教学目标的要求,完成了教学目标。在这里,被教的行为和被测的行为之间有相互对应的关系,使得教学评价和教学测量变得容易实施、容易操作。但是这种教学目标的表述也有它的缺陷,它只强调行为结果而忽视了内在的心理过程。因此,这种教学目标的表述也不是完美无缺的,它适用于比较简单的技能和比较低层次的知识。

用内部过程和外显行为相联系的方式表述教学目标。学习的实质是内在心理的变化,因此教育的真正目标不是具体的行为变化,而应是内在能力和情感的变化,而内在的心理变化是不能直接进行观察和测量的。教学目标的表述采用内部过程和外显行为相结合的方式,可以用具体的行为样本间接测量和观察内在的心理变化,这样既保留了行为目标表述的优点,又避免了行为目标只顾及具体行为变化而忽视内在心理变化过程的缺点。例如,培养学生学习生物知识的兴趣,理解血液循环的生理意义:①用自己的语言给血液循环下定义;②区别体循环与肺循环的异同;③联系实际说明血液循环的生理意义。这种教学目标的表述,第一句话"培养学生学习生命科学知识的兴趣,理解血液循环的生理意义"是对内部过程的表述。后面的几句话是为了说明内部过

59

程而表述的可观察、可测量的外显行为。这种教学目标的表述既适合认知目标的表述，也适合情感目标的表述。通过实践认为，这种教学目标的表述适用于比较复杂的技能和比较深层次的知识。

要使教学目标陈述清晰、操作性强，其关键是以学习之后学生的行为陈述为中心，选择不同的行为动词对教学目标进行表述。《生物课程标准》中已经引入了行为目标，附录中列出了供选择使用的行为动词。

在使用行为目标时，应注意以下几个问题：一是行为的主体应是学生；二是行为的结果必须表达，而且应是学生经过努力可以实现的；三是应给出实现行为的限制性条件；四是应附有评价行为的标准，标准的确定应主要根据学生的实际情况。

2. 传统表述方法的缺陷

由于制定目标的价值取向不同，目标的表述方法也不同。传统表述教育目标的方法具有一定的缺陷，具体表现在：

(1) 将教师要做的事情作为教学目标来表述，但却没有陈述期望学生发生什么变化。例如：培养学生的实验观察能力，培养学生的科学探究能力，培养学生的实验动手能力等等。这种教学目标的表述只是把目标集中在教师的活动上，将教师要做的事情作为教学目标来表述，而缺少经过教学后学生应该达到什么样的学习结果的表述，使学生的学习行为没有目的性。教学目标是学生通过教学活动后要达到的预期学习结果，也就是说教学活动的真正目的不在于教师的执教过程，而在于学生的学习结果。因此，教学目标的表述一定要将学生经过教学活动后在认识、理解、技能、态度和情感等方面的行为上的变化用具体的、可测量的术语来表述。

(2) 将学生的学习过程作为教学目标来表述，但却没有学生在学习之后发生了什么变化的陈述。例如：掌握光合作用的概念，获得植物组织切片的基本知识，理解关节的功能，了解显微镜的结构与原理等等。这种教学目标的表述只是表述了学生的学习过程，而缺少学生在学习之后所应达到的预期学习结果的陈述。教学目标是教师为之努力的、学生学习的收获，并不是学生学习的过程。教学活动的真正目的在于学生的学习结果，而并不在于学生的学习过程。因此，教学目标的表述在学生学习之后的变化方面应该是明确而清晰的。

(3) 将教材中的知识点作为教学目标来表述，但却没有具体说明希望学生如何处理这些知识点，也没有学生学习之后到底能做什么的陈述。例如：细胞分裂、基因突变、细胞工程等等。这种教学目标的表述只是表示教材中的知识点或一节课的主题，而没有学生学习之后行为有什么改变的陈述。教学目标

是教学活动的开始和归宿,是实施教学测量和教学评价的依据,用知识点作为教学目标来表述,老师、学生、教学测量者和教学评价者对教学目标的理解不可能达到一致,使教学测量和教学评价不容易操作。因此,教学目标的表述必须是具体的、可测量的。

(4)用过于概括性的词语来表述教学目标,但却没有具体指出这种行为所适用的领域。例如:激发学生实验学习的兴趣,调动学生实验学习的积极性等等。这种教学目标的表述既缺乏具体内容又没有可观察的行为。教学目标不是对教师的教学行为的描述,而是指学习者的学习结果。所以这种教学目标的表述对学生学习结果的描述是不明确的。

比较以下两个案例:

【案例一】"花的结构"一节的教学目标(根据《生物学教学大纲》和人教版教材设计)

◆知识目标
(1)要求学生学会解剖花和观察花的基本结构的方法。
(2)要求学生掌握花的结构,明确"花蕊"是花的主要部分。

◆技能目标
(1)培养学生初步学会解剖花的操作,掌握花的结构。
(2)培养学生"动手操作"、"动眼观察"、"动脑分析"和归纳知识的能力,提高科学素质。

◆思想教育目标
(1)以实事求是的学习态度去探索花的结构,并进行科学知识教育。
(2)教学中结合知识对学生进行辩证唯物主义教育,爱自然、爱祖国教育。

【案例二】"开花和结果"一节的教学目标(根据《生物课程标准》和人教版教材设计)

◆知识目标
理解花的结构。
(1)按照实验顺序解剖不同的花,识别花的基本结构。
(2)花的模式图上注明相应结构的名称。
(3)描述传粉和授精的过程。
(4)分析花各部分的发育情况,说明花与果实、种子以及其他部分的关系。
(5)讨论花、果实、种子对于被子植物的意义。

◆技能目标
使用放大镜,在5秒钟内找到胚珠。

◆情感目标

(1)欣赏花的美丽。

(2)讨论怎样解决实验用花问题。

案例分析：

案例一中陈述的目标体现了课程目标中对"形态结构"知识目标、"观察"和"实验"能力目标、"辩证唯物主义"和"实事求是"情感态度与价值观目标的要求，但对目标的陈述不够具体，不同的人根据这些目标可能对学生提出不同的要求或做出不同的判断。案例二中的目标在落实生物课程标准的同时采用了行为目标陈述，目标比较明确，两个案例间的差别在于课程目标和教材之间存在差别。

案例二中设计的知识目标和技能目标比较符合要求，目标的行为主体全部省略，但从语言叙述中可以看出行为的主体是学生，行为的结果十分明显。"在模式图上"、"按照实验顺序"、"使用放大镜"等都是行为的条件；"在5秒钟内"是技能目标的评价标准。知识目标评价虽没有列出，但可能的标准有两方面，一是准确性标准，二是速度标准。本课的知识内容不复杂，可以认为是要求学生完全准确地达到行为结果，不限速度。

三、教学策略的设计

教学策略是对完成特定教学目标而采用的教学活动的程序、方法、形式和媒体等因素的总体考虑。不同的教学目标、教学环境需要不同的教学策略。教师只有掌握不同的策略才能根据学生的实际情况制定出不同的有良好教学效果的教学方案，并根据环境的变化而调整教学策略。没有一种教学策略能够适用于所有的教学情景，有效的教学需要选择各种策略因素来实现不同的教学目标，最好的教学策略是在一定情况下达到特定目标的最有效的方法论体系。

(一)教学方法的设计

1. 教学方法的分类

常用的教学方法有：

(1)以语言传递信息为主的教学方法

是指教师运用口头语言向学生传授知识和技能，学生独立阅读书面语言为主的教学方法。包括讲授法、问题法、读书指导法和讨论法。

(2)以直接感知为主的教学方法

是指教师通过对实物、直观教具或实验的演示和组织教学性参观等，使学生利用感观直接感知客观事物或现象而获得知识的方法。包括演示法和参观法。

（3）以实际训练为主的教学方法

是指通过练习、实验和实习等实践活动，使学生巩固和完善知识和技能的方法，包括练习法、实验法和实习法。

（4）以激发情感为主的教学方法

是指教师在教学活动中创设一定的情境，或利用一定的教材内容，使学生通过体验产生兴趣，形成动机和培养正确态度的教学方法。包括情境教学法、联系实际教学法和故事教学法。

（5）以引导探索为主的教学方法

是指教师组织和引导学生通过独立的探索和研究活动而获得知识的方法。

2. 常用的生物教学方法

生物教学方法是在生物教学情景中，生物教师和学生为了教和学而进行的以生物学为内容的教学活动方式。既包括教师教的方法，也包括学生学的方法，是师生之间相互作用的方式方法。常用的生物教学方法有讲授法、谈话法、实验法、演示法、练习法、参观法、实习法、阅读法、讨论法、探究法、复习法等。

3. 教学方法选择的依据

（1）教学目标

不同的教学目标与学习任务需要不同的教学方法去实现和完成。如果是完成传授新知识的教学任务，一般选择语言传递信息的方法和直接感知的方法；如果要使学生形成技能或完善技能，一般选择以实际训练为主的方法；如果是为了发展学生的智力，形成一定的能力，一般采取探索、研究的方法。

（2）教材内容的特点

一般来说，学科不同，教学方法也有差异；某一学科中的具体内容不同时，要采取不同的方法与之相适应。有些部分可以用讲授法，有些部分要用讨论法，还有的部分需用演示或实验法等。总之，必须根据学科的性质和教材内容的具体特点，选择适当的教学方法。

（3）学生的实际情况

教师的教是为了学生的学，教学方法要适应学生的基础条件和个性特征。所以，选择教学方法时，教师要考虑学生对使用某种方法在智力、能力、学习方法、学习态度、班级的学习纪律及学习风气诸方面的准备水平。但这并不意味着只是消极地适应学生的现实水平，而是应当注意从学生的实际出发，选择那

些能促进和发展学生独立性学习的方法。

(4)教师本身的素质

任何一种教学方法的选用,只有适应教师本身的素质条件,才能为教师所理解和掌握,才能发挥作用。有的方法虽好,但如果教师缺乏必要的素质,自己驾驭不了,仍然不能在教学实践中产生良好的效果。因此,教师的某些特长、弱点和运用某种方法的实际可能性,都应成为选择教学方法的重要依据。

(5)各种教学方法的功能

每种教学方法都有局限性。某种教学方法对某个学科或某个课题是有效的,但对另一个学科、另一个课题或另一种形式的教学可能是完全无用的。

(6)教学时间和效率的要求

教学方法的作用是为了使教学顺利有效地进行,在较少的时间内使学生获得较多的知识,取得良好的效果。所以,在选择教学方法的时候,应考虑到教学过程效率的高低。好的教学方法应使教学在较少的时间内完成教学任务,实现教学的目标。

例如,光合作用是初中生物课中的重要概念,涉及较多复杂的实验,教学中安排两节课完成,根据学生、教学时间和设备条件情况安排如下:

①选择一段海尔蒙特关于光合作用最初研究的小故事,提出植物是怎样长大的问题,引起学生的好奇心和注意。

②告诉学生学习目标:学习结束时我们可以用光合作用的概念去解释前面提出的问题。

③告诉学生两节课的内容顺序安排。

④复习根、茎、叶的结构,突出水分运输的相关结构和功能,气孔的结构和功能以及叶绿体的结构和功能。

⑤实施阶段:首先提供典型的光合作用的实例,证明光合作用需要以二氧化碳和水为原料,需要光照、叶绿体,产物为有机物和氧的实验,得出光合作用的公式。然后提供不同的语言指导学生理解概念中所涉及的相关概念——绿色植物、叶绿体、光能、二氧化碳、水、储存能量、有机物、释放氧气等,这些概念中有些学生已经掌握,可以让学生自己说明,而有些学生尚不十分明确的,教师应举例说明。如绿色植物可以举出杨树、仙人掌、红叶李、海带等不同特点的植物为正例,以蘑菇、木耳、绿海葵、青蛙等为反例帮助学生理解;二氧化碳和氧气则结合人的呼吸需要这一生活常识进行解释;储存能量可以用人饿了没有力气,吃了食物后有力气为例解释。最后告诉学生概念组成的语言顺序为:原料—条件—产物,这个顺序与实验得出的公式的顺序相同,让学生按照

这个顺序叙述概念,通过对比记住概念。

⑥练习反馈阶段:首先选择不同的实例请学生区别、判断。如花萼和花瓣在光下能否进行光合作用?豆芽生长过程中是否发生光合作用?试管中用培养基培养的幼苗是否进行光合作用?以此巩固对概念的理解。然后给出实例让学生运用概念解释现象或解决问题,如判断和解释单独在密闭钟罩下的小白鼠和与一盆植物共同放在密闭钟罩下的小白鼠哪一只活得更长。

⑦在练习的过程中,及时组织学生对出现的问题进行讨论和评价,找出问题及时补救。

(二)教学媒体的设计

1.教学媒体的概念

媒体是指信息的载体和传递信息的工具。当媒体直接加入教学活动,在教学过程中传输有关的教学信息时,人们把它们称为教学媒体。现代媒体能够同时获取、处理、编辑、存储、展示包括文字、图形、声音、动画等不同形态的信息,它进入课堂,超越了教育、教学的传统视野,使课堂冲破了时空限制,丰富了教学内容,增加了教学的密度和容量,能创造出使知识、学问来源多样化的文化教育环境,为学生个性、素质的发展提供了无限广阔的天地。

2.教学媒体的分类

随着科学技术的发展,教学媒体的种类越来越多。为了快速有效地选择教学媒体,有必要对它们从各个角度加以分类。

(1)单通道知觉媒体和多通道知觉媒体。单通道知觉媒体指仅可借某一感官来接受信息的媒体。例如:挂图、幻灯片。多通道知觉媒体指可以同时利用两种或更多感官来接收信息的媒体。例如:电影、电脑。

(2)单向传播媒体和双向传播媒体。单向传播媒体指学生无法及时向信息源反馈信息以影响信息源后续输出的媒体。例如:广播。双向传播媒体指可使信息源根据学生的即时反馈及时调整后续输出,构成交互作用系统的媒体。例如:计算机辅助教学系统。

(3)真实信息媒体、模拟信息媒体和符号信息媒体。真实信息媒体指实物、标本等。模拟信息媒体指图片、模型、计算机模拟等。符号信息媒体指教科书、图表、图示等。

(4)远距离教学媒体、课堂教学媒体和个别化教学媒体。远距离教学媒体指不受空间限制的媒体,课堂教学媒体指供一个班级同时分享信息的媒体,个别化媒体指在特定时间内只供一个学生享用信息的媒体。

(5)易控媒体和不易控媒体。易控媒体指教学人员可根据需要,决定使用该媒体的时间、地点、传递信息速度的媒体。例如：标本、模型。不易控媒体指教学人员只有被动适应才能加以适用的媒体。例如：广播。

3. 教学媒体的选择

在生物课堂教学设计中，教学媒体的选择非常重要。多年来，教育工作者一直在思考这样一个问题：对于生物学科的不同内容选择什么样的媒体最合适呢？生物教学实践中发现同一种生物教学媒体在不同的生物教学情景中效果可能是完全不同的。教学媒体选择的主要依据：

（1）教学目标

每堂课都有每堂课的教学目标。在课堂教学过程中为了达到教学目标的要求，教师在课堂教学设计中就必须依据教学目标选择适当的教学媒体。例如：要学习事实性的信息，可选择标本、模型等实物演示的教学媒体。要学习某种动作技能，可选择电影、电视等教学媒体。

（2）教学内容

教学内容不同，所选用的教学媒体就不同。对于认知类的学习内容可以选择动画、图片等教学媒体；对于情感类的教学内容可以选择电视、多媒体课件等表现手法多样、艺术性和感染力强的媒体；对于技能训练类的教学内容可以选择电视、电影等媒体。

（3）学生特点

不同年级的学生对事物有不同的接受能力，选择教学媒体时必须考虑到他们的年龄特点。低年级学生的认知特点是以直观形象思维为主，抽象逻辑思维不如高年级学生强，注意力不持久。因此，对于低年级，应该首先考虑那些直观性强、表现手法简单、图像画面对比度大、易于分辨事物主次的媒体。例如：幻灯、投影、模型、图片等。对于高年级，随着学生的感知经验不断丰富，逻辑抽象思维能力不断提高，应该考虑那些表现手法复杂、展示教学信息连续性强的媒体。例如：电视录像媒体、电影媒体、语言实验室等。

（4）媒体特性

每种教学媒体都有不同的特性和功能，各种媒体在色彩、立体感、运动表现、声音表达、可控性、反馈机制等方面都是不同的。因此，选择教学媒体时，教学设计者应该考虑教学媒体呈现教学信息的功能和能力，使教学媒体能够发挥最大的教学效益。

（5）媒体的易获得性

在实际的教学过程中，如果选择的教学媒体不能获得，所选用的教学媒体再有效也是不切合实际的。

(6)使用者的媒体操作技能

教学媒体的选择最终是要在课堂上使用的,如果媒体的使用者操作不了媒体,媒体再有效也发挥不了作用。媒体选择时应该考虑使用者对该媒体的利用能力,如果使用者对媒体的操作利用能力强,则可以选择一些功能较全的、操作较复杂的媒体。否则应选择一些操作简单的媒体。

(7)媒体的成本

媒体选择时除了要考虑上面的六个因素外,还要考虑媒体的成本问题。要优先选择那些既能达到最佳教学效果又容易获得,使用者能操作、成本又低的媒体。

需要说明的是不存在"万能媒体"。各种教学媒体都有它自己的特性和功能,没有一种教学媒体能够适应所有的教学内容和教学对象。媒体选择时要扬长避短,优化组合。使教学媒体在低成本、低消耗的前提下取得最佳的教学效果。

例如,"血液"一节教学媒体设计方案(表 2-1)。

表 2-1 "血液"一节教学媒体设计方案

知识点	学习水平	媒体类型	媒体内容要点	资料来源	媒体使用方式	作用
1	识记	投影实物	彩图:循环系统的组成 形成性练习 学习目标(学生的第一类问题) 加入抗凝剂后已分层的血液 封装有氧气和二氧化碳气体的注射器,通气橡胶管 凝固的血 典型贫血化验单、发炎化验单	教材自编 学生兴趣 小组 医院复印	据图讲解 概括 学生阅读 学生观察 实验材料	整体感知 明确目标 产生共鸣 感知事实 建立经验
2	识记理解接受反应	彩图模型动画投影	彩图四 血液的组成 红细胞形态 血红蛋白与氧的结合和分离 白细胞吞噬病菌的微观过程 血小板止血的原理 形成性练习	教材自制自编	边演示边讲解,边播放讲解,学生进行探索,对结论进行评价	显示过程 形成表象 完成感性认识到理性认识的飞跃 反馈评价

续表

知识点	学习水平	媒体类型	媒体内容要点	资料来源	媒体使用方式	作用
3	识记接受	录像 投影	人体的血量和输血 形成性练习	电教室自编	设疑后播放检验、概括	感知事实 领悟道理
4	识记操作	显微 投影	人血的永久涂片	实验室	学生观察描述	强化经验
1—4		动画 投影	本节知识结构 有关输血的新闻图片	自编报纸	总结板书 大胆想像 自由讨论	理清脉络，升华开拓

（三）教学过程的设计

所谓教学过程的设计就是用流程图或表格等形式简洁地反映分析和设计阶段的结果，表达教学过程，直观地描述教学过程中教师、学习者、学习内容、教学媒体等基本要素之间的关系，给教师提供一个有重要参考价值的教学设计方案。

1. 教学过程设计的原则

（1）发挥教师为主导、体现学习者为主体和利用媒体的优化作用

教师的主导作用应体现为引导学习者自行获取知识和培养能力，而不是灌输知识；学习者的主体应体现在能充分发挥学习者的学习积极性，让他们有更多的参与机会，真正做到动脑、动口、动手，使他们不仅学会，更重要的是会学，从被动接受知识转变为主动获取知识；各种媒体应各施所长，互为补充，相辅相成，形成优化的媒体组合系统。

（2）遵循学习者认知规律和学习心理

学习者的认知规律和特点，取决于他们的年龄心理特征。年龄越小，知识、经验少，感知能力差，依赖性比较强，无意注意占主导地位，以具体形象思维为主。随着年龄不断增大，知识、经验增加了，感知能力提高了，能通过一定的意志努力，集中注意力参与学习活动，其思维也由具体形象思维逐步过渡到抽象思维。在设计教学过程中，必须遵循这些认知规律符合学习者特有的认知要求，才能获得满意的效果。

（3）体现一定的教学方法

教学方法是教师和学习者为共同实现教学目标而采取的方式。它包括教师教的行为和学习者学的行为，两者相辅相成。具体说来，应依据学科特点和

学习内容、教学目标、学习者的特点及选用媒体的特点选择教学方法。

2. 教学过程流程图的编制

传统的课堂教学过程是采用教案的形式来体现教学过程各要素之间的关系。教学设计则是采用类似于计算机流程图的形式,把复杂的教学过程分解为相对简单的几个环节,明显地显示了教学过程各要素之间的关系。这样有利于教学过程有序地展开,有利于教学过程的最优化。具体说来,采用流程图方式表示课堂教学流程的优点是:可以直观地显示整个课堂活动中各个要素之间的关系、比重;教师可以依据学习者不同的反映情况做出相应的教学处理,灵活性大,目的性强;教学过程流程图是浓缩了的教学过程,层次清楚、简明扼要、一目了然。

使用流程图应注意:

① 在框内,简要说明此步的内容。

② 在框图上可注明需了解的信息。

③ 反馈回路应是闭路循环,不能断开。

【案例】细胞增殖教学流程图[①](图 2-2)

四、教学评价的设计

教学评价是教学系统的重要组成部分,它不仅是检测教学目标是否达到的手段,更是达成教学目标必不可少的重要步骤之一。教学评价主要包含以下两部分:

1. 教学过程的评价。教师在教学过程中通过课堂教学问题的设计,来评价教学目标实施的效果;根据实际情况,对学生的表现适时进行鼓励性评价,尤其对学生的思维成果的鼓励性评价,对于更好的完成教学任务,具有重要的意义。

2. 一节课的终端评价。通过反馈练习,巩固重点知识,突破难点知识,来评价学生获得和掌握知识的情况。练习的设计要遵循由简到繁,由易到难,循序渐进的原则,面向全体学生,使大多数学生都有获得知识的成功感;从教材的要求和学生的实际出发,遵循因材施教的原则。通过练习,教师可以收集反馈信息及时补救教学,同时可以使学生巩固所学知识、强化记忆并运用所学知识分析解决实际问题。

---

① 王永胜.生物新课程教学设计与案例.北京:高等教育出版社,2003.100.

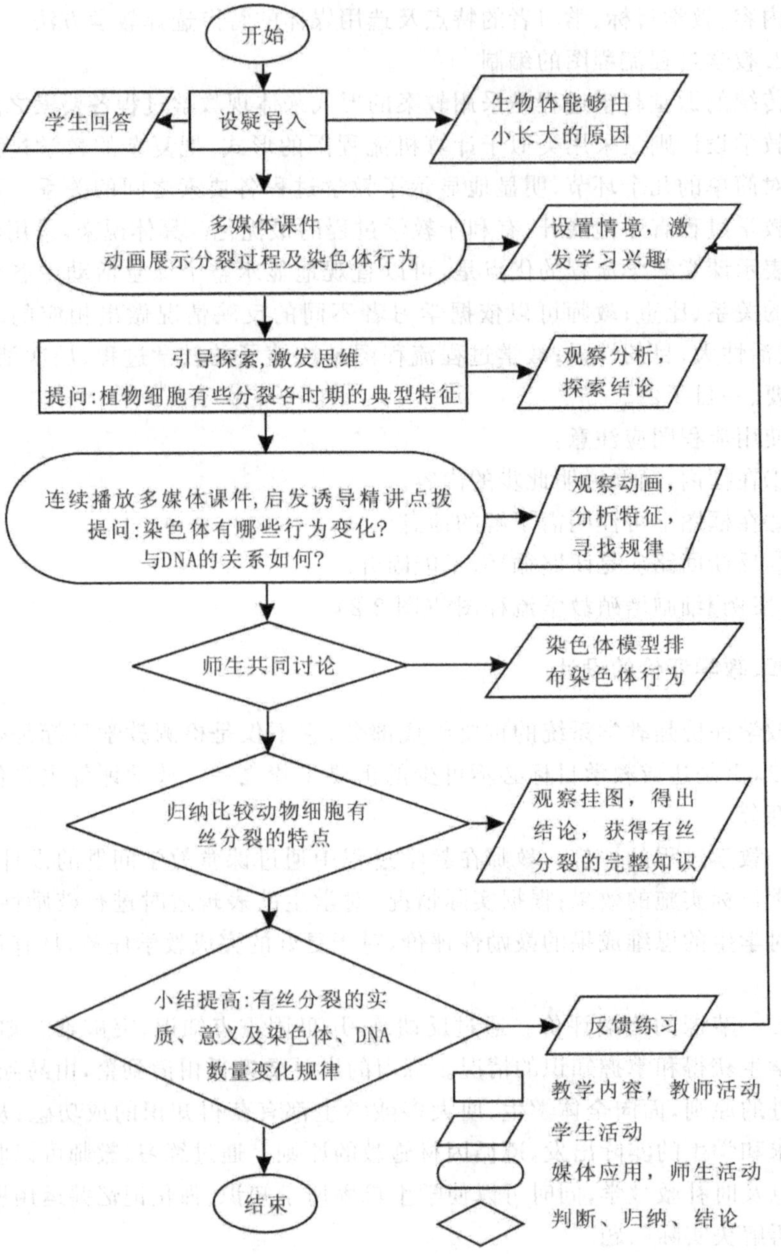

图 2-2　细胞增殖教学流程图

第三节　生物学教学设计案例

一、新授课教学设计案例

【案例】能量之源——光与光合作用

（一）教学内容分析

光合作用在整个生态系统的物质循环和能量流动中具有十分重要的意义。学生在初中生物课程中已经学过光合作用的有关知识；在高中生物必修1第3章中又学习了叶绿体的显微结构，以及第4章的"细胞的能量'通货'——ATP"一节中知道光合作用是合成ATP的重要途径之一，至此，学生已经具备进一步学习叶绿体的亚显微结构和光合作用原理的知识基础和兴趣，本节课要在原有的基础上有所提高。

本课内容涉及许多探索实验，培养学生的实验能力和探索能力是这一节课的重要任务之一。在实验操作方面，学生已经能进行研磨、过滤等操作，但纸层析法是首次进行，需老师仔细指导。另外，由于学生缺乏对基粒（类囊体）微观结构的直观认识，本节课又涉及物理（光学）、化学知识，对于理解色素吸收色光，掌握有关化学试剂的使用方法与技巧，可能存在一定的难度。

（二）教学设计思路

1. 以问题激发兴趣：整个教学过程要设置好问题，层层展开，层层递进，让新知识与旧知识融为一个整体，让学生在步步上升中攀登到知识的顶峰。

2. 以实验说明结论：生物教学往往围绕实验展开。实验的展示形式有学生分组实验、老师示范实验、学生课外实验等，让实验现象说明问题，而不是直接让学生记住结论。

3. 科学探究的思想贯彻始终：用科学家的经典实验来学习科学的实验方法和思维，在学生分组实验中学习实验设计的基本原则，学会分析实验，改进实验，学会科学地评价自己。

（三）教学目标

1. 知识目标：①说出绿叶中色素的种类和作用；②说出叶绿体的结构和功能。

2. 能力目标：正确使用实验器材，正确完成"绿叶中色素的提取和分离"的实验操作。

3.情感态度和价值观目标:对实验学习与实施,逐步形成科学态度及创新、合作的科学精神;借助实验的自我评价,形成生命科学的价值观,并能正确认识自我,评价自我。

(四)教学重点、难点

1.绿叶中色素的提取和分离的操作技巧;绿叶中色素的种类及其作用。

2.对实验进行自我评价,总结成功与失败之处;学习科学家的科学思维、方法和探索精神。

(五)教学媒体和方法

多媒体辅助教学设备;学生自主、探究、合作学习与师生共同探究相结合(含自学、实验、谈话、讨论、讲授等)。

(六)教学流程图(图2-3)

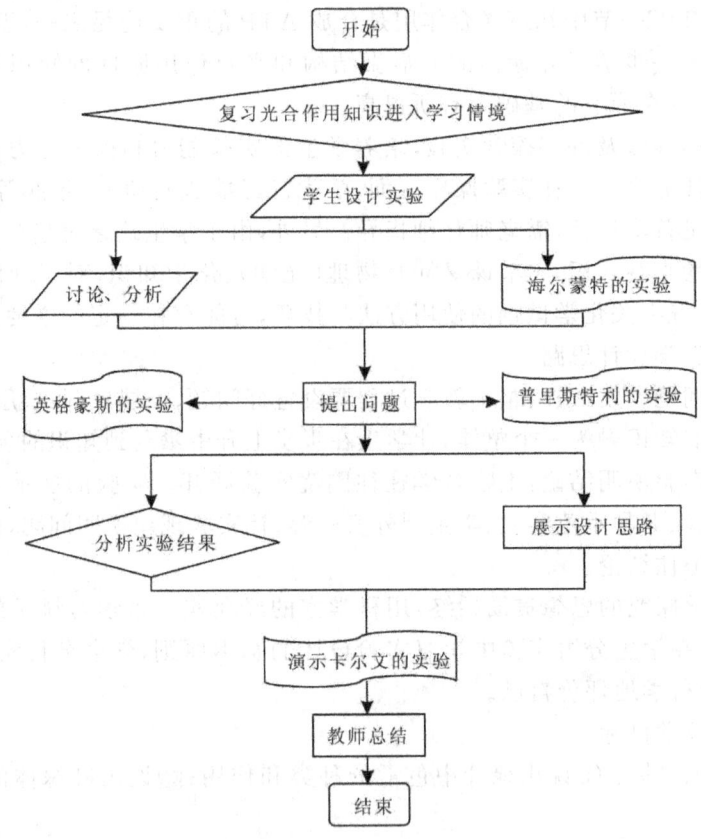

图2-3 "能量之源——光与光合作用"教学流程图

(七)教学过程(第 1 课时)

学习活动	教学说明
创设情境:用教材 P97"问题探讨"导入新课 **捕获光能的色素和结构**  　太阳光中有能量,我们制造出太阳能电池板可以捕获其中的能量并转化为电能。同学们,绿色植物也能捕获并转化太阳光中的能量,那么,绿叶中通过什么物质或结构捕获并转化光能呢?下面,我们来做一个实验,探究绿叶中含有几种色素和学习对色素进行提取和分离的方法。 　实验:绿叶中色素的提取和分离。 　太阳发出的光到达地球表面时是混合光,其中的可见光束看起来是白色的,但它通过三棱镜就会分成红、橙、黄、绿、青、蓝、紫 7 色连续光谱,其波长在 380～760 nm 之间。我们看到的红旗呈现红色,树叶呈现绿色,是由于光线照射到物体表面后,该物体又将这种颜色的光波反射出来(称为反射光)而造成的,绿叶反射了绝大部分的绿色光,所以绿叶呈现出绿色。 　如果,你透过一片绿色的玻璃看天空,你看到的是透过绿色玻璃的绿色光(透射光),而其他波长的光或者被玻璃反射,或者在透过绿色玻璃时基本上被绿色玻璃吸收了。 　我们做的这个实验,主要目的是提取绿叶中的色素,并设法将这些色素分离开。 　实验原理: 　①用有机溶剂无水乙醇提取绿叶中的色素(因为绿叶中的色素能够溶解在其中)。 　②利用层析液将提取的色素在滤纸上进行层析时把原本混杂在一起的色素分开(不同的色素在层析液中的溶解度不同)。 　方法步骤: 　1.提取绿叶中的色素。 　问题:①加入 SiO_2 和 $CaCO_3$ 的目的分别是什么? ②为什么要用棉塞将试管口塞严? 　2.制备滤纸条。 　3.画滤液细线。 　问题:细线如果画得过粗,对实验结果有何影响? 　4.分离绿叶中的色素。	用教材 P97 "问题探讨"的蔬菜大棚中为提高产量和改善品质而使用不同颜色的光,特别是红光或蓝紫光的作用导入本节的学习,既结合了现代农业,又紧扣"能量之源——光与光合作用"的课题,并进行思维的热身。 　引导学生从光的波长(质)和光的强度(量)两个方面来认识光对植物光合作用的影响。 　提出思考的问题。 　简要讲解相关的物理基础知识,为后面做好铺垫。 　激发学生探究绿叶中色素种类的兴趣。 　弄懂实验原理和方法。 　不能为完成操作而做实验。 　先学后实践,学生独立完成实验,锻炼学生的动手操作能力。 　问题可由学生发现并提出,其他小组回答或修正,老师给予修改、评价。 　通过问答,学习实验原理、药品的作用,这样既可以检查学生预习的情况,也可以激发学生的兴趣。

生物微格教学

问题：如果层析液加入过多，淹没了滤纸条上的滤液细线，对实验结果有何影响？

5. 观察与记录。

注意色素带的颜色、宽窄、间距。分别能说明什么问题。

学生进行实验操作。

学生展示实验结果，并进行问题探讨。

（与教材 P98 归纳的 4 种色素结合学习）

接下来再加两个演示操作。

将各小组试管中剩余的滤液收集到一起，取一个 50 ml 的小烧杯，量取 10 ml 滤液，加入 5 ml 无水乙醇稀释，混匀后，量取 10 ml 加入一支大试管中，试管口加棉塞，备用。

演示1：调整好分光三棱镜，在投射屏上出现七色光谱，如下图：

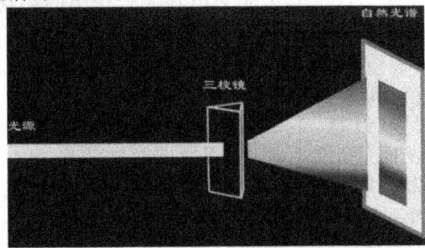

在入射光路上置入绿叶色素提取液试管，再引导学生仔细观察投射屏上的光谱，如下图：

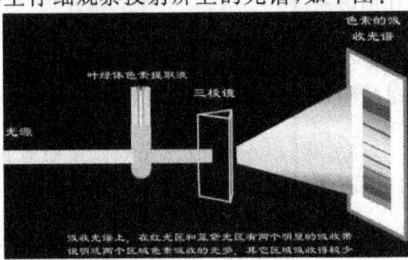

这一现象说明了什么？

提醒观察的内容和注意的对象。

学生经过初中的学习，有一定的实验能力，让学生在尝试中不断进步。

对学生不熟悉的操作，仔细分析、强调要点，用同组比较的方法让学生在实践中得出结论。

教师巡视、指导，参与某些小组的实验和问题探讨。收集实验情况。

引导学生分析实验结果和现象，总结经验。对实验过程进行自我评价，正确地从知识的掌握、能力的锻炼、思维的练习等多方面评价自己。

从实验的结果，归纳色素的种类比较容易，通过联系生活中的常见实例，更好地掌握色素的性质以及与叶片的颜色关系，激发学习的兴趣。

增加两个演示实验，能够更好地说明绿叶中的色素具有捕获光能的作用。

色素的作用部分涉及一些物理的光学知识，需做一定的铺垫再讲述，学生较易接受。通过学习三棱镜的色散作用、分光仪的原理以及色素的吸收光谱，让学生学习看图，并能从实验现象得出推论的能力。

引导学生观察，解释现象。（说明白光是混合光，通过三棱镜分光后可以分为七色可见光的连续光谱。）

这是要观察的重要现象，结合教材 P99 图 5-10，引导学生对可见光谱中明显的暗带进行分析说明。

分析色素吸收光能的吸收光谱，总结其差异性和相似性。

说明了:①绿叶中的色素能够捕获光能。②不同波长的光被吸收的情况有所不同:红光和蓝紫光被吸收得多,而绿光被吸收得最少。(与教材P99第一、二行黑体字结合学习)

演示2:
取出预先准备好的两个小纸盒及手电筒,如下图进行演示:

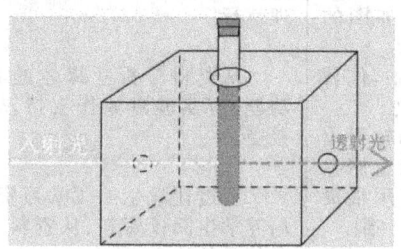

(纸盒开孔处可透光,其余部分均不透光)
现象1:入射光:白色
　　　　透射光:绿色

看到的透射光是绿色,这就好比前面说到的透过一片绿色的玻璃看天空,看到的是透过绿色玻璃的绿色光(透射光)。

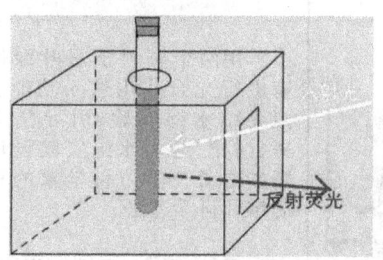

(纸盒开孔处可透光,其余部分均不透光)
现象2:入射光:白色
　　　　"反射光":暗红色

看到的"反射光"是暗红色的。绿色的玻璃反射的是绿色光,但是绿色的提取液的"反射光"看起来却不是绿色的。这是为什么呢?这里激发学生产生一个求知的欲望。

引导分析:
如果绿叶中色素的提取液的"反射光"看起来和绿色玻璃的反射光看起来是一样的绿色,那么绿叶中的色素也就没有什么特殊之处了。暗红色的"反射光"究竟说明了什么?
根据科学研究,绿叶中的色素分子吸收光线中的能量,某些色素分子从基态上升到激发态,而激发态由于含有较高的能量,不稳定,又以光的形式辐射出能量返回到基态,辐射出的能量由于有所损耗,因此辐射的光波变长,成为暗红色的光线,

让学生展开想像的翅膀,大胆设想,哪怕是听起来毫无根据的"乱想",只要学生敢想、能想,总比一潭死水要好得多呀!

这就是我们看到暗红色的"反射光",但实际上不能算是纯粹的反射光,人们称之为荧光现象。荧光现象的存在,证明了绿叶中的色素能够捕获光能。 衍生出的问题: ①现象1中不存在荧光现象? (现象1中也存在荧光现象,只是由于入射光线较强,掩盖了荧光现象,凭肉眼无法观察到。) ②为什么要在"暗盒"中才能看到荧光现象? (因为荧光较弱,如果有其他较强光线的干扰,用肉眼就观察不到荧光现象,所以要用在如图的"暗盒"中才能看到荧光现象。) ③如果将一片绿叶置于同样的"暗盒"中,代替装有色素提取液的试管,能否看到荧光现象? (结构完好的绿叶中,色素捕获光能后,辐射出的能量,大部分用于后续的反应,最终将能量储存在有机产物中,因此,绿叶的荧光现象只有用很灵敏的科学仪器才能检测出来,用肉眼无法观察到。 而试管中提取液里的色素捕获光能后,由于进行光合作用的结构已被破坏,辐射出的能量无法被吸收和传递,只能以荧光的形式散发出去,所以荧光现象相对较强,用肉眼就能观察到。) …… 从上述讨论中,我们认识到,光合作用应该在一定的结构中进行,这一结构必须保持完好,色素按一定的方式存在,能量按一定的途径传递,反应按一定的顺序进行,才能合成最终的有机产物。 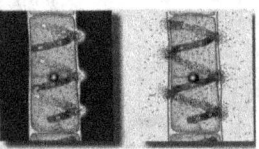 恩吉尔曼实验示意图 结合教材 P_{99} 学习"叶绿体的结构和功能"。 作业:①完成"资料分析——叶绿体的功能"。 ②完成教材 P_{100} 课后练习。 ③以表格的形式总结叶绿体的结构特点。 课外思考探究:绿叶中色素的提取和分离实验是否可以改进?	了解了这些知识,学生有些什么新的想法呢?鼓励他们提出来,并尝试着进行解释,活跃思维。 口头讨论时,并不要求答案多么的严密,只要不背离科学道理就行。 从资料分析叶绿体的其他功能,有实验现象作支持,较易接受。 通过让学生阅读学习资料,培养学生阅读资料、从资料中获取信息的能力。 从经典实验的介绍,学习实验设计的科学性、巧妙性。 用两个资料学习叶绿体具有进行光合作用这一功能。重点介绍水绵实验,引导学生思考、讨论、学习水绵实验设计的巧妙之处。学习科学家的科学思维和科学方法。 总结,引申,巩固知识,建构知识网络。 布置预习作业,激发学生科学探究的意愿。

(八)教学评价设计(表2-2)

表2-2 高中生物实验过程性评价表

实验名称			绿叶中色素的提取和分离		
姓名		班级及学号		实验时间:	年 月 日
项目			自我评价	教师评价	
实验准备	实验原理、药品、步骤				
	思考与疑问	内容:			
实验过程	操作过程表现	色素的提取			
		色素的分离			
		努力与进取			
		参与、合作及操作			
		创新与能力			
实验结果		(贴滤纸条处,并注明色素名称)			
结果分析	成功之处:		不足之处:		
课后探究	实验改进	内容:			
	进一步探究	内容:			
	自评:		教师总评及签名		

(九)教学反思(略)

(设计者:福建莆田十二中 林顺仁 351100)

二、实验课教学设计案例

【案例】观察植物细胞

(一)教材分析

本节是初中《生物学》(人教版)七年级上册第二单元第一章第二节的内

容。细胞是构成生物体的基本单位,观察细胞、认识细胞的基本结构是学生学习生物学的基础;通过制作临时装片,显微镜观察植物细胞,不仅可以锻炼学生的实验动手能力,而且有利于培养学生正确的科学态度和创新思维。因此,本节课在本章乃至在整个初中生物教学中,都占据着至关重要的地位。

(二)学情分析

在学习本节课之前,学生具备一定的显微镜使用基本技能,而且初步认识了科学探究的基本思想和一般过程,这为本节实验教学的开展奠定了基础。但由于七年级学生刚刚涉及探究和实验,在实验能力和创新思维等方面的训练有限,而且老师面临的是大班化教学,因此,如何在实现训练学生的实验规范和引导学生的创新思维二者之间达成统一,将是本节的重点和难点。

(三)教学目标

1. 知识与能力目标

(1)学会制作临时装片的基本方法,认识植物细胞的基本结构;

(2)使用显微镜观察临时装片,培养学生实验动手能力;

(3)学会提出问题,改进或设计实验方案,锻炼学生的科学探究能力。

2. 情感、态度和价值观目标

(1)培养良好的实验习惯和实事求是的科学态度;

(2)锻炼创新思维,培养勇于质疑和尝试改革的精神;

(3)体验与人交流和合作学习带来的乐趣。

(四)教学策略设计

本节的实验教学,采用探究性学习的模式,突显实验的"探究"功能,旨在改变学生的学习方式,变被动接受式学习为自主探究式学习,变个人独立学习为多方合作学习,进而培养学生的实践能力和创新精神。教学流程如下:

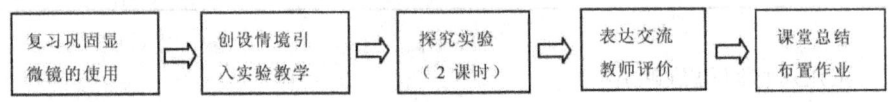

探究实验第 1 课时:探究临时装片制作的基本方法,初步认识植物细胞。

探究实验第 2 课时:观察多种植物细胞,绘制细胞简图,探究植物细胞的基本结构。

[课堂组织]

学生分组合作是课堂的主体(两人一组),实验过程老师和课前培训的"小老师"通过示范、指导、反馈、纠错、评价来共同完成教学任务,形成多维互动的课堂教学组织模式。

[教法选择]

探究性实验教学法、多媒体直观教学法。

[学法指导]

引导学生自主学习、探究学习和合作学习,体现教学中学生的主体地位。

[媒体利用]

实验材料用具(显微镜、玻片、洋葱鳞片叶、碘液等)、教材资料、显微投影仪、多媒体设备和课件、课前培训的"小老师"等。

(五)教学过程(第一课时)

教学步骤	教师活动	学生活动	设计意图
I.复习巩固	强调显微镜使用的注意事项。	学生使用显微镜观察"e"字玻片。小老师检查反馈。	巩固显微镜的使用。
II.教学引入	创设情境:罗伯特·虎克利用自制的显微镜观察细胞的故事。	倾听故事。	激发学生探究欲望。
III.实验教学	设问:把一个洋葱、一根手指直接放到显微镜下,能看到细胞吗?大家不妨试试。	尝试直接观察洋葱、手指。得出结论:观察的材料要薄而透明。要先制成玻片标本。	尝试错误后获得感性认识。
1.介绍玻片标本	展示、简介:装片、切片、涂片。	了解不同玻片标本的差异。	
2.实验目的要求	说明本节实验的目的和要求,鼓励探究和合作。	学生倾听,明确实验目的和要求。	明确目的。
3.演示临时装片的制作方法	启发学生观察,要求学生思考每个步骤的作用,并用一个字加以归纳。	"小老师"介绍实验材料和用具。展台演示并解说临时装片的制作过程。	培养"小老师"的角色意识。
	启发学生用一个字归纳临时装片的制作方法中的每个步骤。	用一个字归纳每一步骤: 擦→滴→取→盖→滴→引	培养观察、归纳能力。

续表

教学步骤	教师活动	学生活动	设计意图
4.小组讨论 提出问题	启发、鼓励学生思考、讨论,对临时装片的制作方法提出问题。	针对"小老师"的演示方法展开讨论,对各个步骤的作用及操作方法提出问题。	引导质疑,为探究奠定基础。
5.布置探究 任务	引导学生制定实验方案;小组合作进行对照实验;观察并描述所观察到的细胞;分析实验结果。	倾听,明确探究任务。	让学生明确探究目的和任务。
6.合作探究 制定计划 实施计划	老师巡视,引导、帮助,重点发现同学中的创新点,给予鼓励,并提供指导性意见。	1.制定计划,设计对照实验。 2.分组合作,按不同方案制作临时装片标本; 3.比较观察植物细胞; 4."小老师"指导并记录。	尝试小改革,进行实验探究,体验探究过程。
7.实验反馈 表达交流	1.倾听同学们的实验反馈; 2.显微投影同学们的临时装片; 3.显微投影示范镜; 4.引导同学对实验结果进行合理分析,并作辩证评价。 总结:玻片标本制作各基本步骤的作用,强调注意事项。	学生分小组反馈: 1.反馈洋葱鳞片叶表皮细胞的观察结果,描述细胞形态; 2.表达交流对照实验的结果,并分析其原因。 明确玻片标本制作各基本步骤的作用和注意事项。	展示并巩固探究成果,并达成正确认识。感受创新和改革带来的新奇和成功。
8.得出结论	引导学生得出结论:"小老师"演示的"擦→滴→取→盖→滴→引"是制作临时玻片标本的一般方法,但可以改进和创新。	领会:制作玻片标本的一般方法,但方法并非一成不变的,根据实验材料、实验目的不同,可以改进和创新。	形成辩证的科学态度;鼓励创新思维。

续表

教学步骤	教师活动	学生活动	设计意图
IV. 课堂总结 1. "小老师"总结	听取"小老师"的反馈，强调实验规范和注意事项。	1. "小老师"总结指导同学实验过程中所发现的问题，以及是如何纠正的。	进一步巩固知识。
2. 学生总结	倾听学生自我总结。	2. 学生自我总结：对合作探究实验的得失和体会。	目标培养的升华。
3. 教师总结	表扬合作学习；鼓励探究精神；欣赏创新思维。		
V. 创设铺垫	设问：不同植物细胞的形态结构是否一样呢？下节课继续探究。		激发继续探究的热情，为后续教学做好铺垫。
VI. 布置作业	布置课后和下节课的课前任务。	明确课后和课前任务。	
VII. 仪器整理		整理实验仪器，组长检查。	

(六) 教学评价设计（略）

(七) 教学板书设计（略）

(八) 教学反思

在实验教学中，用探究性学习的模式构建课堂，更能发挥学生的自主性，使学生的学习过程成为一种探究、选择、创造的过程。学生在过程的体验中可以获得知识；在活动的参与中能力和情感得到培养；在精彩的交流中更能体验成功的喜悦。

在实验教学中，通过合作学习，加强师生、生生之间的交流和互动，可以获得更大的教学效益。本节实验课，充分发挥"小老师"的作用，学生的学习热情高涨，信心倍增，责任意识也增强了；而且大大地推进了整个实验教学的进程，缓解了大班化实验教学时教师的压力。

在实验教学中，学生的思维能力和创新意识，老师是不容忽视也是不可小视的。在本节课的实验过程中，学生的闪光点老师是始料不及的。倘若老师都能及时发现并抓住学生思维的创新点，那么它一定能迸发出科学、情感和智慧的火花。

(设计者:三明市第八中学 严家俊 365000)

三、探究课教学设计案例

【案例】"DNA 是主要的遗传物质"教学案例

(一)教学内容分析

"DNA 是主要的遗传物质"一节是人教版新课标教材必修 2 第 3 章第 1 节的内容,是在前面学习了有关细胞学基础(有丝分裂、减数分裂和受精作用)、阐明了染色体在亲代和子代遗传中所起的联系作用,并且了解染色体的主要成分是 DNA 和蛋白质的基础上来学习的。这节内容还与本册教材第六章"基因工程及其应用"有一定的联系,同时提到了一些在自然科学研究中常用的实验方法,这为后面选修课"生物技术与实践"的学习也做了很好的铺垫,因此这节内容在高中阶段生物科学习中有着重要地位。由于当时认识水平有限,所以在相当长的时间里,人们一直认为蛋白质是生物体的遗传物质,那么,遗传物质究竟是 DNA 还是蛋白质呢?教材通过问题探讨在此埋下伏笔,然后通过两个经典实验证明了遗传物质是 DNA。最后教材通过烟草花叶病毒感染烟草的实验,说明有些病毒体内的核酸只有 RNA 没有 DNA,其中的 RNA 就是它的遗传物质,进一步归纳出"DNA 是主要的遗传物质"这一结论。

本节内容在结构体系上体现了人们对科学理论的认识过程和方法,是进行探究式学习的极佳素材。在教学中,通过发挥学生的主体作用,优化课堂结构,妙用科学史实例,把知识的传授过程优化成一个科学的探究过程,让学生在探究中学习科学研究的方法,从而渗透科学方法教育。

经过以上分析,确定本节教学重点和教学难点:

1. 教学重点

(1)肺炎双球菌转化实验的原理和过程。

(2)噬菌体侵染细菌实验的原理和过程。

2. 教学难点

(1)噬菌体侵染细菌实验的过程和结论。

(2)如何理解 DNA 是主要的遗传物质。

(3)探究科学发现过程来学习科学研究方法

(二)学情分析

通过前面的学习,学生已经具备了有丝分裂、减数分裂和受精作用等细胞学基础,了解了生物生殖发育过程,掌握了染色体、蛋白质与 DNA 的化学组成等相关知识,熟悉同位素标记技术在生物科学研究中的应用,这为新知识的学习奠定了基础。再加上我校"研究性学习"课程的开设,学生初步掌握了探究实验的一些基本方法,也初步培养了他们提出问题,分析问题和解决问题的能力。"创新意识"的培养也加强了他们对新事物探究的激情,这都是开展探究性学习的极佳条件。

(三)教学目标

1. 知识目标

(1)总结"DNA 是主要的遗传物质"的科学探索过程。

(2)知道肺炎双球菌转化实验和"同位素标记法"研究噬菌体侵染细菌所采用的方法,是目前自然科学研究的主要方法。

(3)理解 DNA 是主要的遗传物质。

2. 能力目标

(1)通过分析证明 DNA 是遗传物质的实验设计思路,逻辑思维能力得以提高。

(2)通过"同位素标记法"来研究噬菌体侵染细菌的实验,由特殊到一般的归纳思维能力得以提高。

3. 情感态度与价值观

(1)通过总结 DNA 是遗传物质的科学探索过程,学习科学家善于总结他人经验、在工作中互相合作、严谨求实的科学态度以及对真理追求不懈的科学精神。

(2)遗传物质主要是 DNA,也有 RNA,强调了生命的物质性,树立辩证唯物主义世界观。

(3)认同科学与技术的关系,二者相互促进,相辅相成。

(四)教学策略

1. 教师教法

根据新课程理念,高中生物学教学重在培养学生的科学思维、科学方法、科学精神等生物学科学素养,因此,本节课以"自主探究科学发现的过程来学习科学研究的方法"为设计理念,切实落实主体性教学目标,以培养学生的科学素质为指导,侧重科学方法教育为目标,采用"探究—发现"的教学模式。通过引导学生模拟科学发现过程,启发学生积极思考,从而达到提高学生探究能力,训练学生科学思维方法的目标。

2. 学生学法

学生可采用观察、阅读、讨论、比较法、归纳法等进行分析、归纳和总结,通过学生的自主学习和探究学习培养他们对生物学科的兴趣。

3.教具准备

多媒体教学,噬菌体侵染细菌的 Flash 动画。

(五)教学过程设计

教学环节	教师的组织和引导	学生活动	教学意图
设疑导入	通过前面的学习,大家对有丝分裂、减数分裂以及受精作用的过程有了深入了解,在研究它们的过程中,科学家发现有一种物质在这三个过程中,行为有着规律性的变化,是什么物质呢? 根据学生的回答具体引导在这三个过程中染色体数目的具体变化,进一步引导大家猜想,染色体可能和生物体的什么现象有关? 染色体的主要成分是什么呢? 那么起遗传作用的究竟是 DNA 还是蛋白质呢?这个问题当时在科学界引起了激烈的争论。	思考回答:是染色体数目的变化。 思考回答:染色体可能在生物的遗传中起重要作用。 回答是 DNA 和蛋白质。	通过对前面所学知识的回忆和总结,为下面引入遗传物质做铺垫。 为下面探讨什么是遗传物质做好铺垫。 提出探究的问题,引起悬念。
引导探讨	接下来引导学生探讨,如果作为一种遗传物质,应该具备什么特点? 多媒体显示当时科学家对 DNA 和蛋白质的认识水平: 对蛋白质的认识水平: 认识到蛋白质是由许多种氨基酸连接成的生物大分子。 对 DNA 的认识水平: 还不清楚 DNA 的结构,只知道它是由 4 种脱氧核苷酸连接成的大分子。 提出问题:如果你是当时的一位科学家,对 DNA 和蛋白质的认识仅限于上述水平,你觉得哪个更适合做遗传物质?为什么? 提出由于当时认识水平的限制,科学家曾经认为蛋白质是生物体的遗传物质。 接下来介绍这个观点最早由美国科学家艾弗里提出质疑,他是在总结英国科学家格里菲斯的实验的基础上,进一步通过自己的实验证据提出遗传物质是 DNA。 1.肺炎双球菌的转化实验 (1)实验材料 介绍此菌可感染人和老鼠,顺便解释"败血症",接下来多媒体课件展示 R 菌和 S 菌的不同之处,强调荚膜的存在才使得 S 菌表现出毒性。	学生讨论总结四点: ①能准确的进行自我复制,传递给下一代。 ②要有储存大量遗传信息的能力。 ③结构要比较稳定,不容易被破坏。 ④能控制生物的性状和代谢。 讨论作答:蛋白质更适合作遗传物质,因为 DNA 仅由 4 种脱氧核苷酸组成,很难和生物多样性联系在一起,而组成蛋白质的氨基酸有许多种,在各种各样的排列顺序中很可能就蕴藏了大量的遗传信息。	为当时科学家们判断 DNA 和蛋白质哪个更适合做遗传物质提供依据。 通过设疑,让学生自己得出曾经一个错误的观点,从中总结出知识水平决定决定认知水平。 引入本节课的第一个关键实验。激发学生科学探究的热情。

（2）实验过程 多媒体展示肺炎双球菌的四组转化实验并提出问题： ① 预测第一组和第二组实验结果会怎样？为什么？ ② 第三组的"加热杀死"是什么意思？加热的温度控制在多少度？ 教师指出加热的温度一般不超过90度，杀死是指S菌失去了感染能力，但里面的遗传物质并没有被破坏。 ③ 第四组实验里活的S菌是怎么来的？ ④ 提取出的S菌的后代仍然是S菌，这说明什么？ ⑤ 究竟是什么物质使R菌转化为有毒的S菌？ 教师多媒体显示格里菲思的猜测： 在加热杀死的S菌中必然存在某种"转化因子"使R菌转化为有毒的S菌。 ⑥ 如果你是当时的一位科学家，为了弄清楚这种转化因子到底是什么物质，你该如何设计这个实验？ 引入美国科学家艾弗里和他同事们的工作，课件显示他们的实验设计和观察到的结果，引导学生分析： ① 只有加入哪种物质R菌才能转化为S菌呢？ ② 加入DNA以后所有的R菌都能转化吗？这说明什么？ 教师补充转化的效率其实是比较低的。 ③ DNA水解物是什么？ 解释是加入DNA酶，把DNA降解脱氧核苷酸，说明只有完整的DNA才能发生转化作用。 ④ 艾弗里的实验说明什么？ ⑤ 艾弗里的实验思路和研究成果对我们有什么启示？ 介绍由于艾弗里所提DNA纯度不够高，还含有少量蛋白质，所以在他提出结论之后，并没有被所有的科学家认同。	回答第一组小鼠不会死，因为R菌没有毒性，第二组小鼠会死，因为S菌是有毒性的。 积极思考得出S菌应该是由活的R菌转化而来的。 思考作答：说明这种转化是可以遗传的。 思考讨论 学生思考讨论，提出自己的实验设计思路。 加入DNA。 从课件中得出并不是所有的R菌都能转化成S菌。 说明真正起转化作用的是DNA。 分析比较得出关键思路在于把DNA和蛋白质分开来，单独观察它们的作用。 进一步总结归纳出科学探究要有科学思路，要善于总结他人经验。	让学生沿着科学发展的轨迹观察问题，发现问题，提出问题并进一步分析问题。 培养学生科学思维和科学探究的能力。 培养学生分析问题，归纳结论的能力。 培养学生分析问题，归纳结论的能力。 使学生了解噬菌体繁殖过程，为下面具体分析实验铺好基础。

进一步引导学生开放思维,DNA 纯度不够高,在实验中可能是什么起了转化作用？ 由于此实验的不完美引入下一个实验。 2.噬菌体侵染细菌的实验 (1)噬菌体的结构 (2)噬菌体的繁殖 ① 营寄生生活 ② 在遗传信息的指导下进行繁殖 ③ 繁殖原料来自宿主大肠杆菌 ④ 子代噬菌体从宿主细胞裂解释放 (3)放射性同位素标记技术 提出问题： ① 到目前为止,一共学到几个利用放射性同位素标记技术的实验？ ② 实验中为什么用 ^{35}S 和 ^{32}P 作标记？ 组织学生阅读教材 45 页右上栏的相关信息。 ③ 通过此项技术表明赫尔希的研究思路是什么？ (4)实验过程 先让学生阅读教材 5～8 分钟,掌握实验基本步骤,阅读结束后,教师多媒体课件显示和实验有关的一些问题,了解学生对实验原理和相关步骤的掌握程度,同时强调实验的一些细节,比如保温时间很短,这有助于学生对后面实验现象的分析。接下来教师引导学生先分析 ^{35}S 标记的实验现象。 引导分析： ① 上清液放射性很高,说明上清液主要成分是什么？ ② 沉淀物放射性很低,说明在大肠杆菌体内有没有被标记的 ^{35}S？ ③大肠杆菌裂解释放子代噬菌体进行检测,与我们刚才预测的结果一样吗？ ④说明噬菌体在繁殖的时候有没有用到蛋白质呢？	引导学生回忆病毒的组成。 回忆共两个：一是探究光合作用放出的 O_2 来自水还是 CO_2；另一个是研究分泌蛋白合成途径也用到此技术。 阅读相关信息,得出结论。 经过分析比较后得出他的思路和艾弗里一样,把 DNA 和蛋白质完全分开,单独观察它们的作用。 思考得出结论主要成分是被 ^{35}S 标记的蛋白质。 猜测应该是没有。 与猜测一样,在新的噬菌体里果真没检测到 ^{35}S。 得出结论：没用到蛋白质。 学生回答,几乎没有,也就是几乎没有 DNA 了。	通过不同的标记,使学生经过分析比较后归纳出这个实验的研究思路。 培养学生分析问题,提出假设,验证假设的能力。 培养学生分析比较实验现象,归纳结论的能力。

	多媒体课件显示用^{32}P标记的噬菌体侵染大肠杆菌的过程,引导学生分析: ①上清液放射性很低,说明上清液有没有^{32}P呢? ②沉淀物放射性很高,说明在大肠杆菌体内有没有被标记的^{32}P? ③大肠杆菌裂解释放子代噬菌体进行检测,与我们刚才预测的结果一样吗? ④说明噬菌体在繁殖的时候用到了哪种物质? 最后引导学生把这两个同位素标记实验综合起来分析,由学生归纳出结论。 Flash动画显示噬菌体在大肠杆菌体内繁殖的过程。	猜测应该是有^{32}P。 与猜测一样,在新的噬菌体里果真检测到^{32}P 分析得出结论:用到DNA。 学生进行归纳总结: 噬菌体繁殖时用的是DNA而不是蛋白质,而且说明它是在DNA的指导下完成繁殖的,进一步说明DNA才是它的遗传物质。 学生思考作答。	培养学生正确的科学认识和对科学坚持不懈探索的精神。
	提出问题:教材45页右下栏,在上述实验中,如用^{14}C和^{18}O标记行吗? 教师引导学生回顾历经24年对遗传物质的探索过程,启发学生从中得到哪些启示。	学生总结: ①科学探索是艰辛曲折的; ②科学研究是一个不断纠正错误,发现整理的过程; ③要科学的选择实验材料; ④科学发展需要技术支持。	
进一步探究	问题:遗传物质都是DNA吗? 通过烟草花叶病病毒感染烟草的实验,得出除了DNA之外,有些病毒体内的RNA是该病毒的遗传物质。	看书思考。	树立辩证唯物主义世界观。
归纳总结	细胞生物遗传物质是DNA。 非细胞生物的遗传物质是DNA或RNA,所以说DNA是主要的遗传物质。 问题:上述两个经典实验能证明DNA是主要的遗传物质吗?	思考作答:只能证明DNA是遗传物质,但不能证明DNA是主要的遗传物质。	

(六)板书设计

1.肺炎双球菌的转化实验

(1)材料:R菌,S菌,小鼠

(2)过程:

①R,没死

②S,死

③S(加热杀死),没死

④ R+S(加热杀死),死

(3)结论:"转化因子"存在,使R菌转化为S菌

艾弗里:分离,单独转化

结论:DNA才是遗传物质

2.噬菌体侵染细菌的实验

(1)噬菌体结构

(2)噬菌体繁殖

(3)放射性同位素标记技术

(4)实验过程

(5)结论:DNA才是遗传物质

3.DNA是主要的遗传物质

细胞生物:DNA

非细胞生物:DNA或RNA

(七)教学评价设计(略)

(八)教学反思

"自主性、探究性、合作性"是学生课堂学习的三个基本维度,尤其新课程标准强调要转变学生的学习方式,如果采用传统的教学方法,学生对整节内容的理解可能就不会那么透彻,这样也就更谈不上培养学生自主学习和探究能力。采用"探究—发现"的教学方式后,通过教师的引导和启发,学生自主的模拟科学发现过程,这就激发了学习的积极性,在思考分析和讨论中,学生的科学想法得以表达和流露,科学探索的热情进一步提高,这对他们研究性学习课程也有一定的指导意义。而且在课堂上学生也提出了一些具有探讨性的问题,还有一些实验的细节问题,比如噬菌体侵染细菌实验中,保温时间很短,时间如何控制?为什么^{35}S标记下面沉淀物中放射性很低,而不是没有放射性呢?^{32}P标记的上清液为什么还会检测到有少量放射性?这些都说明学生已经融入到整个科学探索过程中,同时在探索中领悟到科学探索的艰辛和科学

家持之以恒的精神,潜移默化中,也就培养了学生创造性思维品质。(设计者:厦门外国语学校生物组,黄瑞芳,361000)

四、研究课教学设计案例

【案例】看建瓯小城,谈生态工程

(一)设计思想

1. 指导思想及理论依据

依据新的课程理念,指导学生自主学习,关注学生学习方式,注重与现实生活相联系。教学设计的思路是化抽象为具体,化理论为实践,紧扣《课标》,面向全体,注重能力和情感价值观的培养。

2. 设计特色

教学过程中体现因地制宜,首先让学生分组对建瓯生态环境的调查及资料的搜索,分析建瓯生态环境所存在的问题,鼓励学生从实践中自主学习,改变以往只从教材中获取知识的被动学习方式;其次在课堂中引导全班同学一起针对问题,提出可行的解决方案和说出其所运用到的生态工程的基本原理,使抽象的生态工程原理具体化。再通过展示从建瓯环境监测站取回的科学数据,与现实同学们观察到的现象进行比较,培养学生基于求实和勇于实践的科学精神去分析问题。最后,让学生自己发表看法,如何从身边的小事做起,为生态工程的建设做贡献。

(二)教学分析

《城市环境生态工程》是人教版高中生物选修3《现代生物科技专题》专题5第二节《生态工程的实例》中的一个实例。本节内容是在学生学习了《生态工程的基本原理》,有了一定的生态工程基础知识之后进行的教学,但生态工程的基本原理较抽象,学生不易真正掌握,在教学过程中应利用这部分内容与社会生活密切联系的特点,因地制宜进行教学,一方面可以用生态工程的知识来认识当地城市的生态环境所存在的问题,并提出可行的生态工程建设方案,巩固生态工程的知识;另一方面,这部分内容与社会生活相联系,可以使学生更了解当地的生态环境问题和建设生态工程的意义,为家乡的生态工程建设献出班级小团体的一份力量。

教学重点:发现建瓯生态环境存在的问题,应用生态工程的原理解决问题。

教学难点:发现建瓯生态环境存在的问题,引导学生查阅相关资料并对问题做出合理的分析。

（三）教学目标

1. 知识方面：

通过对建瓯城市环境存在问题的了解，设计解决方案，并说出其相关生态工程的原理。

2. 能力方面：

（1）通过采集建瓯污染情况的照片，利用多种媒体搜集信息，运用所学的生态工程原理，分析建瓯生态工程的建设途径和方向；

（2）通过小组同学之间的合作，培养学生能正确记录数据、分析数据、获得结论的能力。

（3）通过交流与讨论，培养学生的表达能力和语言组织能力。

3. 情感态度与价值观方面：

（1）初步形成物质循环利用、协调与平衡、多样性、局部与整体统一的观点，树立可持续发展的观念；

（2）培养学生从身边的小事做起，共同为建瓯的生态工程做贡献。

（3）通过从建瓯环境监测局取回的环境监测数据与现实看到的环境进行比较，培养学生形成正确的科学价值观。

（四）教学策略与手段

1. 教学模式和策略

（1）以学生已有的生态工程的知识和经验作为本节学习的切入点。

（2）本节教学主要采用讨论和交流的方式进行，在问题讨论和课前材料的搜集过程中，可充分发挥学生学习的自主性。

（3）与社会、生活相联系，以课堂所学的知识来解决现实生活中的实践问题。

2. 采用的教学手段有：

实践调查法、讨论法、多媒体教学、启发式教学、演示法教学。

（五）教学过程

1. 课前准备

课前教师先对当地的生态环境进行初步的考察，根据实际情况和在能确保安全的前提下，制定出教学计划：

（1）布置任务：全班分成四组，分别对建瓯存在的环境问题进行调查。让每小组的同学先进行讨论，决定各个小组所要调查的目标。结果如下：

组别	调查目标
第一组	垃圾污染
第二组	大气污染
第三组	水污染
第四组	到建瓯环境监测站考察

（2）提供电子阅览室和相关图书资料，让学生收集有关环境污染和建设生态工程的信息。

（3）组织各组同学们对建瓯的环境问题进行调查，采集具体的照片，并通过资料的搜集，提出建瓯环境存在的问题，并制作调查报告和幻灯片。报告包括以下几个方面：

照片展示、分析环境污染带来的危害、提出环境治理存在的问题。

（4）带领第四组同学到环境监测站采集近期建瓯环境情况的一些具体数据。

（5）在课前对学生所搜集的资料，进行指导性的整理，与学生一起参与资料分析和讨论的过程，突破本节的难点。

2．教学程序

教学步骤	教学组织、引导和学生活动	教学手段和方法	教学意图
一、情景导入 问题引导	教师：展示有关建瓯小城的一些风景图片，介绍建瓯概况。 但随着我国城市化进程的加快，能流、物流和人流的增加，一方面促进了我市的繁荣，另一方面，也带来了严重的环境污染等问题。 提出问题：我市主要存在哪些环境污染问题？ 学生思考，积极回答： 有水体污染、大气污染、垃圾污染、噪音污染等。	幻灯片展示照片。 学生积极发言。	使学生进一步了解家乡。

二、引出课题,学生进行汇报。	教师:针对这些主要的环境问题,我们各小组同学分别进行了调查,下面就有请各组的代表进行汇报。		
1. 第一组汇报。	第一组汇报主要有以下几个方面: 1. 我市垃圾污染情况; 2. 污染造成的危害; 3. 提出垃圾治理存在的问题。	学生清晰的表达自己的研究工作。以幻灯片形式展示调查结果。其余同学认真听汇报和思考解决办法。	培养学生获得信息、整理信息和分析信息的能力。
2. 第二组汇报。	第二组汇报主要有以下几个方面: 本小组的调查主要针对水南工业区。 1. 废气排放情况; 2. 废气排放造成的危害; 3. 提出我市废气处理存在的问题。		
3. 第三组汇报。	第三小组汇报的主要内容有: 由于现代工业的大量兴起和高速公路的大规模修建,使建溪的水体受到一定的影响,本小组针对是建溪的污染情况进行调查。情况如下: 1. 建溪的污染情况; 2. 分析造成建溪污染的原因。		
4. 教师小结。	教师:各小组的汇报很清晰,展示了很真实的图片,在调查结果中,都能很有针对的提出造成污染的一些原因。下面我们就针对同学们提出的问题,共同讨论相应的解决策略,同时归纳出这些策略中体现了生态工程的哪些原理。 学生:回忆各小组所提出的引发环境问题的因素,积极思考和发言提出解决策略,归纳其可应用到的生态工程的基本原理。并完成表格:	启发、引导学生回答。 学生思考、讨论,积极发问。	让学生通过分析问题,能够得出合理的结论,同时,培养学生对生态工程原理的应用。

5.归纳总结绘制表格。	环境问题	垃圾污染	大气污染	水污染		突出本节重点内容。
	引起污染的原因					
	解决策略					培养学生归纳总结的能力。
	应用的原理					
6.提出疑问。	（表格具体内容见附表） 教师：听完前面同学的汇报以及同学们在调查中所见到的种种现象，可能同学们会认为我们小城存在着比较严重的环境污染问题，那么事实是不是如此呢？请第四组同学做汇报。					激发学生好奇心。
7.第四小组汇报。	第四组汇报情况主要有以下几个方面： 1.近几个月建瓯大气监测数据结果； 2.近期建溪建瓯流段水质监测数据结果； 3.固体垃圾对地表水水质影响数据； 4.自来水水质监测数据结果。				幻灯片中以数据展示调查结果。	
8.教师小结	第四小组总结：从上述各项数据显示，建瓯的空气、水质等情况都良好，建瓯仍然是大家印象中山清水秀、环境优美的小城。 教师：我们从四组同学汇报的情况来看，前面三组同学是以实地调查的结果告诉我们，建瓯存在有局部的环境污染问题；第四组同学是以科学的数据告诉我们，其实我们建瓯环境的总体情况是保持良好的。				学生思考、分析。	希望通过表面现象与事实依据的比较，使学生了解科学研究的思路和解决问题的方法。
9.分析建瓯环境的现状及原因	那么，为什么我们的环境会出现这样矛盾局面呢，这可以说明哪些问题呢？ 提示： 1.局部环境污染的造成： 个别企业和部分民众的环保意识不强。 2.总体良好情况的保持： （1）政府有采取一定的措施； （2）自然生态系统有自我调节能力。 强调：但这种调节能力并不是无限的，生态工程的建设需要大家共同配合！					激发学生保护环境的意识。

| 三、情感教育。 | 教师：通过调查，大家能体会到生态工程建设的重要性，但目前还有很多方面是个人的力量达不到的，我们能不能从身边的小事做起，一起维护我们的生态环境？
学生思考，积极回答：能！比如：
不乱扔和乱倒垃圾，让垃圾时进行垃圾分类，支持我校和社会各界的环保活动，参加各种形式的环境保护宣传活动等，这样才能是我们生存的环境受到更少的伤害。
支持生态工程的建设，使我们的城市越来越美。 | 幻灯片展示分类式垃圾桶、各种环保宣传语、中国各大花园城市的照片。 | 培养学生环保意识，提出本节课的主要情感目标。 |

（六）作业设计

1.建瓯市是一个环境优美的小城，为了更好的解决城市及周边村镇的环境问题，要求学生设计一种以沼气池为核心的生态工程，以便较好的解决城市周边人、猪、禽的粪尿及烂蔬菜等废弃物的处理问题，能达到物质循环、能量多级利用的效果？

2.根据城市环境的调查，参考课本列出的其他几个各有特色的生态工程，举出几个建瓯的生态工程的实例，分析其发展的前景，讨论这些生态工程的局限性？

附表：《城市环境生态工程》城市存在环境污染及解决的对策的表格：

环境问题	垃圾污染	大气污染	水污染
引起污染的原因	1.随意倒垃圾的现象严重存在。 2."垃圾分类"在我市成为空谈现象。 3.很多垃圾堆积之后并未被处理，或处理的方式不当（如随意燃烧）其产生的有害气体会危害到人类健康。	1.有些工厂直接把未经处理的废气排到空气中；部分工厂有经过一定的处理，但处理效果不好。 2.有些废气中含有很多种可再利用的物质，但通过访问之后发现再利用率几乎为零。 3.工业区和居民区分布不合理。	1.我市污水排放现状堪忧，城市规划不合理，有部分工业园区建在城市的上游。 2.生活垃圾随处乱倒等。 3.中上游地区水土流失严重。

续表

环境问题	垃圾污染	大气污染	水污染
解决策略	1.利用各种形式,宣传垃圾污染危害性,宣传法律、法规,普及环保知识,提高环保意识自觉减少垃圾产生量。宣传垃圾分类的好处,提倡居民应当将垃圾分类收集。 2.合理处理垃圾:堆肥(微生物降解的方法)、合理焚烧(将垃圾先进行分类)、热处理等。	1.加强生产管理,防止一切可能由排放废气污染大气的情况发生。推广"环境友好技术"采取以无毒或低毒原料代替毒性大的原料,以减少污染物的排放等。 2.综合利用变废为宝,使废气中的有利用价值的物质得到循环利用。 3.合理分布工业区、居民区,多建生态绿地等。	1.强化对重点排污企业的监管。推进重点污染源在线监控,切实发挥现有污染源治理效益,防止污染反弹。 提倡企业废水循环利用,对全市耗水量大的食品加工企业和造纸企业削减污水排放量,促进水资源的综合利用。同时全面推进清洁生产。 2.应用生态工程的整体原理、协调与平衡原理,通过保土蓄水、耕作措施、林草措施等工程,在河流上游加大植树造林力度、合理耕作,建立稳定、持久、高效的复合系统。
应用的原理	物质循环再生原理、整体性原理等	物质循环再生、整体性原理等	物质循环再生、协调与平衡、整体性、物种多样性原理

(设计者:福建省建瓯第一中学生物组,池秋景,353100)

第四节 生物教学设计技能的评价记录表

课题：　　　　　　　　　　　　　　　　　　　执教：

评价项目	好	中	差	权重
1. 体现新课程所倡导的理念	☐	☐	☐	0.15
2. 教学目标全面适宜,学情分析客观实际	☐	☐	☐	0.15
3. 教学模式选择适当,课程资源运用合理	☐	☐	☐	0.10
4. 善于创设科学有趣的教学情境	☐	☐	☐	0.10
5. 注重揭示知识的发展过程和解决问题的方法	☐	☐	☐	0.10
6. 注意指导学生掌握科学的学习方法	☐	☐	☐	0.10
7. 有效使用直观教学手段和现代教育技术	☐	☐	☐	0.10
8. 师生、生生之间进行平等和多向的思维交流	☐	☐	☐	0.10
9. 设计方案内容全面,重点突出,策略得当	☐	☐	☐	0.05
10. 设计思路风格独特,体现出一定的创造性	☐	☐	☐	0.05

思考与练习

1. 前端分析对教学设计有何重要意义？

2. 一般来说,教学设计应包含哪些主要内容？各有何具体要求？

3. 从当前的课程教学内容中任选一节,练习并完成新授课教学设计的全过程并作分析评价。

4. 选择合适内容,练习并完成实验课教学设计全过程并作分析评价。

5. 参考案例,任选一节合适的内容设计一个探究性教学的方案,并与你的同伴一起讨论。

6. 自己设计一个与生物学有关的研究性学习或科技活动的案例,并与你的同伴一起交流。

7. 如何对教学设计方案进行评价？选择典型的教学案例或课堂教学实录进行观摩并作分析评价。

第三章 教态变化技能

第一节 教态变化技能概述

一、什么是教态变化技能

教态，就是教学姿态，一般理解或狭义理解为教师站在三尺讲台上的姿势形态。通常也称为"无声语言"或"体态语言"。

教态是教师在课堂教学中呈现出的表情、眼神、手势和身体姿态等，属非语言行为。优美和谐的教态不仅给学生美的享受，同时也是教师个人气质和修养的自然流露，更重要的是它能辅助语言传授，融洽师生关系，调控课堂秩序，是科学完成教学任务的重要手段。

教师教态要亲切自然，态度端庄大方、热情活泼，衣着美观得体，既让学生感受到课堂美的愉悦，又为教学活动创造了一个美的氛围。教态变化包括仪容、风度、神情、目光、姿势和举手投足等等。教态是无声的语言，它能对有声语言起到恰到好处的补充、配合、修饰作用，教师通过表情可以让语言的表达更加准确、丰富，更容易为学生所理解。

教师亲切而自信的目光、期待而专注的眼神可以使学生产生安全感，消除恐惧感，缩短教师与学生的感情距离。教师热情洋溢的微笑、友善慈祥的面容可以使学生获得最直观、最形象、最真切的感受，潇洒得体的身姿手势，无时不在感染着学生，使学生加深对知识点的理解、记忆。

生物课堂上，教师的一言一行、一举一动所流露出的热爱和关心学生的情感信息；当学生向老师质疑、发问或回答教师的问题时，教师带着真诚、善意的微笑注视着学生；学生回答问题完毕，教师亲切、赞许地点点头，或面带着微笑答疑、纠正，都会增加师生间的了解和感情；以姿势助言语，以眼神传真情，能把学生迅速带进知识的殿堂,遨游于知识的海洋中。

二、体态语言的特点

第一,动作性。体态语言不同于口头语言,口头语言凭借语音、词汇、语法构成的语言体系传递信息,而体态语言则依靠举止神态传情达意。

第二,微妙性。体态语言的传情达意,多凭面部表情,特别是用眼睛说话,用眼波传情。因为这样的活动是在无声的情态中进行的,就带着含蓄性与隐蔽性。眼睛还具有很大的灵活性,在一颦一笑之间,往往可以传递各种信息,带出其他的种种表情,形成复杂的感情世界。

第三,感染性。体态语言的传情达意,时而含而不露,时而极富鼓动,这就从两个极端扣动感情的心弦,引发学生积极地去思考问题,语言的感染力,也就油然而生。

第四,辅助性。体态语言与口头语言往往结合使用,体态语言在人们传情达意的过程中,主要起辅助的作用。它的辅助功能:一是可以提高口头表达的生动性;二是可以提高信息传递的准确性;三是可以提高传情达意的明确性。

三、体态语言在教学中的作用

1. 利于组织教学。上课时使用"扫视"、"注视",启发学生发言时,以手势助提问,可减少语言的重复,节约教学时间,维护教学正常秩序,提高课堂教学效果。

2. 融洽师生感情。当学生向老师质疑时,或者当学生回答老师的问题时,教师带着善意、真诚的微笑注意学生的回答,回答完毕,教师亲切、赞许地点点头,然后面带微笑地答疑或纠正学生回答中的偏差,这会给学生以精神上的鼓舞和安慰,增进师生间的了解和感情。

3. 激发学习情感。教师提问时,如果有的学生处在想说而不敢说的境地,教师用手势比划,或者对他点点头,学生就会大胆地站起来发言。

4. 突出教学重点。讲到重点、难点处,如果教师配以必要的手势,高昂的情绪或恰当贴切的动作,就会吸引学生的注意力,使重点、难点给学生留下深刻的印象,有利于理解知识和巩固知识。

5. 调控教学进程。教师要学会从学生的眼神、表情中看出自己讲解的效果,然后随时调节自己的教学进度,或改进教学方法,或放慢速度,或重复讲解,或增删内容,并通过教师的体态语言,配以言简意赅的教学语言,把教学变化的信息传递给学生,这样可有效地调节教学进程,使课堂教学更优化,更符

合学生的实际。

6.提高教学效果。学生对教学信息的接受，主要通过两个渠道：一是语言听觉器官，二是语言视觉器官。语言听觉器官的职能是感知和理解有声语言，语言视觉器官的职能主要是感知教师的体态语言。当两条渠道保持畅通时，就可能取得好的教学效果。体态语言的运用，可以增加有声语言的生动性、形象性和准确性，优化课堂教学，提高教学效果。

四、教态变化的类型

(一)体态的变化

1.课堂走动

走动是教师传递信息的一种方式，如果教师始终以一个姿势站在讲台上，课堂就会显得单调而沉闷，学生也会感到压抑。相反，教师适时地在学生面前移动，又没有分散学生的注意力，课堂就会变得有生气，还能激发学生的兴趣，引起注意，调动学生的积极情绪。

教师在课堂上的走动一般有两种：一种是教师在讲课时并不总站在一个位置上，而是适当地在讲台周围走动，在讲台上的走动具有统领效果，能控制全班的行为，宜于讲解新课或引起全班共同注意；另一种是在学生做练习、讨论、实验时，教师在学生中间走动。从讲台上下来走到学生中间，这种空间距离的缩小，带给学生的直接影响是与学生心理上的接近，加强课堂上师生间的感情交流。同时，在走动中教师可进行个别辅导，解答疑难，了解情况，检查和督促学生完成学习任务。

2.身体动作

教师通过身体的局部动作表达一定的教学内容或教学语言。在生物教学中，经常要表示生物体的形状、结构、大小及动物的动作行为等，这些都可借助手势来说明。例如讲"蚯蚓运动"时，教师可用右手手掌手臂表示蚯蚓的身体，左手表示蚯蚓的环肌、纵肌的交替舒缩以及刚毛的作用，使之一伸一缩地运动；同时，让学生同教师一起比划。这样就使抽象的语言符号转化为具体、直观、形象的体态语言，不仅加深了对所学知识的理解，而且增添了学习的乐趣。另外在与学生交流的过程中，头部的动作对于表达思想或态度也起着重要的辅助作用。

(二)面部表情的变化

课堂上师生之间情感的交流，是创造和谐的课堂气氛、良好的智力环境的重要因素，在交流中教师的面部表情对激发学生的情感有特殊的重要作用。

教师的面部是教师内心世界的外部表现,非常丰富。教师与学生的交流,学生首先注意到的是教师的面部表情,同样的教学内容,教师教学时面部表情不一样,学生的内心体验就不一样,所产生的教学效果肯定不同。

对面部语的基本要求,教师要做到和蔼、亲切、热情、开朗,使学生感到真诚和信赖,给学生创设良好的心理环境。教师的面部语是为教学内容服务的,随着教学内容的变化,教师的面部表情也跟着变化,同时也随着学生的思想感情、思维共振的变化而变化。

特别值得提及的是微笑的运用,微笑是一个人乐观自信、积极向上的心理反应,教师在课堂运用微笑的面部表情,同样感染学生,使之有乐观自信、积极向上的心态。现在,许多教育家都提出用微笑去征服学生的心灵,学生更欢迎老师用微笑的表情讲课。当学生取得成功时,用微笑给以鞭策鼓励;当学生遇到困难时,用微笑激以战胜困难。优秀的老师,总是用微笑启迪学生的睿智。

许多教师都懂得微笑的意义,即使在十分疲惫或身体不适的情况下,在走进教室时也总是面带微笑,因为他们懂得学生会从老师的微笑里感受到关心、爱护、理解和友谊。同时,教师的情感会激发起学生相应的情感,他们也就会爱老师,又会从爱老师进而延伸到爱上老师的课,欣然接受老师的要求和教育。

所以有人说,教师最多的表情应该是微笑。当和学生交流时,微笑是一种气氛;当学生回答问题时,微笑是一种鼓励;当表扬学生时,微笑是一种肯定;当学生认错时,微笑是一种谅解;当学生解决问题时,微笑是一种力量……教师脸上的微笑有多少,学生心中的阳光就有多少。微笑最能给学生创造出轻松、愉快的学习氛围,课堂教学中,教师要努力变"威严"为"微笑",把微笑作为一种现代教学智慧潜入每天的课堂教学之中,使微笑成为教师和蔼的体现、亲切的象征,使微笑成为师生交流的和谐方式,使教学在"微笑"中前行,努力让阴冷威严的教育变为多彩灿烂的阳光教育,使学生在和谐的课堂中收获知识、提高能力的同时收获"微笑"、收获"快乐"。

(三)眼神的变化

眼睛是心灵的窗户,眼睛是人身上的焦点。黑格尔说:"如果我们看到一个人,首先就看他的眼睛,就可以找出了解他的全部表现的根据来。"心理学家也认为,眼睛可以表达无声的语言,眼神里丰富的词汇,往往比有声语言更有感染力。《诗经》里"巧笑倩兮,美目盼兮"和"相看不得语,密意眼中来"(南朝·陈·徐陵诗),是说用眉毛和眼睛的变化来传达某种微妙的意思。

人的瞳孔是不能自行控制的,在亮度不变的情况下,瞳孔的放大和收缩则

第三章 教态变化技能

表示一个人的态度或心情。如果一个人在感到兴奋时，他的瞳孔会扩张到比平时大四倍并显得闪烁发光。相反，在生气或情绪低沉时，人的瞳孔会收缩到很小。所以，在进行感情交流时，只要注视对方的眼睛，彼此的沟通就会建立起来。

在谈话时注视的时间长短很重要，注视的位置也同样重要。你若一直注视着对方前额上的三角区（两眼和额中间所形成的三角区域），就会造成一种严肃的气氛。你若注视对方两眼与下颌稍下部位所组成的三角区，则是一种亲密的注视。

在对书本、图表、幻灯、投影等进行说明时，能够控制对方的眼神是非常重要的。此时，教师的讲话内容不但要与媒体教具有关，而且必须用笔、教鞭等进行指示，边指边念出所指示部位的名称。如果你要把学生的目光转移到你的身上，只需把笔或教鞭等移到你和对方眼睛相互连接的直线上，能有效地使他们把目光集中到你的身上，这样，学生在看你也在专心听你讲话，信息的吸收量增大。

总之，老师的眉目语，应是以前视为主，统摄全班学生，要目中有人，使每个学生都能感到老师在关注自己。该眉飞色舞的时候就不要紧锁眉头，该热情奔放的时候就要眉眼舒张。教师要以眼传神，把喜怒哀乐、褒贬扬抑等不同感情色彩，用眉目语表现出来。

（四）适宜的停顿

停顿也是一种语言，是引起注意的一种有效方法。在讲述一个重要事实之前作一个短暂的停顿，能够有效地引起学生的注意。同样的，句子中间突然插入停顿，也会起到同样的作用。三秒钟的停顿足以引起学生的注意，二十秒钟的沉默对人是一种折磨，更长时间的沉默简直会使人难以忍受。

一个新教师往往会害怕停顿和沉默，每当出现这种情形时，他们就赶紧用附加的问题或陈述填补。而一个有经验的教师在提出一个问题后，总是停顿一会儿让学生思考，做好回答的准备。当学生回答完问题之后再次停顿，给学生进一步思考的时间，促使问题回答得更全面。另外，在对一个概念分析、综合之后，或对一个问题演绎、推理之后，也要有一个适当的停顿，以使学生回味、咀嚼、消化、巩固所学的知识。一节课中恰当地停顿会使人感到有节奏感，不停顿地讲述45分钟，不给学生留下思考的余地是不可取的。

（五）声音的变化

一个平缓、单调无味的声音，会使课堂变得死气沉沉。声音的音质、音调和讲话速度的变化，以及富有表情的语言，会使教学变得很有生气。声音的变

化可以是由低到高,也可以是由高到低,一个有技能的、训练有素的教师能直觉地运用这一方法。比如,一位教师在讲了一段有趣的故事之后,引起学生的笑声和议论声,这时他开始把声音变弱,形成安静低沉的声调时,学生便会更加专心去听。而一个没有经验的缺乏训练的教师往往不会使用这一方法,当课堂变得喧闹嘈杂时,一味简单地去增加刺激的显著变化,不停地大声喊叫:"别讲话了!""闭上你们的嘴!"等。这种方法虽然有时暂时有效(也可能无效),但却影响了教师在学生心目中的威信,难免使学生产生轻视教师的想法。

讲话速度的变化也是引起注意的一个因素。当你从一种讲话速度变到另一种讲话速度时,即使有人已经分散了注意,也会重新将注意转移到你所讲的话题上来。

第二节 教态变化技能的设计

有效地调控学生,维持好课堂纪律,是成功完成教学任务的首要条件。在这方面教态大有用武之地。教师在课堂上面对着几十个活生生的人,在准确、流畅、生动地表达讲授内容的同时,还要抓住每个学生的注意力,避免他们分神。那么就要设法同每个学生建立联系,使每个学生都感到教师在同他们直接对话。比如教师在讲课时,用亲切和蔼的目光捕捉每个学生的视线,有计划地不放过任何一个人,使每个学生感到教师在关注着自己,这样不仅可以调动学生学习的积极性,而且无形中起到了控制课堂秩序的作用。

一、眼神变化

眼睛是心灵的窗户。在课堂教学中,师生之间通常都是以目光接触来表达各种思想和感情的。由此可见,运用"目光语言"是提高课堂教学效果的一个重要方面。

(一)积极的眼神变化

在课堂教学中,教师的眼神应做到以下两点:

1. 注视学生

注视学生是传达教学信息、建立双向交流、缩短心理距离、增强讲解效果的需要。注视学生也是教师的一种坦然、自信和投入的表现;相反,如果过多地盯着讲稿,会给学生造成一种羞涩、拘谨、缺乏自信或准备不足的感觉;如果两眼不时向窗外瞟去,则会给学生造成一种"身在曹营心在汉"的感觉。当然,

第三章 教态变化技能

注视学生也不是要求教师一味盯着学生看。除了要对某个学生发出指示性信息，或观察学生的反应外，过多地盯着学生看，会使学生觉得"意味深长"，感到不自在或紧张。

2. 炯炯有神

教师的目光应该炯炯有神，充满活力，给学生一种朝气蓬勃的感觉。如果学生看到教师双目无神、无精打采，就会感到扫兴，打不起精神来。另外，炯炯有神是要求教师能用眼睛"说"出内心的思想和情感，增强教学感染力。

3. 控制学生

例如，上课铃声一响，学生便向教室鱼贯而入，此时教室里嬉闹谈笑声还会此起彼伏。教师走上讲台若以严肃的目光扫视全班，或紧盯调皮的学生，教室就会立即安静下来，学生马上会把注意力转移到学习上来。再譬如，教师让学生回答问题时，若给予信任的目光，学生便会信心百倍；学生紧张时，教师若给予鼓励的目光，学生便会勇气倍增；学生回答问题成功时，教师若投之以赞许的目光，学生会因尝到成功的喜悦而幸福万分。

（二）避免消极的眼神

1. 教师讲课时不能老耷拉着眼皮，目光呆滞，以免感染学生的情绪，使他们提不起精神，昏昏欲睡。

2. 教师讲课时不能长时间盯住某一名同学，以免使被注视对象心慌意乱，不知所措。

3. 教师讲课时不能东张西望或目视天花板、地板，使学生以为教师心绪不宁，分散他们听课的注意力。

4. 教师讲课时不能一直盯着教科书或教案，无暇顾及学生。师生缺乏交流，会使学生感觉教师在自言自语，而对教师所讲内容兴趣骤减，进而借机开小差，或使课堂纪律混乱。

5. 教师不能用怀疑的目光看学生回答问题。这样不仅使学生的心理紧张，而且会对自己回答的内容失去信心，磕磕巴巴、张口结舌。教师在学生回答错误时，不能投以烦躁、轻蔑的目光，让学生感到难堪，刺伤他们的自尊心。这会让学生感觉老师让他们回答问题，不是为了提高他们的学习成绩，而是有意整治他们，便会对教师的提问产生对立心理，以后不愿回答老师的提问。

6. 课堂上当学生对某些问题提出新颖的解题思路或巧妙的运算方法时，不能给予冷漠和不屑一顾的目光，这样不仅打消了学生的上进心，更不利于学生创新精神和求异思维的培养。

7. 课堂上学生讨论问题出现分歧时，既不能对同教师意见一致的同学投以袒护的目光,更不能对持不同意见的同学投以压制的目光,这样不仅不利于老师民主形象的树立,更不利于学生发散思维和大胆质疑能力的培养。

8. 对违犯纪律的同学,老师不能投以敌意和厌恶的目光,这样会使学生产生逆反心理,加大了说服教育的难度和阻力。

9. 不能总是注意学习好的同学,而使学习一般和较差的同学产生冷落感,这样不仅会打击这部分同学学习的积极性,而且会使他们与教师产生情感隔阂。

二、表情变化

表情是心灵的屏幕。它把师生双方复杂的内心活动像镜子一样地反映出来。教师在教学中的表情大致可以分为两类:一是常规性表情,二是变化性表情。前一类要求教师做到和蔼、亲切、热情、开朗、面带微笑。教师的微笑能使学生产生良好的心理态势,创造和谐的学习气氛,对学生不仅是一种鼓舞,还是一种督促,促使教学活动顺利进行。变化性表情是指随教学内容而产生的喜、怒、哀、乐,随教学情境与学生发生的感情共鸣。这种表情可以使课堂效果丰富生动而充满活力和吸引力。教师的表情变化要适度,不能过分夸张,以避哗众取宠之嫌。教师的笑容应是含笑、微笑、轻声笑,不能捧腹大笑、嘻嘻哈哈或嘿嘿冷笑,教师更不能板着面孔毫无生气地讲课。从心理健康的观点来考虑,教师应把学生从惧怕权威、缺乏自信中解放出来,鼓励学生表达自己的思想;教师要创造一种谅解和宽容的气氛,不仅允许而且鼓励学生自我提高、自我表现,以利于培养创造性。

面部表情中最明显的就是"笑容",它可以增进人与人之间的和谐,且有鼓励、支持的效果,老师带着笑容和颜悦色地上课,也能带动学生快乐的情绪,达到良好的学习效果。

面部表情是学生接收到的老师的最直接的肢体语言,只要老师一个表情不对,学生就知道可能大事不妙了。在教室中,教师脸部表情能传达热诚、欣赏等信息,可给予学生积极的教学信号,以增进正向行为;相反的,面部表情也能显露老师的厌恶、烦恼或放弃的信息,促使学生做出不良的行为。应用表情变化要注意以下几个问题:

(一)克服无表情的教学

一个人在任何时候、任何场合总会有其情绪情感的特定状态,因此不可能无表情。通常意义上的无表情是指:从一个人的脸上看不到(反应不出)内部心理上的情绪情感的变化。

第三章 教态变化技能

在这种情况下,教师走进教室,在表情上往往是严肃认真有余,亲切自然不足。它可能是出于教师的一种个性心理特点,也可能是因教师一时紧张而表现出来的努力压抑喜怒哀乐的一种心理状态,以应付可能产生的外界伤害;更多的教师也许是为维持正常的教学秩序,而刻意追求的表情上的威慑力。然而不管是出于何种原因,无表情教学的直接后果是:使课堂上师生之间的心理距离保持在(或退到)一定的范围以外,给学生一种拒绝感、疏远感,不利于师生之间心理关系上的相互吸引。

(二)教师丰富的表情有时会阻碍学生顺畅地表达

与无表情教学相反的是,教师富有表情变化的教学。不少人会认为教师在课堂上要有丰富的表情,其实有时过于丰富的表情却会适得其反。例如,教师上课时情绪变化快,动则发怒,学生就不仅会感到恐惧,而且会感到厌恶。

新疆的张光海老师曾经作过一个问卷调查,调查结果显示:学生回答问题时心里会很紧张,因为他们怕说错了老师不满意,所以回答问题时会密切关注老师的表情,一旦看到老师稍有不对劲就赶紧改变答案,甚至与原来回答的内容截然相反;如果老师的表情是微笑,就说明自己的回答是正确的,他们才愿意继续说下去;如果老师由微笑到面无表情再到微怒,那自己的回答就是错误的,学生的叙述就会吞吞吐吐了。可见教师表情越丰富,学生心理就越紧张,心理越紧张表达就越不顺畅。

其实,此时丰富的表情也是教师紧张的表现,是担心学生回答不好,是担心学生的回答"出奇"、"出格",特别是有人听课时,"万一学生回答问题越出雷池半步,怎么办?"这些担心都通过面部表情反映出来。

法国启蒙思想家卢梭说过:"我虽然不同意你说的每一个字,但我誓死捍卫你说话的权利。"如果把这个权力运用到生物课堂教学上,就是要让学生表达时不要给他们那么丰富的表情,不要打断学生的表达。学生回答问题、表达观点既是跟教师交流,更是跟同学交流,跟同学交流是共同进步、成长的一种重要形式。教师在课堂上应该尽力做到让学生顺畅地表达,即所谓"畅所欲言"。保证让学生回答问题时、表达观点时畅所欲言,出新、出奇、出彩。

(三)教师单一的表情——微笑有时可以帮助学生表达更顺畅

学生们最欢迎的是教师的微笑教学。教师微笑上课,学生学得轻松、学生愉快有味,他们的思维处于活跃、兴奋状态,这样就听得进、记得牢,课堂充满了欢乐与生机,学生有一种沐春风、淋甘露的感受。教师带着微笑走进教室,给学生的第一印象就是亲切、自然、有人情味,许多学生往往就是这样喜欢上了该教师所教的这门学科。

105

在生物课堂教学过程中,学生经常不能真实地回答老师提问,这时教师怎样鼓励学生真实地回答问题呢?除了善于倾听,教师必须用单一的表情——微笑,去鼓励学生。千万不要打断学生的发言,让他说完,充分发表意见。即使学生观点出现错误或回答得不够完整,教师也要始终如一地微笑着,不要轻易下结论,因为还有更多学生等着发表自己的意见,或许你的结论正是下一个发言同学的结论。学生从同学的发言中已经可以判断出是非曲直,可以判断出哪个学生表达得更好,问题的结论会随着更多学生的表达而逐渐清楚的。

微笑是给学生传递信心的唯一信息,教师要充分相信学生的能力。教师首先给学生作认真倾听别人意见的榜样,教会学生用同样的方法对待同学的发言。让我们的学生养成认真倾听别人意见的好习惯,在将来学生表达个人观点的时候,就会逐渐地很有条理性和逻辑性,表达就会更加顺畅。

可见,教师表情丰富,影响学生表达;教师表情单一,学生就敢表达。教师应该以身作则,坚持在学生表达的时候总是以微笑的表情让学生充分表达。学生耳濡目染也学会正确对待同学的意见,才有可能在生物课堂上看到学生创新思维的出现,才可以培养创新的意识和创新的能力。

(四)表情变化运用的一般要求

1. 准确而不夸张

教师要让自己的内心活动与外在表情相一致,可以丰富些但不可过于夸张。力求做到嬉笑而不失态,哀痛而不失声,激动而不失分寸,活泼而不失严谨。面部表情的变化既要符合教学内容的要求,又要与教育的意图吻合。教师要避免言行不一,"愤怒显喜色,哀痛露笑容"会导致学生惊疑不安,无所适从。要避免这种情况,教师必须深入体会教学内容,真正进入角色。

2. 自然而不造作

教师的表情要讲究自然、协调而不要造作。和谐面部表情的作用是增强语言的表达效果,而矫揉造作只能引起学生的反感。保持日常生活中的自然性,而不必追求演员式的表情。教师只有运用真实的表情,才能赢得学生的充分信任。

3. 适度而不过分

教师的表情变化不可过分、过频,要恰如其分、恰到好处。假如某个学生在课堂上有错误行为,教师可以表示出不高兴、不满意,但不能横眉怒目、暴跳如雷、高声呵斥,否则,全班学生都会扫兴。

4. 温和而不冷峻

教师课堂上表情温和、平易、亲切时,师生之间心理距离就会缩短,学生思

维就会活跃,接受信息速度就快。反之,如果教师面孔冷漠,则会使学生产生惧怕心理而妨碍师生的感情交流,阻塞学生的思维,给学生心理和学习带来不良影响。所以教师表情要亲切、温和而不是冷峻,这样由师生间的角色差异给学生造成的心理压力就会减少,甚至消失,学生情绪才能放松,心情才会愉快。

5. 自信而不轻狂

教师泰然自若、坚定从容的面部表情不仅可以体现教师的良好自信品质,也是一种吸引学生,感召学生的神奇武器。但是要注意把握分寸,切忌走极端。既不能由于过分谦卑而唯唯诺诺,更不能夜郎自大目无一切。因为这样除了拉大师生间的情感距离之外别无它益。

6. 保持微笑

人的感情丰富多彩,笑也气象万千,不同的笑代表不同的意义。教师应学会用不同的笑去表达不同的心理。当教师笑容满面地走上讲台,环视四周,学生就会受到这种笑意的感染,心情很快安定下来。如果教师每堂课都能用笑开头,用笑结尾,那么一定会给学生留下美好的印象。当一位教师新到一个班上课时,可以适当地讲一些学生喜闻乐见的笑话、故事等,设法使自己能和学生笑在一起,这样能调节、渲染气氛,有助于消除学生的戒备心理和紧张情绪。当学生相视而笑,等待教师回答问题,而教师又不想回答时,可采取笑而不答的态度,启发学生自己回答问题。当教学内容难度过大,学生转入忧郁情绪时,教师丝毫的笑意都会产生不协调的气氛而影响教学效果。

三、手势变化

在实际教学中,手势是教师运用最广泛、最频繁而又最难把握的体态语了。在教学中教师所用的手势不仅可以辅助语言的陈述说明,强调语言的表达重点,而且可以增强语言的形象性和感染力。当然不是所有的手势都可以产生这样的效果,打手势必须注意规范。一般容易出现的问题有:动作生硬,与教学内容和教学情境相脱离;动作粗俗,过于随便,不够雅观,多余而又难看的习惯手势,如双手不停地搓来搓去,频繁地理头发、掏鼻孔、跷大拇指、用食指指向学生;动作零乱,既无条理,又无明确的意义,相互配合和使用缺乏目的性,以为多多益善,结果只能是杂乱无章、适得其反;过于呆板,该用不用,动作寡少,手势拘谨,其教学效果自然不佳。

一般来说,教师的手势交流技巧在运用过程中应当注意以下几个方面:

(一)雅观自然

教师在教学中手势的姿势动作不同于戏剧舞台,不是特意设计排练出来

的,而是在教学中自然流露出来的,是教学艺术的重要组成部分。课堂教学中的手势是一种艺术化的形体动作。要自然得体、落落大方、动作优雅。不可装模作样,拿姿作态,如男教师"兰花指"用在课堂上。过于造作和花哨会使学生感到轻浮和厌烦,但也不可过于拘束死扳,扭扭捏捏,而使学生感到压抑和滑稽。另外,那些不雅观、不文明的习惯性手势动作必须坚决摒弃。如:搔头屑、理头发、擦鼻涕等。

（二）保持协调

1. 手势要与身体姿势、眼神、表情等协调一致

手是人体器官之一,而人体运动具有整体连贯性,手的运作姿态必然牵动人体其他部位。如果手势语与其他体态信号不一致甚至相互矛盾,会给学生造成错误的理解。如果一个教师用手示意右边一位同学起来回答问题,而身体和面部却朝着左边,用眼睛注视左边一位同学,岂不叫人疑惑?

2. 手势要与口头语言、态度、情感协调一致

打手势的目的是为了配合教学内容的讲授,所以手势和语言必须步调一致,相辅相成,在运用时机上要与口头语言和表达的内容配合一致,防止脱节。如畅谈理想、展望未来、讴歌光明和鞭挞黑暗时,手势就具有象征性、情感性,动作幅度和力度应强烈些;而在阐述、分析比较和说明道理时,动作则应柔缓舒展、流畅自然,幅度和力度不宜过大。讲关键字句时应迅速有力而不是平铺直叙,归纳总结时应慢慢收拢而不是随意乱挥。绝对避免出现口中讲的是一套,手势打的是另一套,因为这样容易导致学生的思维一片紊乱。

3. 手势不可"少"、"多"、"奇"

课堂教师的手势既不能太少,更不能太多,太奇。太少则木讷死板,缺少生气和感染力;太多则琐碎缭乱、显得心烦意乱;太奇则又喧宾夺主,分散学生的注意力。力求做到应动则动,该静必静。

（三）因人制宜

一个教师究竟采用哪些手势最为合适,还要考虑自身的条件。如男教师手势刚劲有力,外向动作较多,手势幅度较大;女教师手势柔和、细腻、舒缓,手心向内的动作较多,手势幅度较小。就年龄而论,老年教师以手势幅度较小、精细入微、稳健庄重为宜;中青年教师以手势幅度大,轻快活泼为好。以身材来讲,矮胖者可以多做些高举过肩的手势,使学生的视感拔高一些,而瘦高者如果也经常伸手过头顶就会给人一种"电线杆"的感觉,不如多做些平直横向的动作,以保持整个人体形象的平衡。

四、体态变化

（一）得体大方的服饰

服饰是一种"语言"，一种文化语言。传播学家认为，一个人可以用四种不同的方式表达自己的意思，分别是服饰、语言、表情、姿势，而服饰是其中最为含蓄的一种。服饰表达不落言诠、不着痕迹，即无时无刻不在进行着无声的发言。

服饰包括服装、鞋帽、发型、化妆、饰物、随身携带物品等等。服饰有三项功能：舒适、保护遮羞与文化展示。在现代社会中，尽管服饰仍具有前两个功能，但它作为文化标志的作用却越来越大。一个人的外貌是一个整体，它是由人体特征、情绪状态和服饰共同构成的。但是当观察一个人的时候，有 80% 到 90% 的注意力集中于他的服饰，因此，一个人的服饰是否得体可以给别人留下不同的印象。一般来说，穿着得体会给人留下良好的印象，而衣着邋遢则易遭受冷落和疏远。同时，一个人的服饰应象征身份、地位，或表明职业。

作为"学为人师，行为示范"的教师在服饰方面的要求要比一般人严格些，特别是在课堂上的服饰是特别需要重视的，这是各种文化所共同的。因为"教师是人类灵魂的工程师，承担着教书育人，为人师表的职责。一位教师的音容笑貌、举手投足、衣着发式无形中都可能成为学生学习的楷模"。服饰状态是教师文化素养和精神面貌的反映，它不仅反映教师的外表，而且还可以交流思想、增进情感和传达信息。一般而言，教师的课堂服饰要：整齐、清洁、庄重、大方。如果一位教师衣着不整，又不修边幅，学生就会对这位教师产生一种自由散漫、事业心不强的印象。虽然外表与心灵并不是完全统一的，但教师要为人师表，就必须注意自身的一举一动，以免给学生的身心发展带来不必要的负面影响。

1. 着装要与自我协调

也就是衣着要得体。我们每一个人都是自然人，同时也是社会人。自我包括生理自我、心理自我和社会自我。要想穿着得体，必须对自身特点有一个全面的了解和正确的认识。生理自我指个人的躯体，同服饰密切相关的有脸型、体型、肤色、肤质等，很多服装杂志都对此有详细介绍。心理自我指个人的心理品质，包括兴趣、能力、性格、理想等。服饰可以显示人的心理，同时也能掩饰人的心理，使他人作出错误的判断。一般来说，服装整齐者办事认真；穿戴简朴者勤俭；陈旧、单调者保守；好赶时髦者缺乏自信；色彩鲜艳者活泼；全身灰暗者冷静等等。社会自我指个人所扮演的社会角色及其同他人的关系，每个人的社会角色规定了他应该具有的心理和行为,规定了他的服饰。每个人的服饰应该同他的社会角色相吻合,恰如其分的穿着可以帮助他在事业上获得成功。当一个人的身份、地位改变时,服饰也应做出相应变化。同样是教学活动,幼儿园老师的服饰搭配肯定与中学老师的不同。

一般来说至少要求教师着装做到:不别扭,不浓妆,不穿奇装异服,不打扮妖艳,这样一来有损教师形象,二来会分散学生的课堂注意力,影响课堂教学内容的吸收和消化。刺鼻的香水等化妆品在课堂上与教学气氛很不协调;尖底高跟鞋与地面的摩擦声也容易分散学生的注意力;身体胖的教师不宜穿紧身衣,身体瘦的教师也不宜穿过于宽松的衣服。教师在课堂上是学生注意的中心,如果教师穿着不得体,势必给学生造成一种别扭的感觉,这种感觉也必将影响到听课的情绪。所以,教师的服饰搭配要严谨、适度,以不分散学生的注意力为目的。通过服饰彰显个人身份、气质特点,更好地提高教学的效果和教师自己的威信。

2. 课前应适当整理衣容

有的教师比较随便,不注意自己的仪表,常常会出现系错扣子、衣领未翻、戴歪帽子、头发或是脸上多了点什么等闹笑话的问题。如果学生能及时指出来,教师及时改正,便也罢了。由于一些教师比较严肃,学生不敢当面指出来,只好不停地偷笑,课堂上学生的注意力就转移到教师的饰态或奇异点上。如果教师在课前养成良好的整理衣容的习惯,就会避免这些意想不到的现象或笑话产生。所以,与课堂教学不协调的因素,教师都应尽量避免,以免分散学生的注意力,影响听课情绪和效果。

(二)恰如其分的姿态

人们常说:情动于中而形于外。一个人的思想感情往往有意无意地通过外部的姿态流露出来。同样的道理,根据教师站或坐的姿势、手势和动作,学生可以推断出教师对这堂课大概的态度、情感和兴趣,从而主动地配合教师搞好课堂教学工作。在调查中发现,74%的学生希望教师站在讲台上讲课,因为教师来回的走动会无意识地增加他们心理上的压力。87%的学生希望教师提问时距离他们远一些,这是因为他们能够较"安全"地思考问题。从心理学的角度看,这种现象就是人体学中"个人空间"产生的效应。还有88%的学生要求教师在上课时注意姿势和手势表达的准确度和合理性,避免不良的习惯性动作给学生留下不好的印象。由此可见,教师课堂上的姿态对课堂教学效果会产生不可低估的影响。

第三章 教态变化技能

1. 取开放式姿势

这是与封闭式姿势相对而言的。开放式姿势站立时须两手、两脚不交叉,身体稍微前倾,这样教师给学生的感觉是坦诚可信的,表明他在乐意、热忱、活泼、不拘谨地给学生上课,并愿意接受学生的提问和帮助学生解决疑难问题。如果取封闭式姿势,即站立时两手交叉,则表明教师对学生持怀疑、审视、冷漠、轻慢、保守的态度,显然是不可取的。

2. 要适当地走动

一般来说,教师的走动以围绕讲台为宜。走动幅度过大,会使学生过多注意教师的走动情况,分散听课的注意力。当然在与学生讨论问题、阅读课文或考察测验时,可走下讲台观察学生的情况。走动时须稳健、庄重,避免身体触碰学生、课桌和文具,更不能碰撞出其他声音。课堂走动有以下几个基本要求:

(1)走动要有控制,不能分散学生的注意力。为了做到这一点,一是控制走动的次数,有些老师整节课都在不停地走,老师没走累,学生的视觉却早已累了;二要控制走动的速度,身体突然地运动或停止都能引起学生的注意,所以在课堂上教师应该是缓慢地、轻轻地走动,而不是快速地、脚步过重地走动;三是走动时姿势要自然大方,不做分散学生注意的动作。

(2)走动或停留的位置要方便教学。当组织学生进行回答练习时,以在讲台周围走动为宜。停留时要离开黑板一点,利于变换在黑板上写字的位置。在学生中间边讲边走动时,不要停留在教室的后端,因为这样对学生来说教师的声音是从后面传来的,对学生听课有一定的心理影响。

(3)教师的走动时间要符合学生的心理。一般来说,学生在做练习、做答试卷的时候,不喜欢教师在他们中间走来走去,更不喜欢老师在自己的身后或身边停下来。因为这时学生的注意力需要高度集中,需要进行紧张的思维活动,而教师的走动会分散他们的注意力,一旦在他们的身边停下来,往往会造成他们情绪紧张,破坏他们的正常思维过程,影响他们脑力劳动的效率;老师也不该走到教室的最后面,因为学生的视觉移光找寻不到教师,学生心理会产生不安的感觉,影响正常的思考和学习。所以一般来说教师最多只走到教室的倒2、3排;在让学生进行小组讨论时,讨论初期,尽量不要随意在小组间走动,以免打扰学生正常思维,可以站在讲台上观望全班,如果发现某个小组有问题,需要对一个小组学生讲话,教师应轻轻向他们走去,然后再回答问题或讲解,以免影响其他学生。

(4)教师的课堂走动要关注每一个学生。教师在学生中间走动进行个别

辅导,解答疑难的时候,要注意关心每一个学生,对所有的学生给予同样的热情。有些老师喜欢"好"学生,每次走到"好"学生位置上时,必定停下来关心一下,而经过"差"生时,"照例"快步走过。结果那些学生就会认为"老师不喜欢我们,老师对我们不寄予希望",影响学习的积极性,也影响教师个人魅力的形成。

3."坐有坐像、站有站样"

在课堂上,教师应注意自己的每一个细小动作,站立时身板挺直,昂首挺胸,显得端庄、伟岸,使学生从心理上感到既庄重又轻松。坐着时,也要身体端正,腰板挺直,给人一种亲切感。避免用一只手支撑着下巴,或趴在讲桌上讲课,这样会显得疲劳而无精神。

4.在学生回答问题时,要保持适当的距离

对于不善于发言或比较胆怯的学生,要恰到好处地点头微笑。尽管点头不都是表示赞同,但这种动作能有效地鼓励和示意学生继续谈下去。如果教师一直不点头、不表态,学生就可能感觉到教师不同意他所说的话或没有兴趣听下去,学生也就没有信心和勇气继续讲下去。

5.不要用手指指着学生

教师在课堂上用手指指着学生会使学生感到教师态度强硬,不尊重他们的人格,容易产生反感的情绪,这样不利于学生对知识的积极吸收。如果让学生站起来或到前边回答问题,教师最好采取掌心向上的邀请姿势来示意。讲课时,教师应避免提裤子、拢头发、捻耳垂、挖鼻子、揉眼睛或提眼镜,以及对着学生打哈欠、伸懒腰等动作,因为这些动作会破坏良好的课堂气氛。

(三)避免不良的体态

在教学过程中,教师如能较好地驾驭自身的身姿语言,有助于对学生施加特定的影响,调整师生间的心理距离,树立良好的形象和威信,进而达到积极有效地开展教学的目标。所以,教师在课堂上要注意克服不良的身体姿态:

不可左摇右晃,心神不宁;

不可前仰后合,漫不经心;

不可总站在一处,拘束呆板;

不可长时间手撑讲台,显得疲惫不堪;

不可趴在课桌上讲课,显得体力不支;

不可把教鞭柱在地上讲课,显得老气横秋;

不可半倚半坐在课桌上讲课,显得随随便便;

不可长时间斜靠在讲桌旁讲课,显得闲散怠慢;

不可手托下巴讲课,显得心不在焉;

不可坐在椅子上转身板书,显得懒散懈怠;

不可总是双手反在背后讲课,显得居高临下;

不可站在讲桌后面,用脚蹬黑板下面的墙壁,会给学生一种缺乏修养的感觉;

不可用脚不停地叩击地面,浑身颤动;

不可两脚重心移动过频;

不可总是背对学生自己板书,会给学生一种自我封闭的感觉。

第三节 教态变化技能的运用

一、运用教态变化技能的方法与技巧

（一）课堂目光分配技巧

1. 正确选择目光投放点:把目光中心放在倒数二、三排的位置,并兼顾其他;

2. 加强目光巡视,消除"教学死角";

3. 用目光给予信号,控制学生分心;

4. 提问和课堂讨论时,对不同的情形采取不同的目光交流方式;

5. 用目光制止学生的嬉笑打闹。

（二）生物学中的手势运用示例[①]

1. 角果和荚果的区别

手势:伸开一只手,掌上放一排种子,种子上放一张纸(大小与手掌差不多),纸上再放一排种子,最后另一只手放在种子上,与原来一只手合在一起,说明角果。对于荚果,只是在一只手掌上放一排种子后,另一只手直接合在一起,这样角果与荚果的最大区别在于角果有隔膜(纸相当于隔膜)。

2. 关于保卫细胞的结构

手势:双手合在一起,掌中央拱起,形成一个开口,开口的大小由双手控制(一边示范),并说明手相当于保卫细胞,中央的开口相当于气孔,它是叶片与外界进行气体交换的"窗口",气孔的开闭,由保卫细胞控制着。

---

① 侯夹莲.手势在生物学教学中的运用.生物学教学,2002,6

3. 人体关节的结构

手势：一手握拳，拳下正对另一只手（离开一定距离）并凹掌，说明拳头相当于关节头，凹掌相当于关节窝，然后双手凹掌垂直相对（有一定距离），说明相当于关节囊，关节囊与关节头、关节窝之间的空隙是关节腔。在这一节里讲到脱臼时，可运用这种手势来说明怎样脱臼，使学生真正理解脱臼这一现象：一手握拳，拳下正对另一只手（同样离开一定距离）并凹掌时，说明这是关节的正常情况；当脱臼时，关节头从关节窝里滑脱出来（边讲边使拳头斜向手掌外），造成脱臼。

4. 神经元的结构及功能

手势：举起一只手，并叉开手指，说明手掌相当于神经元的细胞体，手指相当于神经元的树突，此时多个手指可说明表示多个树突，然而再把四个手指合回，只剩一个手指，说明有的神经元只有一个树突，还有前臂相当于神经元的轴突（附加说明每个神经元只有一个轴突，且有的轴突较长，有的轴突较短）。神经元的功能是：接受刺激，产生兴奋，传导兴奋。比较抽象，不易理解，这既是一个重点和关键，也是一个难点，是要求学生掌握的内容。那么神经元是如何传导兴奋的呢？虽然不需要学生掌握如何传导的过程，但能理清神经元之间的传导，对神经元的功能理解更好，这时可把一只手举起后，另一只手的手指（或手掌）与前一只手的肘部接触，表示了神经元接触的方式（树突—轴突或胞体—轴突接触），兴奋就是通过这种接触方式传导的，因而体现了神经元之间是密切联系的，彼此接触传导兴奋。

5. 动脉、静脉、毛细血管的区别

手势：举起两只手，手指与手指相对，表示毛细血管网，左手（右手）前臂表示动脉血管，右手（左手）前臂表示静脉血管，再说明血流方向由动脉向静脉方向流，这样，学生对这三种血管就能够理解了。

（三）面部表情的控制方法

在课堂教学过程中，教师的面部表情是师生间沟通情感、交流思想、建立联系的有效"媒体"。教师可通过面部表情把某些难以或不宜用语言表达的微妙、复杂、深刻的思想感情准确、精密地表达出来，所以蕴含丰富信息的教师面孔常常是学生最关注的目标。因此，教师应注意控制课堂表情，使之符合课堂教学的要求。

1. 表情来源于内心的自然和真诚

发自内心的表情最能打动别人。前苏联教育家马卡连柯曾这样告诫教师："要善于运用表情……不能单纯地作舞台式的表面的那种表情。要有某种

的传动带,这个传动带应当把你们的完善的人格和表情结合起来。这种表情不是死板的表情,不是机械式的表情,而是我们心灵里所具有的那些变化了的真实反映。"①所以教师的课堂表情应该是内心活动与外在表现的统一。这样才能使学生看到教师表里如一的坦诚自然的真实形象,从而赢得学生的充分信任。不真诚的表情,面部肌肉不协调,给人以做作、矫饰之感,容易失去学生的信任。

2. 既要丰富,更要适度

丰富是指教师的面部表情应该在亲切和蔼这一"基调"下而富于变化。教师要随时把握课堂上出现的不同情况,恰当地运用多种面部表情。如:对积极思考努力学习的学生表示赞美;对扰乱秩序、违反纪律的学生表示生气;对偶发事件和反常情况表示惊讶等等。然而,面部表情的丰富并非人人具备。有的教师课堂上总是笑眯眯的,学生戏称为"笑面虎",而有的教师课堂上总是一幅冷若冰霜、不可冒犯的面孔,学生名其曰"老阴天"。这些单调乏味的面部表情往往会形成"情绪辐射",难以有效地调节课堂气氛,影响了课堂教学效果的提高。表情丰富的同时也要注意表情的适度,适度是指教师脸色、脸形的变化不可过分、过频,要恰如其分,恰到好处,做到嬉笑而不失态,哀痛而不失声。有的教师喜欢运用流于"脸谱化"的表情,这往往会使学生对所表达的信息产生怀疑。

3. 教师面部表情的基调——开朗、温和与微笑

开朗是指教师在学生面前应鲜明地表现自己的情感,似笑非笑的晦涩表情会使学生难以捉摸,产生困惑。这便妨碍了信息的交流。教师在课堂上表情温和、平易、亲切时,师生间的角色差异给学生造成的心理压力就会减少以至消失,并且使学生心理上产生一种轻松愉快的情感,形成积极的情绪和愉悦的心境。这样,不仅打通了师生间的情感通道,学生的思维之门也为之大开,从而形成良好的课堂学习气氛。如果教师面孔长期冷漠、阴冷,或者脾气暴躁、呵斥不断,则会使学生产生惧怕或逆反心理,妨碍师生的情感交流,阻塞学生的思维。

二、运用教态变化技能的基本原则

1. 要充分认识教师的教态变化对学生的教育作用及情感上的激发作用。变化的目的是使教学变得生动活泼,集中学生的注意,引起学习的兴趣,促使

---

① 《马卡连柯文集》第五卷,人民教育出版社,1956年版,第269页。

他们的学习。

2.教态变化的运用必须明白、准确,只有使学生理解此类行为变化才能发挥更大的作用。

3.教态变化的运用要繁简适度,过繁会弄得人眼花缭乱,过简会显得呆板。

4.教态变化的运用要恰当掌握分寸,不宜夸张。教师在课堂上教学不同于戏剧表演,动作要适度、协调、自然,否则会造成喧宾夺主,影响教学效果。

第四节 教态变化技能评价记录表

课题:　　　　　　　　　　　　　　　　　　　执教:

评价项目	好	中	差	权重
1.课堂走动符合教学需要,快慢适宜,停留得当	□	□	□	0.10
2.面部表情准确、自然、适度、微笑、态度和蔼	□	□	□	0.15
3.服饰和谐,体态端正,自然大方	□	□	□	0.10
4.声音节奏、强弱变化适当,增强语言感情	□	□	□	0.15
5.手势、动作变化自然协调、得体	□	□	□	0.15
6.眉目积极有神,面向全体学生	□	□	□	0.10
7.适当利用停顿,引起学生注意	□	□	□	0.10
8.教态变化能引起注意,有导向性	□	□	□	0.15

对整段微格教学片断的评价:

思考与练习

1.教态变化技能有哪几种类型?

2.教师的微笑有什么意义?如何在课堂上保持微笑?

3.什么叫积极的眼神变化,如何避免消极的眼神?

4.教师位置移动变化的目的是什么?使用时应注意什么?

5.表情变化运用的一般要求是什么?

6.手势交流技巧在运用过程中应当注意哪几个方面?

第三章 教态变化技能

7. 观看优秀教师的课堂教学录像,注意他们的教态变化。

8. 教学中我们经常用手势来协同表达生物学信息,你可以创造这方面的一些手势吗?

9. 小组活动——体态语言。

目的:使同学了解非语言的情感交流在生活学习中的作用,学习怎样通过体态变化表达自己的情绪体验。

步骤:

(1)由部分同学表演高兴、愤怒、悲哀、害羞等状态下的面部表情及动作。

(2)要每个同学说出观看后的想法,然后找一位同学猜可能是由什么原因引起的,其他同学补充。

(3)教师提出在课堂教学中,哪些因素能引起教师的情感变化,由同学讨论。

(4)教师拿出几张卡片,上面写着几种情绪,如满意、不满意、赞扬、失望、高兴、惊讶、陶醉、鼓励、惊喜等。然后请每个同学按卡片上的内容将它们表达出来,只许用非语言方式表达,不许说一个字。其他同学在他们表演时猜测是什么情绪。

(5)说说这些情绪表达在课堂上如何使用的。

第四章 教学语言技能

第一节 教学语言技能概述

一、什么是教学语言技能

关于教学语言，我国古代教育史上就有过精辟的论述。《学记》中说："善歌者，使人继其声。善教者，使人继其志。其言也，约而达，激而臧，罕譬而喻，可谓继志矣。"孟子也曾说："言近而指远者，善言也；守约而施博者，善道也。"（《孟子·尽心下》）。可见语言是交流思想的工具，在教育教学中则是教学信息的载体，是教师圆满完成教学任务的行为方式，对于教师职业来说尤为重要。教学语言是打开知识宝库的钥匙，是接通师生心灵的桥梁，是教师完成历史使命、履行神圣职责的重要条件和基本手段。课堂既有空间的确定性，又有时间和对象的确定性，它要求教师的语言要稳定清晰，在整个课堂的语言活动中，始终能积极、轻松、有序地表达，能"声声入耳，句句达心"。教师的教学口语要紧紧地围绕课程教学内容展开，不旁驰侧骛，不拖沓累赘。因此，教师的语言修养直接决定着教学效果和教育质量，直接影响到教学结果的成败。

苏霍姆林斯基在谈到教师的素养时指出："教师的语言修养，在很大程度上决定着学生在课堂上的脑力劳动的效率。"优秀的教学语言的魅力就在于它能够在教学过程中化深奥为浅显，化抽象为具体，化平淡为神奇，从而激发起学生学习的兴趣，引起学生的注意力和求知欲。有些教育学家认为，教师的教学语言应该融播音员的清晰、相声大师的幽默、评书演员的流利、故事大王的激情于一体。当然，这是教学语言的理想境界，不可能要求每一个教师都达到，但肯定是每一个热爱教育事业的教师终生所追求的境界。尽管随着科技的进步，科技媒体语言愈来愈显重要，但是课堂教学有声语言具有的情感特质仍然是无法被替代的。

教学语言最基本的要求就是要做到准确,语言表达的思想内容准确地反映教学内容,教师依据课程标准和教材要求,科学地组织教学语言活动,向学生传授知识,沟通情感,教师用语的语法、修辞、逻辑都必须经过推敲、斟酌而定。教师在课堂中正确、清晰地传递教学信息,是教学语言的基本功能。对于激发学生的生物学兴趣以及创造性思维、逻辑性思维能力的培养具有重要的作用。由此可见,课堂教学语言不仅要求科学性,还要求学科性;不仅要求明确性,还要求启发性;甚至不仅要求语言本身的教育性,还要求言行一致性等等。

二、教学语言技能的作用

教学语言技能结合其他教学技能所能实现的教学功能是广泛的。在这里我们仅就教学语言的最基本特征谈其功能。

1. 传递生物知识信息

语言是信息的载体。通过教学语言引导学生观察所研究的对象或现象最本质的方面,科学地、清楚地、有效地传递生物学知识的信息。教学中大量活动需要通过语言的表达和交流来实现,教师使用规范的、准确的教学语言,才能使学生扎实地掌握基础知识。教学语言水平与教学效果是直接相关的。有研究表明"学生的知识学习同教师表达的清晰度有显著的相关",教师的讲解如果含糊不清也会直接影响学生学习的成绩。所以准确、清晰地传递知识信息是教学语言的基本功能,也是对教学语言训练的基本要求。

2. 组织课堂教学

使用恰如其分的语言可以明确学生思维的指向,集中学生注意力。用鼓励性的语言可以激发学生求知欲望,调动学习积极性;用激发强化的语言可以引起学生学习的兴趣,稳定课堂纪律;用发自肺腑的教学语言可以实现师生的情感交流。总之,通过丰富的语言表达可以恰当而有效地组织课堂教学。

教师可以利用语言的轻重缓急或者布置问题来引起学生注意。例如:当有的学生注意不够集中时,教师就说:"我看见张三同学精神特别集中,眼睛一直看着老师,他一定能把功课学好。"或者说:"老师这有一道难题,比一比看谁能做得又对又快。"这些语言都可以有效地组织学生学习。

3. 激发学习生物学兴趣

学习兴趣是推动学生主动和愉快地探求知识的巨大动力,是发明创造的源泉。教师可以巧妙地利用语言,促进学生情感迁移,培养学生热爱生物学的情感。教师要善于锤炼教学语言,富有趣味性、幽默性、艺术性的教学语言是激发学生学习兴趣的重要方面,生动活泼的教学语言,往往能激起学生的学习热情。

4. 发挥语言表达的示范带头作用

中学教育是学生成才发展的阶段,学习基础知识、基本技能,发展学生的思维,培养学生语言表达的能力。要教会学生用规范准确的语言表达自己的思想,用完整简练的生物学术语说明概念,解释原理。教师的教学语言对于中学生是最具体而直观的示范,对培养学生的语言能力起着重要的作用。全国生物学高考2005年关于"牛的有角和无角"遗传推理题以及2006年关于"光合作用和呼吸作用"的分析判断实验设计题,考查的其中一个能力就是语言表达。两题的得分率都十分低,考后分析认为其中不能准确语言表达是一重要原因。

教师语言的逻辑性,直接影响学生思维的逻辑性和语言表达的条理性。很难想象一个语言条理不清、啰啰嗦嗦的教师,能培养出语言流畅,表达层次分明,条理清楚的学生。

具有较高教学语言技能水平的教师,在教学中能对学生产生潜移默化的影响,使学生从自觉或不自觉地模仿教师,到自己灵活地表达,逐步提高学生的语言表达能力。因此,教师加强教学语言技能的训练,以提高教学语言的示范性,是十分必要的。

5. 实现情感交流

课堂教学是师生的双边活动,教师在传递知识信息的同时,必然伴随有师生的情感交流。教师的语调、节奏、语气的变化,或舒缓平稳,或慷慨激昂,或清新闲谈,或委婉动人,或欢快昂扬、或庄严郑重……凡此种种,均可有效地表达教师的情感、情绪,影响着师生间的情感交流。在此基础上形成的师生间的心理联系,又反过来影响知识信息交流的效率。

著名教师于漪说:"教师的语言要深于传情。语言不是无情物,情是教育的根。教师的语言更是应该饱含深情。带着感情教,满怀深情说,所教的课、所说的道理就能在学生中引起共鸣,从而心心相印。"

三、教学语言技能的组成要素

(一)语音和吐字

语音是语言的物质材料,是语言的基本结构单位,多种有意义音节信号的组合而构成的语言,才使得内部信息能以声音的形式发出和传递,才能使得表

达信息的符号——语言能以声音的形式发出传递和被感知。在课堂教学中，对语音的基本要求是要规范，即用普通话语音来讲话，讲话含混不清，多数是没有掌握说普通话要领的缘故。

讲话要语音清晰，吐字清楚、坚实、完整。有人形容吐字不清是"嘴里含个热饺子"，含糊不清，还常有尾音不清晰或者被吞掉，有头无尾或有尾无头，都使人听不清楚。造成这种现象的主要原因是发音器官在发相应的字音时不到位。音节是由唇、齿、颚、舌的不同动作产生的。有些所谓"大舌头"的人并非舌头大，而是发不出卷舌音。唇是字音的出口，对控制吐字的质量有明显的影响。比如，发音时唇向前突出，会使字音包在口中，给人以压抑沉闷的感觉，如果适当把唇收拢使唇齿相依，声音就会明朗许多。为使声音集中，还必须加强唇的收撮力，如果唇的收撮力弱，就容易使声音发散，不清晰。因此，唇在控制普通话的吐字发音中具有特殊意义。同时我们要注意，唇、齿、舌在发音中是一个整体，这三者相互协调才能完成准确、清晰发音的任务。只要认识到发音问题能对学生学习造成不良的影响，注意每一个音节的发音部位，有意识地矫正，并且经常练习，是完全可以解决的。在语音清晰，吐字清楚的基础上，再力求音色清脆、悦耳、圆润、流畅。

另外，还应十分注意生物学常用字的准确读音，许多生物学常用字的读音不同于习惯发音，如萎蔫(niān)不能读成萎蔫(yàn)，两栖(qī)动物不能读成两栖(xī)动物，蜕(tuì)皮不能读成蜕(tuō)皮，桡(ráo)骨不能读成桡(náo)骨，臀(tún)部不能读成臀(diàn)部，桧(guì)柏不能读成桧(kuài)柏。生物教师应对易读错的字勤查字典，千万不能想当然，在教学中读错字是不应该的，有损教师形象，降低教师威信，从而影响教学质量。

(二)音量和语速

语音有音高、音强、音长和音色。音量是指语言的音强，它由发声时的能量大小来决定。教学口语必须有合理的音强，才能使学生听得真切、清楚。

音量要适宜。音量过大，教室回音较大，衰减较小，高于65分贝，讲话本身就可能成为噪音，干扰学生思维。音量也不宜过小，低于45分贝就成了微语，学生听得很吃力而且不清楚，无法刺激学生保持注意。一般上课的音量，应在45分贝到65分贝之间，新教师往往习惯于小声说话，初上讲台，应经过一定训练，掌握好音量。一般来说，课堂教学语言的音量可以控制在这样一种程度：使最后一排学生听清楚，又不使第一排学生感到震耳。

教学时，讲话声音的底气要足，就是通过肺部的运动产生足够的发音动力，使声音有足够的底气和动力。少气无力，容易使学生的注意力分散，学习气氛懈怠,缺乏生气和活力。教学时应注意克服语尾弱化、虚化,最后一个字的字音消失,或者说长的句子时不能连贯和完整的毛病。有时,教师故意低声讲述,以调动学生的听觉注意力,但要做到低而不虚,沉而不浊,有内在的声音力度。

音量要有变化。教师在教学过程中,为了适应教学内容发展的需要和师生交流情感变化的需要,就要善于变化音量、音高和音长。音量的变化又称为"控嗓",是教师进行语言调控的常规手段,用以显示教师教学语言的层次感和声音的错落美感。

语言的速度是指讲话的快慢。人们听话的能力有一定的承受量,超负载则听不清楚,教师语速快慢是否科学合理,对教学效果有直接的影响。教学语言是一门专门的工作语言,不应该用日常习惯的语言速度去讲课,而必须受课堂教学自身规律的制约。讲话的速度以平均每分钟多少字为适度呢?中央台播音员的语速为每分钟 350 字左右,中学课堂口语的速度要慢些,以每分钟 180 至 250 字为宜,过快或过慢都会影响学生听课效果。

一般地说,在学生注意力集中、精神饱满时,讲话速度可以快一些,声调可以低一些;学生思维疲劳、注意力分散时,讲话速度可以慢一些、语调可以高一些。

(三)语气和节奏

语气指语句中的声音强弱、虚实的变化,用以表现不同的思想情感。例如,"坐下"一词,用不同的语气可以表示温和亲切、命令、生气、厌烦等不同的情感。前苏联的彼得罗夫斯基在他主编的《普通心理学》中说:"说话者在自己的语言中应当反映出各种不同等级的肯定语气、各种不同的问题形式,甚至是同一个'没有'这个词的发音,可能有不少于 90 种不同的语调,从其中每一种不同的语调中我们的交谈者便获得某种附加信息。"教师应当掌握"不同等级"的语气、语调变化,使传达的教学信息更生动、更丰富,以此表达语言文字之外的附加信息。

语气修饰的训练,应首先明确教学内容和师生交流中有哪些情感需要,分析教学内容中哪些部分需要有疑惑感,哪些部分有郑重感、兴奋感、紧迫感等等,这样才能使语气修饰符合教学内容的情感需要。在师生交流的过程中,尊重学生的人格,形成真诚、相互理解、相互尊重的良好的课堂心理气氛。哗众取宠、自吹自擂的语言情感,有伤学生自尊心的讽刺挖苦、揭短、定论等不尊重的情感,哄骗虚假的语言情感都是教学中所讳忌的。教学语言的形式美只有通过教师个人的思想修养,才能真正体现出来。

教学口语的节奏，指教师在一个相对完整的表述中，其语速的快慢，语音的强弱变化而形成的语流态势，它与教学内容表述的需要以及教师的情感流露密切相关。节奏与语速有联系，但不是一回事。语速是讲话的平均速度，并不意味着讲话中的每个字所占的时间一样长。有的字音长一些，有的字音短一些，句中、句间还有长短不一的停顿。这些由音的长短和停顿的长短所构成的快慢变化，伴随相应的语音强弱、力度的大小和句子长短的有规律变化，就产生了口语的节奏变化。加强口语表达的生动性，能有效地减轻学生听课的疲劳和紧张，提高听课效率。所以，生物教师应注意把握好教学口语的节奏变化，加强口语的动感，使之充满活力。

（四）语调

语调是指讲话时，声音的高低升降、抑扬顿挫的变化。从所表达的内容出发，运用高低变化、自然合度的语调，可以加强口语表达的生动性。

美国耶鲁大学的卡鲁博士经实验发现，用低沉、稳健的语调讲授，比用那种高亢、热情、煽动性的语调，更让学生记得牢。有调查资料表明：教师用高亢型语调讲课的班级，学生容易出现烦躁、厌倦的情绪，作业平均正确率为68%；在语调抑制型教师的班级，学生很快表现出精神冷漠，注意力不集中，作业平均正确率为59.4%；在语调平缓型教师的班级，学生表情平淡迟钝，作业平均正确率为81.1%；而在语调交换型教师的班级，学生精神亢奋，注意力集中，反应灵敏，作业平均正确率达到98%。尽管这种研究还需要进一步的检验和确证，但语调和教学语言技能在教学过程中的重要作用是很明显的。

（五）词汇和语法

教师应具备较丰富的生物词汇量，熟练生物概念、原理中应用到的词汇，并能正确、熟练地运用于课堂教学中。生物课堂教学的词的要求是：规范、准确、丰富。教学中还应注意用词的通俗化、口语化，但通俗化、口语化并不等于庸俗化。

语法是用词造句的规则，是人们在长期的语言实践中形成的。教师口语只有符合这种语法规则，学生才能听懂，违反这些规则就无法进行交流。与语法相关的还有逻辑性，即在组织一段语言时，思路要顺畅，要合乎逻辑规律，合乎语法、合乎逻辑语言才能连贯。

第二节　教学语言的设计

在中学生物课堂教学中,通常是讲授生物学基本概念,介绍学科内容有关的生命现象和规律,启发学生应用所掌握的知识思考、分析有关问题。在教学语言的设计上要强调语言表达的科学性,同时要具有严密性和逻辑性。因为生物学毕竟属于理科范围,教学中承担着培养思维活动能力的重要任务。一节生物课的教学过程大体上可分为:导入新课、讲述新知、课堂提问、本节小结、课堂训练等五个环节。备课时,精心设计好每一段教学语言,使得新课导入新颖、过渡自然、新知讲授重点突出、难点突破,提问富有启发性,小结具有精练性,课堂训练具有针对性。

教师课堂教学语言的设计方法有以下几个方面:

一、导言的设计

导言在教学中起着十分重要的作用,它可以造成学生的"悬念",能使学生明确学习的目的和内容,调动学生学习的积极性和主动性,造成追求答案的渴望心理,最终达到理解教材和掌握教材的目的。如果每一节课,教师都用"上节课我们讲了……这节课我们来学习……"开头,课堂气氛一定很呆滞,不能吸引学生的注意力。假如,教师以一个谜语、一段故事、一句成语、一幅画、标本、模型和实物或是精心设计的问题开头,就能很快地吸引学生注意力。关于导言设计的内容详见第十章导入技能。

二、新知讲授的设计

有人说,生物学的教学实际上就是生物学概念、原理、实验的教学。生物学名词、术语多而且难记,教师在教学中对科学概念的叙述和分析,要简明、透切、并富有条理性。同时要科学、准确地使用生物学名词和术语,恰当地处理好通俗性和科学性的关系。例如酶的概念,应指明来源——活细胞产生的;作用——催化反应进行,加快反应速度;性质——蛋白质(由氨基酸组成,在核糖体合成)。对学科内容和生命现象及规律的描述,要具体、生动和富有启发性。如描述"微生物"时,首先要指出它们是微小的、肉眼看不清的,必须借助放大镜和显微镜才能看清楚的微小生物。然后启发性地问:哪里有微生物呢?(空气、泥土、水,无处不在),进而阐明微生物虽然个体微小,种类却很多,是一个

第四章 教学语言技能

"大家庭"(生动的譬喻),再进一步详细地介绍细菌、放线菌、霉菌和酵母菌的形态结构和分类知识。对于一些相似的、易于混淆的名词、术语,要注意准确地解释和区别,如"脂类"和"类脂"、"肌体"和"机体"、"极体"和"极核"、"胚囊"和"囊胚"、"呼吸作用"和"呼吸运动"、"应激性"和"适应性"等等,把它们混淆了,就会犯科学性的错误。有时,教师适当地联系当地的俗称或习惯叫法来解释某一生物或生命现象,也是未尝不可的,但要处理好通俗性和科学性的关系,在打比方、作比喻时,一定要在课前作缜密细致的考虑,千万不可信口开河,信手拈来。

通过列举数字来讲解生物学基础知识,可以加强教学的直观性,有助于学生对抽象的、概括的知识有具体的理解,从而克服简单的知识罗列。同时这种方法还能激起学生学习生物的浓厚兴趣,提高学习效果。如"血液"教学中,列举有关细胞的数字;在男人1立方毫米的血液里,约有500万个红细胞。一个体重55千克的人,约有血液4 400毫升,红细胞总数可达22万亿个,如果将它们排列起来长达17万千米,约可绕地球4圈,要是把它一个个挨着铺开,其面积可达3 000平方米,相当人体表面积的2 000倍;在"血液循环的动力来自心脏"的教学中,列举以下数字:在安静时,成年人心脏平均每分钟收缩约75次,每次收缩输出血约为70毫升,每分钟输出血约5 250毫升。这样,一个健康人的心脏在24小时内所做的功,可以把32吨重的物体升高约0.33米等等。通过列举这些数字,在保持科学性的基础上做到了生动有趣,化抽象为形象,化静态为动态,化深奥为浅显,化生疏为熟悉。

三、课堂提问的设计

课堂提问是师生之间、生生之间,通过一问一答的形式进行。教师设计的问题要有启发性和针对性,同时要注意题目不要太大,要能促进学生思维活动的开展,应当有一个难度梯度,问题应当紧扣教学内容,不要离题。此外,还要注意有选择地提问学生,根据问题的难易程度和学生的认知水平,有针对性地进行个别提问。关于提问设计的内容详见第六章提问技能。

四、章节小结的设计

小结是教师针对一章或一节教学内容进行知识归类、整理和总结,语言表达要精练、准确,才能起到画龙点睛的作用。由于小结语往往是一些结论性的语言或对某一生命规律的总结,因此教师在做小结前一定要反复思考,精心编写好小结语,只有这样才能保证小结的权威性和准确性。

小结语又称课堂教学结尾语、断课语,指教师讲完一部分内容或课堂结束时所说的话,成功的小结语会留给学生深刻的印象。一堂好课,不仅要有引人入胜的导入和环环相扣的讲授,还要有精致的结尾语。

运用小结语要注意的问题:(1)忌拖沓。结尾语如果小题大做、啰嗦、杂乱,用语不简洁、不明确,必然让学生感到厌烦,影响教学效果。(2)忌仓促。临下课时慌里慌张的讲几句,草率收场,不能起到小结巩固强化的作用。(3)忌平淡。一是结尾语语调平淡,没给学生留下深刻印象;二是结尾语总是一个模式,例如:"好!今天的课就上到这里,下课!"应当根据教学目标与教学语境的需要,变换结尾语,除前面介绍的以外,还有点睛式、引申式、含蓄式、检验式,等等。有的结尾如撞钟,戛然而止;有的结尾含蓄委婉,课虽尽而意无穷。总之,教师应当根据教学目标与教学情境的需要,设计结尾语。成功的结尾语,是教学口语艺术中的精品。

五、过渡语言的设计

过渡语又称课堂衔接语、转换语等。指教学中从一个环节到另一个环节,由一个大问题到另一个大问题之间的过渡用语。巧妙的过渡语可以起到自然勾连、上下贯通、逻辑深化的作用。过渡语也是引路语,提示和引导学生从上一个方面的学习顺利地通向下一个方面的学习。过渡语也是粘连语,它可以把一节课的内容衔接成一个整体,给学生以层次感、系统感。过渡语言贵在自然、恰切、简洁,使整个教学浑然一体,同时注意艺术性和趣味性,让学生的思路能够顺利地由前者转入后者,而不至于感到突兀、费解。

过渡语的设计,有以下几种办法:(1)顺流式:指上一个问题自然为下一个问题做了预备和铺垫。如:"好。我们了解了根从土壤里吸收水分用的是渗透的方式。可是,植物根除了从土壤中吸收水分外,植物生活还需要什么物质呢?"用设问句的方式,引出"矿质代谢"这一命题的讲述。(2)提示式:指出上下环节或问题之间关系的过渡语。如:"好。上面讲的这一切如果都成立的话,那么下面这种说法也能成立吗?"(3)悬念式:运用前面问题推导的结果,制造一种悬念效应,巧妙引出下文的过渡语。如:"同学们听到我讲的这些以后,一定感到很奇怪,真的有那么厉害吗?好。这个问题我们先放在这儿,一会儿就会明白的。下边,我们先搞清这样一个问题……"

六、评价语的设计

教师的评价语应对学生的学习行为具有明确的指导性、启迪性和激励性。

教师的评价语是学生了解自己学习情况的一面镜子,能反映学生学习过程中存在的问题和取得的进步,能衡量学生学习水平的高低,是学生学习的助推器,能激励学生学习,增强自信心。但是教师的评价语是一把双刃剑,评价得好,可以激励学生,评价不好却可能会打击学生的信心和积极性,压抑学生的学习欲望,因此应该正确使用评价语。

课堂中教师常用的评价语方式有:

(一)表扬和鼓励

表扬是对学生能力的认可。学习困难生更需要表扬,因为表扬可以使他们找回自信。不同年龄的学生对表扬的需求不同。随着年龄的增长,学生需要教师更具体地指出他们的长处,并指出努力的方向。教师的表扬用语要尽可能多样化和具体化。我们经常会看到,有些老师在课堂上毫不吝啬表扬的语言,本不为过,可是表扬的次数多了,甚至连学生照着书来念答案,也大力表扬,就会给学生造成一个假相,老师的表扬不值"钱",得来不费气力的东西,学生是不会珍惜的,而且有些学生会把这种表扬看成是对他们水平的低估,甚至误以为是嘲讽。

引用表扬是一种间接的表扬方式。在陈述答案或总结问题时,教师如能引用学生的回答,则比教师直接表扬的效果更好,如:"正像刚才李敏说的一样,植物细胞和动物细胞的主要区别是…"这种表扬方式会使受表扬的学生获得成就感和认可感,从而更加努力地学习。有调查表明,大部分学生比较喜欢教师表扬时采用"引用"策略。

当学生回答不准确或不会回答问题时,教师应适当鼓励和帮助,并给予暗示,切不可冷言相对,说一些挫伤学生自尊心的话语。

(二)批评语

1.批语要客观公正,有针对性,就事论事,不要随便扩张

批评语通常是在事情发生后出现的,教师一定要深入了解事实,调查情况,通过研究分析后对学生的思想行为作出实事求是的评价,给予公正合理的批评。客观公正是教师对学生作出评价的最基本要求。

2.批评语要平等和气,尽可能委婉、含蓄

批评学生时,理智地把握住自己的情绪,不要用训斥、威胁的口气,也不要用斩钉截铁的语气,那种瞪眼睛、拍桌子,大声叫嚷等发怒的表示都是要不得的,会使学生产生对抗的逆反心理,也有损教师的形象。每个学生都有较强的自尊心,教师在批评学生时要用平等和气的态度,讲究委婉含蓄,考虑环境条件、时间、场合,设身处地为接受批评的学生着想,尽量不在全班同学面前点名

批评某某同学,可以点事不点名,表明批评是对事不对人,这样既成全了被批评学生的面子,也起到教育其本人,同时教育大家的作用。教师满怀爱心,满怀理解,用平等和气的态度点明学生的错误,真情感化学生,启迪学生的心灵,使之产生自我批评的意识。

3. 批评语要用词得当,言语由衷

明智的教师,不随便去批评学生,对自己所说出的评语当一回事,不是随便说说,而是发自肺腑之言,让学生感到教师是期待他受评语的影响而有所改进。教师批评学生表达了教师关切学生成长过程中出现的每一个问题,有责任且乐意帮助学生去解决。积极有益的批评就是促使师生双方为达到共同的目标而携手合作。

4. 批评语要侧重引导,灵活转化

教师是学生的引路人,批评时要说明该做的事,指出改正的方向,让学生用积极的态度思考批评的问题。学生犯了错误,能认识到自己的错误,感到后悔,这时教师不需批评,而应给予关心和体贴,给予改正错误的机会,当学生犯了错误,通过教育有了正确的反应,接受教师的指点并积极付诸于行动,改掉了错误的行为习惯,这时教师要善于发现学生的闪光点,及时加以赞许,恰当地给予表扬,批评转化为表扬,达到了批评的最佳效果。

教师在工作中过多地使用批评容易造成学生消极悲观的情绪,为了避免无谓消极的批评,发挥批评的积极教育作用,少运用且善于运用批评才是上策。

总之,设计的教学语言要以学生发展为本,要亲切、得体,并注意尊重学生的人格。我们经常看到因为教师的一句不经意的话伤害了学生幼小的心灵,学生可能一辈子都会记住,对其发展非常不利。所以教师不仅要传授给学生书本知识,还应当注意与学生通过语言进行情感交流,营造良好的学习氛围,只有这样才能真正地成为学生的良师益友。

第三节 教学语言技能的运用

一、运用教学语言技能的技巧

掌握生物教学语言固然重要,但关键在于运用。生物教学语言是教师在课堂教学中表达思想、交流感情、传递信息的重要工具,因此,合理发掘和运用

教学语言艺术是上好一节课的关键,也是衡量一个好教师的重要标准。

(一)通俗易懂,化抽象为形象

教师要善于用通俗的语言、简单的道理由浅入深地阐述或剖析生物科学中的深奥问题。如讲述"新陈代谢"的概念时,可以先谈人的"吃喝拉撒",让学生初步了解"新"与"陈"的区别、"代谢"的含义,再具体阐明新陈代谢不仅包括生物与外界之间的物质和能量的交换,同时也包括生物体内物质和能量的转变过程,以"人吃鸡蛋"为例加以解释:鸡的蛋白质被人体消化和吸收后,在人体细胞内转变为人体蛋白质,同时把鸡蛋白质中的能量贮存在人体蛋白质中;人体细胞内的一部分蛋白质可能又被氧化分解,释放出能量供给细胞完成各项生命活动,代谢废物(尿素、二氧化碳和水等)被排出体外。由此可见,新陈代谢包括同化作用(把外界的物质——鸡蛋,转变成自身的组成物质——人体蛋白质)和异化作用(把自身的组成物质——人体蛋白质,转变成废物——尿素、二氧化碳和水等,并排出体外),同时进行着物质代谢和能量代谢。

(二)运用生动、准确、形象的比拟和比喻

只有形象、生动的语言才能吸引学生的注意力,提高学生的学习兴趣。教师生动风趣的语言,形象贴切的比拟和比喻往往能达到事半功倍的效果。

例如,为了使学生对课本内容具有鲜明的印象,在讲生物与环境相适应时,采用比拟讲述。保护色——"我不在这里";警戒色——"我在这里,但不要碰我";拟态——"我不在这里,我是××"。运用比拟讲解,既能使课本内容表达得形象、新鲜,又能使学生的思想产生跳跃性,还能丰富学生的想像力。

形象贴切的比喻使深奥的知识浅显化。教材中的一些概念性的知识表达一般都是比较抽象、枯燥,显得深奥难懂。为使学生感到浅显明了,通俗易懂,教师在讲述的时候,可以使用比喻的手法化深为浅。

又如,把氨基酸的缩合反应喻为小朋友手拉手;把转运 RNA 喻为搬运工和翻译官;把 DNA 的空间结构喻为富有艺术性的旋转楼梯;把"♀"喻古代女子用的铜镜,把"♂"喻为古代男人打仗用的盾牌"○"和长矛"↑";把遗传图解中的"□"和"○"所代表的男女诙谐地解释为男子汉血气方刚、女子多半温柔可爱等等。

再如,小结"光合作用"的概念时,把"叶绿体"比喻成"有机物的合成工厂",要求学生回答:"该厂的车间、机器、原料、产品、动力分别是什么?光合作用对自然界有什么意义?"从而开启了学生的思维,激发了学生的学习兴趣。

(三)幽默风趣的口诀、谚语

教师要善于寓教于乐,让学生在轻松、愉快的氛围中学到丰富的知识,减轻学习负担,激发学习兴趣。一些幽默风趣的教学语言能把枯燥、复杂、难记的知识变为简单易记的知识,而且还使课堂气氛活跃起来,让学生的大脑处于兴奋状态,使记忆保持得更长久些。

用简短的口诀,总结生物学规律,使学生理解和记忆。如:DNA 分子中四种碱基的互补配对原则,可以编成一个顺口溜描述为"上尖对下尖(A 配 T),驼背对驼背(G 配 C);嘌呤配嘧啶,绝对不错位。"这四句顺口溜一出口,常令学生哄堂大笑,而且对"A—T,G—C"这个碱基配对原则记忆特深。

又如:讲解植物细胞有丝分裂过程及其特点时,可概括性地用五句顺口溜分别描述各期的特点:

  间期:(DNA)复制(蛋白质)合成(染色)质状;

  前期:二消(核膜、核仁消失)二现(染色体、纺锤体出现)一散乱(染色体散乱地排列在纺锤体中央);

  中期:赤道板上着丝点(每个染色体的着丝点都排列在纺锤体中央);染色体形(态)数(目)最明显(指出是观察的最佳时期);

  后期:(着丝)点(分)裂,(姐妹染色)单体分开移(细胞)两极;

  末期:(细胞)板(细胞)壁形成后分裂(分为两个子细胞)。

这样一来,短短的五句顺口溜(不含括号内的解释文字)就把有丝分裂各期染色体的行为变化特点高度地概括起来,而且朗朗上口,易懂易记。

再如:将遗传病特点总结为"无中生有为隐性,生女患病为常隐;有中生无为显性,生女正常为常显"。伴 X 染色体隐性遗传病:"母病子必病,女病父必病。"伴 X 染色体显性遗传病:"父病女必病,子病母必病。"伴 Y 染色体遗传病(显性或隐性):"父传子,子传孙,子子孙孙无穷尽"。

生物学不乏生产和生活中的谚语,教师可以结合教学实际情况,让学生讨论,使知识变成实践能力。例如,在讲"植物的蒸腾作用"时,设计以下两个问题让学生分析讨论:①俗语说"人往高处走,水往低处流",但树木的水为什么可以从根部到达枝叶呢?②"大树底下好乘凉",这句话给出了哪些生物学道理?通过在情景中提出问题,让学生来分析和解决问题,诱发学生的思维动机和探究欲望,也加深了学生对知识的理解。

(四)让诗意与生物科学理论有机融合

运用熟知的名诗绝句,揭示其中蕴涵的生物知识,寓教于乐,能促进学生的理解和记忆。例如:"满园春色关不住,一枝红杏出墙来",这是唐代脍炙人口的名句,从生物学的角度我们可以挖掘以下生物学原理:

1."红杏出墙"是受墙外阳光引起的,从这个意义上讲,红杏出墙属于应

激性。

2."红杏出墙"一方面为了多争取阳光,以利于自身的生命活动,另一方面为墙外平添了一道亮丽的风景,这反映了生物能适应一定的环境并影响环境的特性。

3.红杏伸出墙外,开花结果,这反映了生物具有生长、发育和生殖的特性。

4."红杏出墙"争取阳光是红杏世代相传的性状,这反映了生物具有遗传的特性。

5."红杏出墙"反映的以上各生物特性从本质上讲,是在新陈代谢的基础上体现出来的。相似的例子还有"不知细叶谁裁出,二月春风似剪刀"、"两个黄鹂鸣翠柳,一行白鹭上青天"、"采得百花成蜜时,不知辛苦为谁甜"等。

教师口头语言表达能力是教师重要的基本功之一,从中可以体现教师的教学风格,对教学目标的实现也起到至关重要的作用,教师在备课过程中不仅要动笔写教案,也要动口讲一讲,练一练,语言才能清晰、准确、生动、流畅,有节奏、有条理且不失幽默、风趣、诙谐。教师的语言设计犹如文学作品的创作,平时要善于积累,把突发的灵感和他人的经验记下,多积累,常改进,多讲多练,必然会水到渠成,成为一名深受学生喜爱的老师。

二、如何提高教学语言技能

1.多阅读书籍

要提高教学语言技能,教师必须经常加强学习,博览群书,积累词汇,丰富教学语言,不仅广泛阅读生物书籍,还要留心其他学科知识的积累,并随时记录,做到知识渊博。

2.深入备课,钻研教材,实现脱稿教学

教师对课程标准、教材必须了如指掌,融会贯通,做到心中有书。这样,课堂语言才能得心应手,运用自如,讲起来才能深入浅出,生动有趣,抓住重点,突破难点。教师还要将教案和讲稿上的书面语言转化为口头语言,学得脱稿讲课的本领。要做到脱稿讲课,一方面要在备课上下苦功夫,真正理解和熟练把握讲授内容,使其真正成为自己的认识和体验,即化为自然得体的内部语言;另一方面,加强语言表达的训练,提高在语言表达的同时,应用思维和组织言语的能力。

3.熟悉、了解学生的语言体验

要根据学生的年龄、知识特点,包括爱好兴趣、知识基础、学习习惯、理解能力、思维能力等,确定所授内容的表达方式,把自己的内部语言转化为适宜

的外部语言,并不断实践、总结、改造和提高。

4. 反复实践,不断提高

教师语言表达能力的提高主要靠刻苦的锻炼和反复实践。多读多说,有目的、有针对性地练。普通话不过关的,要在说普通话上下功夫;语调、语速把握不准的,要在抑扬顿挫上多斟酌;至于口头吐字不大利索的,则要下苦功夫练习。

三、运用教学语言技能的基本要求

教学语言除了具备一般语言的共同性质外,还显示出与其他语言的明显区别,有它自身的特征。教学语言要求教师无论是在课堂上、课外活动中,还是在思想工作中,即在一切教育、教学过程中,都应该用最完善的语言去启迪、影响、感染学生的心灵世界,用最完善的语言去开拓学生的视野,这是对教师语言的总要求。因此,作为教师,比其他任何职业的工作者都要严肃认真,使自己的语言尽善尽美,有利于学生的身心健康和智力发展。教师职业的这些特点决定了其语言的基本特征。

对于生物课堂来说,教学语言是课堂教学的主要表现形式,教师应认真对待、反复琢磨。一般来说,新教师应当在充分备课,撰写出课堂教案的基础上,再反复推敲教学语言的表达方式,写出课堂教学讲稿。然后经过几次试讲,便可以大幅提高新教师的教学语言表达能力。教学语言的表达应注意以下几个基本要求:

(一)教育性

教师走上讲台,就担起教书与育人的两大重任。古人说:"师也者,教之以事而喻诸德也。"教育家赫尔巴特说:"教书如果没有进行德育教育,只是一种没有目的的手段;道德教育如果没有教学,就是一种失去了手段的目的。"(苏霍姆林斯基:《给教师的一百条建议》)教学语言作为教育教学的重要工具,其首要的一个特征就是具有教育性。教师的职业决定了其一言一行都在对学生施加着影响和作用。因此,生物教师必须有意识地注意语言的教育作用。

1. 教书育人,为人师表

教师的道德面貌在对学生的教育中,其力量是巨大的,是任何教科书、任何道德箴言、任何惩罚和奖励制度都不能代替的一种教育力量。率先垂范是为人师表的重要表现,常言道:"身教重于言教",人民教师应该具有高尚的道德,方能为人师表。古今中外的教育家都提出教师必须有崇高的品质,必须以身作则,为人师表。我国古代教育家孔子指出:"其身正,不令而行;其身不正,

虽令不从。"所以教师要培养学生的优良品质,首先自己要做到言行一致、表里如一,兢兢业业、克己奉公、无私无畏、诚实勇敢。作为教师借以完成现实职责的主要手段的教师语言,当然也始终贯穿着教育性。教师在开口与学生讲话时,一刻也不能忘记自己是教师,担负着对学生进行言传身教的重任,语言本身要健康、文明、进步,禁绝粗俗、低级、反动。有些教师为了逗乐,爱用些难登大雅之堂的土话俚语,或讲些庸俗的笑料,带些粗鄙的口头禅,这是应当反对的。还有些教师爱在学生面前大发牢骚,甚至语言抨击时政,伤及风化,误导学生。这是很不负责任的,违背了教育性原则。

2.语言表达要辩证,防止绝对化

对学生进行辩证唯物主义教育是理科教学的一个重要任务。世界上的事物种类繁多、千变万化,在讲解它们的共性和规律的时候,我们要考虑到许多特殊和例外,不能一概而论。例如,说:"玉米种子的结构是单子叶植物种子结构的代表",就会把没有胚乳的单子叶种子排斥在外;说:"细菌以异养方式进行营养",就会把光合细菌和化能合成细菌排斥在细菌之外;说"生长素在低浓度下促进细胞生长,而在高浓度下抑制细胞生长",就不如说:"生长素在低浓度下促进细胞生长,而在过高浓度下抑制细胞生长",这样就更加确切和全面。

3.语言要能重视情感态度与价值观教育

在生物课堂教学中,应有意识地注意到应用语言引导、培养学生"爱祖国、爱家乡的情感,增强振兴祖国和改变祖国面貌的使命感与责任感";"热爱大自然,珍爱生命,理解人与自然和谐发展的意义,提高环境保护意识";"乐于探索生命的奥秘,具有实事求是的科学态度";"关注与生物有关的社会问题,初步形成主动参与社会决策的意识";"逐步养成良好的生活与卫生习惯,确立积极、健康的生活态度"等。

(二)生物学科性

教学语言所传递的是某个学科的教学信息,必须运用本学科的专门用语。每一学科都在发展过程中积累了大量的知识素材,在此基础上总结出自己的理论、范畴系列,并通过它们所构成的理论体系来揭示客观规律。

各学科的特有概念、范畴,从语言的角度来说,就是专业术语。教师在课堂上传授生物学科专业知识,必须使用生物学科的专业术语。新教师容易犯的一个错误就是针对教学内容一直试图使用自己的语言来表达、解释,其结果往往表达得不伦不类。在应用学科性语言教学时应注意做到以下几点。

1.回归教学内容,正确地使用名词术语,切不可想当然

例如,"血液循环"中有关动脉、静脉、动脉血、静脉血等术语的运用。教材

中指出:"动脉是把血液从心脏输送到身体各部分去的血管","静脉是把血液从身体各部分送回心脏的血管","动脉血是血红蛋白与氧结合后形成的富含氧气、颜色鲜红的血","静脉血是血红蛋白与氧分离后形成的缺少氧气、颜色暗红的血"。因此,就不能讲在动脉里流动的是动脉血,静脉里流动的是静脉血。再如,关于生态系统的概念,有老师这样讲解:"在某一个地方,所有生物和非生物共同组成的一个整体就叫做生态系统",其实这样的讲解是缺乏严密性的,正确的概念应回归课本:"在一定的区域,生物和环境所形成的统一的整体叫做生态系统。"

2.处理好俗语与学科术语的关系

有时为了使讲解生动有趣,需要采用比较通俗的语言。但是这种语言仍然应该是合适的,不失学科性的语言。生物教学语言的学科性,体现在教师要用生物学的名词术语进行教学,不能"特创",不能"随意",不要滥用习惯用语、口头禅来替代生物科学的名词、概念、原理,例如,我们平时习惯于把皮肤浅层的静脉叫青筋,把鸟类的喙说成是嘴等等,这些概念都是错的。因此,教师一些平时习惯的说法要慎重,不但不能用于教学中,而且在课堂上要有意纠正。

(三)生物科学性

生物教学的科学性是指教师讲授的知识内容,必须真实、确切。所谓确切,就是要求上课用严谨的语言、准确的词汇来表达概念,叙述原理。科学的语言表达是使教学内容科学准确的重要保证。表现在一方面用词必须准确,另一方面,讲一段话必须合乎事物自身发展变化的规律,合乎人们认识事物的规律,具有逻辑性,不能含糊笼统,更不可胡言乱语。例如,讲"细胞是一切生物体的结构和功能的基本单位",乍一听似乎正确,细一想,难道病毒不具有细胞结构,就不属于生物了吗?

生物教学语言的科学性,还体现在教师表达教学内容的科学。例如,说"哺乳动物都是胎生哺乳的",显然把话说绝了,不够科学,但如果说"哺乳动物在一般情况下都是用肺呼吸的",却又把话说的太留有余地,也是不够科学的。在应用生物科学性语言教学时应注意以下几个方面。

1.概念、专业术语等用语准确

概念是抽象思维的基础,与其他学科相比,生物学的概念较多。科学地、准确地把握概念的内涵和外延,尤为重要。例如,呆小症、侏儒症和先天愚型,原生质和原生质层,肾上腺素和肾上腺激素,突触和突触小体,染色体组和染

色组型,应区分辨明,不能混为一谈①。

用词不准确,词语搭配不恰当,语言就会失去准确性。例如,有的教师说:"只要同学们稍微深思一下,就会明白它的含义。"这句话就是状语和中心词搭配不当,因为"稍微"和"深思"是矛盾的,如果把"深思"改成"想"就准确了。

2. 具有辩证性,合乎生物专业逻辑

逻辑性要求是指教师的语言要符合客观规律,符合思维规律,并起到培养学生逻辑思维的作用。这就是说任何学科都得运用思维的形式(概念、判断、推理)来思考和表达自己的研究对象,运用一般的或特定的逻辑方法。

将多种多样、异彩纷呈的生命现象和美妙绝伦、复杂有序的生命活动规律呈现出来,口语表达不仅要符合客观,还必须符合辩证逻辑思维规律。用语不可绝对化,否则就失真。例如,"甲状腺的功能主要是受下丘脑和垂体的调节,促甲状腺激素是调节甲状腺分泌的主要激素";"DNA 主要存在于细胞核里,RNA 主要存在于细胞质里";"染色体是遗传物质的主要载体,DNA 是主要的遗传物质"等等。

因果不可倒置,归纳、演绎、分析、综合不能混乱,否则会犯逻辑思维错误。例如,只能说"向光性使植物的茎、叶处于最适宜利用光能的位置,有利于接受充足的阳光而进行光合",不能说"植物为了获得阳光,所以它向光生长"。

3. 可以做些比喻,但生物学观点必须严格把握

课堂教学是要使学生学到科学的基础知识,对于比喻的使用必须恰当,观点必须正确,在生物学上尤其不应有拟人观、目的论等错误观点。教学与科普讲座是不同的,在科普讲座中除了语言要通俗易懂外,还运用大量的比喻和拟人化的手法,把植物、动物及一些非生命予以人格化。例如,在讲血液中白细胞的作用时,把白细胞比作保卫祖国的卫士,当敌人入侵时,白细胞纷纷渗过毛细血管壁而进到组织液中去消灭入侵的细菌,真好比是当年"父送子、妻送郎、人人参军上战场……"。但在教学中运用这样的比喻是不适宜的。又如在生物教学中,讲"家兔是为了能够消化草类食物而具有很长的盲肠","长颈鹿为了吃到更高的树叶,所以脖子越来越长了"等目的论都是不对的。

(四)简明性

教学语言的简明性是由教学活动的特定环境和表达方式所决定的。一节课的时间有限,在有限的时间内要把规定的知识传授给学生,语言表达必须简明扼要。若语言不简明,一方面会给学生吸收教学信息带来极大困难,而且转

---

① 高寿华. 谈生物学教学口语的几个原则. 生物学教学,2005,4

瞬即逝，冗长的语句会使学生抓不住重点；另一方面也养成了学生听课的一种坏习惯，即只有教师再三重复的内容才是需要掌握和认真学习的，长此以往，学生主动学习的能力和注意力将受到一定的影响。

在应用简明性语言教学时应注意以下两个方面：

第一，养成言简意赅的好习惯。有人说新老师都很简明扼要，可是教了几年书后，越变越啰嗦了，这主要是缘于一种习惯的养成。长期从事德育工作的老师会发现，如果老师只说一遍，学生不以为然，只有老师三番五次强调的事情，学生才会注意。可是在社会上这对学生很不利，学生无法判断哪些法律法规是重要的，因为社会不会像老师们那样再三强调。因此教师应该以身作则、化繁为简、简洁明了，切不可喋喋不休、没完没了地进行无休止的重复。经验告诉我们，教师讲解生物学原理、概念，语言越是啰嗦，越是讲不清、道不明。

第二，简明性同时也是教学启发性的应用。啰嗦重复的语言必霸占学生很多独立思考、自主探究的时间，导致学生思维处于抑制、接受状态，更容易使学生产生反感情绪，不利于调动学生探究的积极性。其实教师的话少了，学生的思维就多了。教师应该善于在简单的语言表达中透露出对学生无时无刻的鼓励和启发，切记不要把所有的问题讲完、讲透，留一些空间让学生自己去获取知识，学生会越学越快乐。

由此可见，教师的语言既要准确、简练，又要条理分明、思路清晰，有一定的逻辑性，努力做到简明精练、干净利索、中心突出、逻辑分明，这样既有利于提高学生语言的逻辑性，又能腾出更多的时间让学生思考、探究、交流，有效提高课堂教学的效率。

（五）启发性

教学语言的启发性，是指教师的语言能善于启发引导学生，使之在主动自觉的基础上，积极地进行独立思考，真正理解和运用所学的知识。教师的语言是否具有启发性，在某种意义上来说，就是看其语言是否拨动了学生的心弦，是否对学生产生了激励作用。启发性有三重意义：启发学生对学习目的意义的认识，激发他们的学习兴趣、热情和求知欲；启发学生联想、想象、分析、对比、归纳、演绎；启发学生的情感和审美情趣。

启发学生思维的方法很多，如提出问题；理论联系实际、生动的语言描述；正确地运用直观教学手段；创设情境、"制造"两难矛盾等。应用最多的应该是提出疑问，"疑问是思维的启发剂"。但有的教师错误地认为，启发式教学语言就是师生问答，于是问题越多就越能启发学生。固然，启发式离不开问答，关键是提出的问题能引导、诱导学生，自觉地开动脑筋，展开对这个问题的思维

活动。所以启发式是建立在学生的主动性基础上的,学生没有主动参与对问题的思考、寻求解决的办法就无所谓启发性。

(六)艺术性

教学语言的艺术性应该是个广泛的意义,要做到艺术性地表达教学语言,教学语言的教育性、科学性、学科性、简明性、启发性是基础。在此基础上,还应有情感性、形象性、幽默性等。例如,有时需要教师应用清新优美的语言,饱含激情,能打动人;有时需要幽默、机智的语言,妙趣横生,能感染人;有时需要教师列举大量真实数据,如数家珍,能说服人。这就要求教师具有广博的学识,高深的修养和热爱学生的心,这样才会有艺术的语言,才能给人以启迪,给人以力量,使学生在和风细雨的吹拂滋润下受到教育。

第四节　教学语言技能评价记录表

课题：　　　　　　　　　　　　　　　　执教：

评价项目	好	中	差	权重
1. 讲普通话,字音正确	☐	☐	☐	0.10
2. 语言流畅,音量、语速、节奏恰当	☐	☐	☐	0.20
3. 语言准确,逻辑严密,条理清楚	☐	☐	☐	0.15
4. 正确使用专业名词术语,无科学性错误	☐	☐	☐	0.15
5. 语言简明形象、生动有趣	☐	☐	☐	0.05
6. 遣词造句、通俗易懂	☐	☐	☐	0.10
7. 语调抑扬顿挫	☐	☐	☐	0.05
8. 语言富有启发性	☐	☐	☐	0.10
9. 没有不恰当的口头语和废话	☐	☐	☐	0.05
10. 音量恰当	☐	☐	☐	0.05

◎ **思考与练习**

1. 教学语言技能的特点是什么?
2. 教学语言技能是由哪些要素构成的?
3. 录制一段自己的教学语言的录音(10分钟),两人一组交换听、评,并提出改进意见。

4. 选一段教学语言技能的录像，说出在这段教学过程中，教师是如何运用教学语言技能的。

5. 组织小型朗诵会，并做现场录音。会后以小组为单位，对每个人的吐字、发音、音量、语速、语调、节奏和态势等几方面作评价。

6. 用生动、简洁的语言讲述一位生物学家的生平事迹及主要成果。

第五章

讲 授 技 能

第一节 讲授技能概述

一、什么是讲授技能

讲授法是一种古老的教学方法,17世纪随着班级教学制的产生应运而生。经过捷克教育家夸美纽斯等一批欧洲教育家的论证和完善,讲授法成为应用十分广泛的教学方法。我国在19世纪中后期开办新式学堂后,也广泛地运用了这种教学方法。

讲授技能就是指教师运用简明、生动的教学语言,辅以各种教学媒体,通过叙述、描绘、解释、推论等方式将现成的知识、经验及其形成过程直接呈现给学生,并作必要的描绘、举例、阐释、说明、论证等,引导学生了解现象;学生主要通过聆听、观察与思考进行接受式的学习,理解教学内容,形成概念、原理、规律、法则,从而认识问题、分析问题、解决问题,并促进智力与人格全面发展的教学行为方式。

讲授法又称讲演法,是教师向学生传授知识的重要手段。教师的职能是详细指定学生将要学习什么,向学生提供学习材料,讲解和分析材料,并力图使这些材料在速度和内容上适合于每一个学生。讲授的实质是通过语言对知识的剖析和揭示,剖析其组成要素和过程程序,揭示其内在联系,从而使学生把握其实质和内在规律。语言技能是讲授的一个条件,但不是讲授的全部,讲授技能在于组织结构和表达程序的设计。

讲授离不开讲课,"讲课"一词由古拉丁语"lectave"派生而来,讲课的历史源远流长,可以追溯到古希腊的教学。古希腊时代,苏格拉底通过对话、提问、揭露矛盾让学生从具体事物中抽提一般规律,从而获得普遍知识的讲课方法,

被称作"精神助产术"。我国春秋战国时代,儒家首创的问答式的讲课,如孔子的"不愤不启不悱不发,举一隅不以三隅反则不复也"体现了早期的启发式讲授教学。孟子继承孔子的思想,主张学生深造自得,在讲解上注重"引而不发,中道而立"。墨子在其前辈的影响之下,率先实践由教师通过语言,主动而系统地向学生传授知识,成为中外教育史上系统地运用讲授法教学的先驱。

从讲授法教学的历史看,其形成和发展多灾多难。讲授法自问世至今,对它的批评、指责和否定始终不断,究其原因,皆因历史上讲授法的确出现过严重的缺陷,诸如"填鸭式"、"注入式"、"满堂灌"等做法的讲授教法。历代教育改革,随着教学手段现代化和科学化水平的日益提高,讲授的形式和方法都在不断地改进,现在的讲授早已不是旧式传统的那种"口耳之学,授受之教"的单纯讲授,更不等同于"注入式"。

美国教育心理学家奥苏泊尔(D. P. Ausubel)从理论上论述了"有意义接受学习"是课堂学习的基本形式,北京师范大学心理学教授冯忠良指出,教育及教学是一种经验(注:指知识、技能、行为规范)传递系统。在这个系统中教师是经验的传授者,通过其传授活动,将经验传递给学生。学生学习的接受本性,是由教育及教学的本性即经验传递决定的。在课堂教学中,教师传授知识的主要媒体是语言。教师用语言讲解,学生以接收方式学习的这种教学形式是传授文化科学知识的主要手段。因其特有的优点,时至今日,即使现在多媒体等现代教育手段越来越多地进入课堂,讲授仍是国内外课堂教学中应用最广泛的一种课堂教学技能。

二、讲授技能的特点

(一)讲授技能的基本特点

在使用讲授技能时,教师是教学的主要活动者,在教学过程中居于主导地位;学生是知识信息的接受者,教学活动以"学生听,教师讲"的方式进行学习教材内容;教师主要以口头语言传授知识,即口头语言是教师传递知识的基本工具;教师以摆事实、讲道理的方式,促进学生对教材内容的理解和掌握;讲授是面向全体学生的,根据班级学生的一般特点和水平进行群体教学。

(二)讲授技能的优点

随着新课程理念的推行,课堂教学无论是教学方法、教学模式,还是教学内容都遭受着强有力的冲击。不少教学理论的专家强调要以学生的自主学习、探究学习和合作学习为主,建议教师不能够在课上多讲,要给学生足够的独立学习时间。

适当地让学生自己去发现一些前人已经发现的结论,无疑有助于培养学生的探索精神和能力,激发学生的创新潜质。但是,我们无论如何也不可能让学生把前人走过的路全部重新走一遍。通过讲授法,教师向学生传授知识,学生在教师的引导下学习知识,这样才造成了教学活动的发生,促成了教学的发展。讲授具有以下几个优点:

1. 通过教师的引导,提高学生接受知识的效率,能使学生在较短的时间内获得大量、系统的生物科学知识。

2. 教师合乎逻辑的论证、科学的思想观点,善于设疑、置疑以及生动形象的语言等,都潜移默化地影响着学生。融入思想教育,教师在传授科学知识的同时,可以有目的、有计划地对学生进行教育,提高学生的整体素质。

3. 在教学过程中,教师主导教学过程,可以自主把握,易于控制教学过程,更有利于在规定的时间内完成教学任务。

4. 讲授法教学对教学设备没有特殊要求,不受限于外界环境,教学成本较低,便于广泛运用。最简单的只要靠"一张嘴,一支粉笔,一块黑板"三大法宝,运用传统教学模式便可进行教学活动。

(三)讲授技能的局限性

根据讲授技能的涵义及基本特点,讲授法具有一定的局限性:

1. 教学内容往往由教师以系统讲解的方式传授给学生,就其本质而言是一种单向的信息传输方式。学生没有足够的时间、机会对学习内容及时做出反馈,不容易发挥出学生学习的主动性、积极性,教师得到的教学反馈信息比较少,也难以恰如其分地调控教学进程。

2. 教师讲授与学生活动之间的矛盾。讲授不能代替自学和练习,讲授过多,会挤占学生自学和练习的时间,学生课堂上活动的时间减少,势必影响学生的全面学习和发展。

3. 不能很好地照顾到学生的差异。因为学生接受水平不同、学习态度不同、个性倾向不同,所以面向全体学生讲授,掩盖了个别学生接受困难的现象,因材施教不易得到全面贯彻。

4. 教师如果单纯、空泛地讲授不能有效地唤起学生的注意和兴趣,不利于发展学生的思维和想象能力,容易陷入"填鸭式"的教学泥潭,不利于学生的发展。

虽然讲授法与其他教法相比存在着不足,但不能因此否定它的存在价值。作为一种传统的教学方法,讲授法有着其他教学方法所不具备的优越性。

三、讲授技能的作用

(一)高效、系统地传递生物学知识

讲授的首要目的是传授生物学知识,通过"教师讲、学生听"的方式,系统而连贯地传递生物知识信息。教师在教学过程中利用合乎逻辑的分析、论证、恰当的设疑,以及生动形象的语言描述等真实地为学生描述生命现象和过程,解释相关的概念和规律,分析习题,说明结果,使学生在较短时间内获得较多的知识,这一点是其他任何一种教学方法都无法替代的。

(二)激发学生兴趣

如果课堂中的一切活动皆以教师为中心,学生会渐渐失去学习的主动性和热情。但是教师通过用准确、简练、鲜明、生动的语言,利用富有魅力、引人入胜、幽默风趣、引经据典的讲授,提出课题,创设教学情景,可以激发学生的学习兴趣。在传授知识的过程中,教师在教学中的言行、举止、思想观念都潜移默化地影响学生,培养学生的科学探索精神和创新能力。

(三)启发学生思维

讲授为教师传授知识提供了充分的主动权和控制权。教师在设计讲授内容时,要深入钻研教材和课程标准,了解学生的学习现状,努力引导学生,用准确、流畅、清晰、生动的描述,循循善诱,层层推理,丝丝入扣的讲授,能使学生较快地学习知识。讲授主要用于传授知识,教师的分析、论证、描述及设疑、解疑,有利于发展学生的智力,启发学生思维。

(四)充分发挥教师的主导作用

教师运用讲授技能可以比较自主地对学生进行知识讲析、思维启迪、思想教育、情绪感染、方法和语言的示范,根据需要来确定突出讲授的重点,因而比较集中地体现了教师的主导作用。有利于教师履行教书育人职责,针对学生实际,有的放矢地对学生进行思想品德教育。能够树立教师的威信,密切师生关系,使教师的言行有效地对学生施以影响。

(五)可控性强

运用讲授法,教师可以灵活控制整个教学过程,实施教学内容,实现教学目的。如教师可以选择不同词语陈述相同的内容,来帮助学生理解;教师可以应用讲授的语言来实现师生的情感交流,激发学生学习的积极性和主动性;在讲授时教师还可以根据学生实际的反应来做出及时的处理和调整。因此,在实际教学过程中,大多数教师感到,讲授法比其他教学方法更容易掌握,而且运用起来更加安全、放心、可靠。

（六）与其他教学方法相互结合，教学效果好，适用广泛

讲授技能作为一种传统的教学技能、方法，至今仍被最广泛使用，不仅仅在于它容易控制教学时间，有利于学生获得正确、系统的知识，还在于随着教学方法的改革，讲授法不断融入新教法、新理念，逐渐完善。不论是何种教学方法，都离不开教师运用讲授法进行讲解、点评、总结。离开了讲授法，其他教学方法、技能就难以独立存在；讲授法也只有与其他教学方法、技能结合起来，才能弥补运用讲授技能时学生处于被动状态、个性发展容易受到影响等不足。

四、讲授技能的类型

在实际的教学活动中，讲授法包括讲述、讲解、讲读、讲演四种类型，但是在生物科学的课堂教学活动中，传递生物科学的知识比较常用的是讲述和讲解。

（一）讲述

讲述是教师运用生动形象的语言，对事物或事件进行系统的描述、描绘或概述的讲授方式。讲述重在"述"，它可包括三方面的内容，即叙述、描绘、概述。讲述方式能在较短的时间内为学生认识事物或事件提供广泛材料，并促进学生对该事物或事件的理解，是教学中为学生提供认识素材、丰富学生知识、促进学生对有关知识认识与理解的常用方式。例如生物学中的形态、结构、生活习性、分类及应用等，属于对生物界对象或现象描述的性质的知识，一般都采用讲述法。实验、实习、参观等的指导也常用此法，初中低年级采用较普遍。恰当的讲述能够增强讲授的吸引力和说服力，唤起学生的激情和想象，加深学生对所学知识的印象。

（二）讲解

讲解是教师在启发学生探索知识的时候，运用阐释、说明、分析、论证、概括等手段讲授知识内容，揭示事物之间的内部关系、发展规律。讲解侧重于"解"，一般要进行科学的、有论据的逻辑推理，常应用于对生物学概念、规律、原理进行科学的论证、解说。教师多用阐述、说明的方式，如解释或论证概念、规律、原理、法则等，以揭示事物及其构成要素、发展过程，使学生把握事物的本质特点和规律。例如生物学中的生理功能（包括生长和生殖发育）、遗传变异、生命起源和生物进化、生态学等，属于对生物界自然现象说明、解释或科学论证的知识，一般采用讲解法。讲解技能常常在高年级尤其是高中阶段被较多采用。

五、讲授技能的组成要素

1. 讲授框架

教师在全面熟悉教学内容、确定教学目标的基础上，明确新旧知识之间的联系和新知识本身的内在联系，根据知识结构和学生思维的发展顺序和认知水平，提出一系列的问题、论据、论点，从而形成讲授的框架，以便呈现教学内容。可见，框架的建立主要由论点、论据和一些问题所组成，通过这些构架，可以使教师的讲解更加条理清楚，也有利于引起学生思考。

讲授框架一般可以分为三个部分，即引入（引入题目导论）、主体（议论、推理、论述）和总结（结论、结果），这三个部分都不能脱离主题。

讲授框架的设计要遵循学生认知规律，即由浅入深、由近及远、由易到难、由表及里、由已知推及未知、由简单到复杂，使讲解条理清楚，有的放矢，突出整个知识体系中最基本的内容，起到"削枝强干"、"以主带从"的作用，便于启发学生思维，形成正确的认识。

2. 语言表达

讲授是否成功，很大程度上依赖于语言的逻辑表达。讲授技能的语言是一种专业语言，是一种特殊的语言类型。它是以口头形式出现的话语类型，是一种特定的交际双方（教师和学生）在特定的场合（课堂），以特定的话题（课程标准教材限定的教学内容）、特定的方式（课堂讲授并辅以师生间相互问答）来实现的口头语言表达形式。

讲授技能的语言要具有针对性，必须考虑学生的实际，适合于学生的生活经验、思想感情、兴趣需要，同时还要考虑学生的年龄特征、知识层次和认识能力。语言要清晰、紧凑、精练，既有严密的科学性、逻辑性，又要通俗明白，正确地运用生物学术语，还应具有说服力和感染力。避免逻辑上的混乱，以及表达上的重复或其他语病。不模棱两可，闪烁其词；不拖泥带水，吞吞吐吐；不刻意雕琢，言过其实。另外，语音的高低、强弱、语速和间隔应和学生的心理节奏相适应，让学生听清楚，才能有助于学生接受教师讲授的知识。

3. 引用例证

例证是进行学习迁移的重要手段，例证能将事实或学生熟悉的经验与新知识、新概念联系起来。举例的数量并不重要，以能够说明所要讲解的概念或问题为宜，不宜过多过滥，重要的是所举的例子应与要讲的概念或原理有密切的逻辑联系，要适合学生的认识水平，并且教师要对此联系做透彻的分析。

例证一般是用普通的、典型的事例说明复杂的、抽象的概念或理论，把抽

象的概念或理论与具体的东西联系起来,可使讲解生动、具体。恰当的例证降低了学生理解的难度,还能激发学生的兴趣,引起学生的注意。

在讲授时,通常以正面例证为主,同时还应注意恰当地结合使用反面例证。在初学新知识时,学生很容易从正面例子中获得新的概念或原理,此时如果正、反例子交叉使用很容易造成混乱。在学生初步掌握了新知识之后,再使用反面例证可使所获得的新知识更加清晰准确。

4. 形成连接

清楚连贯的讲授过程是由新旧知识之间,例证与原理之间,问题与问题之间恰当的逻辑联系构成的。在讲授技能中需要仔细安排各步骤的先后次序,选择能起到连接作用的词语说明上述关系,使讲授形成意义连贯的完整系统。

连接对讲授内容符合逻辑的发展起到了重要作用,它使教师讲授过程自然地从一个问题过渡到另一个问题,将教学的重点和难点由表及里、由浅入深逐层分析,引导讲授步步深入,层层扩展。

5. 运用强调

强调也是讲授技能运用成功的主要因素之一。强调可以使讲授重点突出,它将重要的信息从背景信息中凸显出来,帮助学生,使他们的注意力集中保持在重要的方面,并减少了次要因素的干扰。强调关键内容,以保证学生的思维顺利进行。没有强调的讲授会使讲授过程过于平淡、重点不突出,难以取得好的教学效果。

在讲授中教师可以通过声调的变化,语速调整进行强调。讲授中声音强弱的变化,以及声调的变化都能够突出关键字、词、句。教师声音的变化可能会带有较大的夸张性,只要这种夸张符合强调内容的需要,在教学情境下就会是自然的。有时还可以直接用语言提醒学生注意重要的内容。比如说:"下面的内容很重要,请同学们注意听",这也是经常采用的方法。

6. 获得反馈

教学是师生的双边活动,现代教学特别强调学生的参与。成功的讲授过程必然要有师生间知识信息和情感的交流。教师在教学中要建立以学生为主体的意识,在讲授过程中要随时注意获得学生学习的兴趣、态度和理解程度等反馈信息。一般可以通过观察学生的表情、行为和操作活动,留意学生的非正式发言,如"啊?!""为什么""明白"。捕捉学生的兴趣、态度、注意力的变化,从学生回答问题或提出的问题中了解学生理解、掌握知识的程度,从而获得反馈信息。根据反馈信息及时调整讲授的方式和速度,强调师生间的默契和情感交流,使大多数学生能够跟上教学进度,达到教学目标的要求。

第二节 讲授技能的设计

讲授技能的设计可依据不同的标准、层次进行划分。结合中学生物教学的内容和特点,可分为解释式讲授、描述式讲授、原理中心式讲授、问题中心式讲授四种常见的设计方法。

一、解释式

解释式又称说明式或翻译式,解释式讲授是教学中运用史实陈述、意义交代、程序说明、结构显示等方式通过解释将未知与已知联系起来的讲授。在生物教学中解释有关生物学史实,某些生命现象的发生、发展、变化过程,生物学的形态、结构、种类以及实验验证过程等常用解释式讲授。

解释式讲授一般适用于具体的、事实的、陈述性知识的教学。凡是需要有意识地回忆出来的知识称为陈述性知识,它用于回答"是什么"的问题,我们通常说的传授知识就是指这类知识。例如,"DNA 是主要的遗传物质"、"根茎叶是营养器官",获得这类知识输入与输出相同;又如"什么是哺乳动物"、"光合作用与呼吸作用有何异同"等,这是根据提取线索能直接陈述的知识,一般通过记忆获得。初中生物就是以陈述性知识为主的一门学科,它主要选取了比较浅显的、学生能够接受的生物学基础知识,如生物的生活习性、形态结构、生理功能、生长发育、行为等。解释式属于讲授的初级类型。

二、描述式

描述式讲授常常用于讲授生物学有关形态、结构、功能、关系的描述。例如,在生物学教学中教师运用自己熟悉的、鲜活的生活语言,整体地、动态地、生动形象地讲解草履虫的形态结构和功能;讲解显微镜的结构、性能、使用规则;解说各种生物标本、模型、挂图、录像等实物。

教师运用描述式讲授时要做到清晰有序地讲述内容,做到详略得当,层次清晰,突出重点。语言流畅连贯,形象生动有趣,能感染学生,从而带动学生的思维活动。不可颠三倒四,更不能跟记流水账一样,一一罗列,毫无重点,甚至照着书本念,索然无味。描述式讲授常常需要配合生物挂图或模型进行描述讲解。

例如,教师可以用教鞭指着挂图进行骨的结构组成的描述式讲授:

"骨主要由骨质、骨髓和骨膜三部分构成,里面容有丰富的血管和神经组织。长骨的两端是呈窝状的骨松质,中部是致密坚硬的骨密质。骨中央是骨髓腔,骨髓腔及骨松质的缝隙里容纳的是骨髓。儿童的骨髓腔内的骨髓是红色的,有造血功能,随着年龄的增长,逐渐失去造血功能,但长骨两端和扁骨的骨松质内,终生保持着具有造血功能的红骨髓。骨膜是覆盖在骨表面的结缔组织膜,里面有丰富的血管和神经,起营养骨质的作用,同时,骨膜内还有成骨细胞,能增生骨层,具有使受损的骨组织愈合和再生的作用。"

像这样利用其他的教具,进行有顺序、有逻辑地描述事物,层次清晰,深入浅出的讲授,直观形象地将教学内容呈现在学生面前,通过讲授结合具体形象的实物,有利于学生记忆,更便于学生理解和掌握。

三、原理中心式

原理中心式讲授是以概念、原理、规律、理论为中心内容的讲授。方法是从一般性概括的引入开始,然后对一般性概括进行论证、推理,最后得出结论,又回到一般性概括的复述。

生物教学中,原理中心式讲授主要运用于定义解说、理念论证、原理演绎、观点归纳、思想分析等内容的讲授类型,属于高级的讲授类型。在任何一门学科的基础知识中,概念、原理、规则、规律都是教学的核心部分,因此,原理中心式讲授是教学中最重要的讲授方式。

原理中心式讲授经常用叙述加议论的表达方式,一般结构模式为概念、规律、法则、原理的导入—论述、推证—结论。其中,论述、推证环节是最关键的。原理中心式讲授强调例证、依据及统计材料组织。在讲授中交替应用分析、比较、归纳、演绎、抽象、概括、综合等逻辑方法,注重论证说服的力度,既有科学性,又有趣味性。这就要求教师要不断锤炼自己的语言,授课时应该是推理严密,层次分明,启发学生思维,逐渐走向真理,同时还要注重语言幽默风趣,自然生动,能刺激感染学生,形成课堂教学的和谐气氛。

例如,有位教师在讲到"鱼"的概念时用了原理中心式讲授[①]:

师问:鱼是大家十分熟悉的水生动物,日常生活中很常见。大家见过鱼,也吃过鱼,还可能养过鱼,那么什么是鱼呢?恐怕就会有很多人答不上来了。

(论述、推证):世界上现生的鱼类达 20 000 种以上,从高山之巅的天池到大洋深处的海沟,从炎热的赤道到严寒的南北极到处都可见到鱼类的踪影。

[①] 肖帮欲.从知识的分类谈生物学教学设计.学科教育,2004,3

要认识什么是鱼,需要分析一下鱼的特点,鱼有些什么特点呢?鱼类是脊椎动物,躯体由头、躯干和尾三部分组成。有鳞、尾和鳍,它们一般终年生活在水中,用鳃呼吸,以鳍游泳……例如,海里的带鱼、黄鱼,河里的青鱼以及供人观赏的金鱼等都有上述特点。

那么鲸是鱼吗?鲸在水里生活、有鳍和尾,但鲸用肺呼吸,所以不是鱼;鳄鱼是鱼吗?鳄在水中或陆地上生活,有鳞无鳍,用肺呼吸,因此,鳄鱼也不是鱼;泥鳅是鱼吗?泥鳅在水中生活,有鳍、尾、无鳞,用鳃呼吸,所以泥鳅是鱼。

通过分析、比较可以看出,用鳃呼吸是鱼的特有属性,在水中生活,有鳞、鳍和尾是鱼的一般属性。所以可得如下结论:

(结论):鱼是有尾、磷和鳍,并用鳃呼吸的水生动物。

本例中的论述、推证部分主要应用了分析、比较、抽象、概括和典型例证的思维方法。教师进行分析、推理,通过逐步引导、论证让学生明白鱼的特点。

四、问题中心式

以解答问题为中心的讲授,其方法是引出问题——明确标准——选择方法——解决问题——得出结果(总结、结论),是在教学中常用于对学生进行能力训练、方法探究、答案求证的讲授类型,它也是属于高级类型的讲授。

问题引出可以从各种事实材料中导出,事实材料是指建立论点、证明论题的事例、数据等各种客观实际材料;明确标准就是明确解决问题的具体要求;选择方法就是对各种方法、策略,进行分析比较,定出最佳解题方法;解决问题要从证据、例证并运用逻辑思维方法来进行论证,最后得出结果。问题中心式讲授法适用于重点、难点、智慧技能和认知策略的教学,通常配合提问、讨论等其他教学技能。

例如,教师在讲"生长素的发现"时,教师始终以下列问题为中心组织并开展自己的教学:

①长时间放在窗台上的植物为什么向室外倾斜生长?
②将植物用不透光的纸盒罩住后还会有上述现象吗?
③去掉尖端的植物还有没有现象①的产生?
④去掉尖端后的植物还生长吗?
⑤用什么方法证实尖端能产生某种物质并与现象①有关?
⑥你还能举几个与现象①具有相同原理的例子吗?

教师在统观全局,以系列化问题的方式构成一个连续的教学讨论的框架。这些由浅入深、由表及里、由单一到综合,并由种种类型的问题组合起来,贯穿

于教学活动,激发学生强烈的求知欲望,通过师生共同的论证推理等活动达到对知识学习的目的。

上述四种讲授类型可以将其共同的过程归纳为三大板块,即引入——主体——总结。在引入板块,教师点明一个新课题,明确课题要求、课题所提供材料及思考范围,使学生对所学习的主题内容做出思维反应。在主体板块,教师采用如议论、推理、论述等各种不同过程,使学生得出正确的答案并提高分析问题、解决问题的能力。在总结板块,教师针对研究主题得出相应的结果,还可以进一步提出有思考价值的问题,让学生作拓展型想像,开发学生的创新思维。

第三节 讲授技能的运用

作为一名教师,首先具备的本领就是要会讲,讲述、讲解教学对象及其内容之间的逻辑关系。可以说,讲授技能伴随教师教学过程的所有环节,教师无时无刻地在应用这一技能描述、诠释、分析、归纳生命科学发生、发展、变化的一般规律。

一、运用讲授技能的方法

讲授法既可能是注入式的,又可能是启发式的。在实际教学过程中,教师在运用讲授法时要体现启发性,一般应该做到以下几点。

1. 生动形象,富有感染力

教师讲授要感情充沛,语言表达要清晰简洁、生动有趣,富有表现力和感染力,切忌干瘪呆板、没有节奏、没有感情起伏的匀速运动。语言生动形象,集中表现在语言规范,表达准确,绘声绘色,抑扬顿挫,节奏感强,幽默诙谐,语音手势恰到好处,常常伴随着贴切的比喻、形象的故事、感人的情节和脍炙人口的诗歌、寓言和谚语等。这是教学艺术的一项基本功,也是教师的一项重要业务素养。

2. 紧扣教学目的和内容,突出重点

在生物教学中,讲授的内容范围可能比教材的内容广泛些、丰富些,但都须紧紧扣住教材基本内容和教学目标要求,都是为了实现教学目标而进行的,切忌任意地讲授。必须围绕基本观点选用材料,不要盲目堆砌,要突出重点。重点是一节课基本理论知识网中的主线,把它当作轴心网织教学内容,展开讲授。

3. 例证典型、准确

客观外界能用来说明和论证理论观点的事实材料,是极为广泛的,而课堂讲授的内容和时间是有一定限制的。教师不能把所有的材料不加选择地都搬上课堂,只能根据需要,选择能反映事物本质的、可概括出科学理论观点的、富有说服力的典型材料用于课堂教学,而且这些材料不宜超过学生的理解能力,应尽量选用学生可以理解的材料。

4. 层次分明,合乎逻辑

基本概念有层次,基本原理也有层次,生物学科本身就是一个具有严密结构、层次分明的科学知识体系。讲授每一节课,每个知识,都要分清层次,但又不能把内容割裂成孤立的、毫无联系的知识点。学科的内容有其自身的逻辑体系,要抓住逻辑线索,把前后层次连贯为有机联系的整体,用严密的逻辑性来引导学生的思维。这是把理论讲透彻,让学生准确地掌握理论观点的关键。

5. 讲授语言与直观教具密切配合

教师在演示教具时,通常要配合语言进行讲解。演示教具时,教具应该有足够的尺寸,放在全体学生都看得到的位置。在讲授时教师的语言不是用来说明教具,而是指导学生观察和引导学生思维。教师用教杆指示教具的有关部分时,要准确地指出"点"、"线"、"面",再配合教师的讲解,通过教师语言的启发,不要使学生停留在事物的外部表象上,而要尽快让学生的认识上升到理性阶段,形成概念,掌握事物的本质。

二、运用讲授技能的技巧

1. 少用长段文字描述

当教材有大段的文字描述时,讲授不应也用大段的文字描述。而应将其分解为几个小问题,抓住其中的联系点,化整为零,逐步深入,一一加以解释,随着小问题的解决,原来的问题便得以解决。通过教师的引导,学生可以分层理解,步步深入,这样比较符合学生的认知规律,既容易理解又便于接受。然后再串零为整,通过有逻辑性地总结归纳,使全体学生留下完整而深刻的印象。

2. 不要照搬教材

几乎大部分老师都很少考虑学生的内在需要,只是一味原原本本地照搬教材,照本宣科,有的人还生怕脱离教材,甚至唯恐所教的内容与书本有差异。照搬教材是学生最反感的事情,一个好老师在讲授的过程中要能够开放式地

处理教材,不但要把教材的内容讲清楚,而且能挖掘教材中隐含的道理和与相关知识的联系,也就是要讲清楚教材的内涵和外延,学生才能真正理解教材的"弦外之音"。

3. 避免讲授内容与教材内容差距太大

在处理教材时,不要与原教材有较大的差距,否则会造成学生课后难以复习。学生个体存在差异,他们的认知水平、知识理解能力不同,教师应以大多数学生为对象,适当照顾基础比较差的学生,兼顾基础较好的学生。教师应重点培养学生学习知识、掌握知识的方法和能力。

4. 避免夸大讲授的作用

很明显,一味的言语讲授,不易调动学生的主动性、积极性和创造性。学生主体性的缺失,在课堂教学中主要表现为讲授教学的过分滥用。科学概念、公式、定律、原理的讲授常常是抽象枯燥的。讲授教学在提高课堂效率中的作用也不宜夸大。长时间的言语讲授易引起学生的心理疲倦、听觉疲劳。讲授者的种种性格、能力缺失又会加剧这种疲劳,使信息接受率、保持率不尽如人意。

根据美国人约瑟·特雷纳曼的研究测试,讲解 15 分钟,学生记住讲解内容的 41%;讲解 30 分钟,学生能记住讲解的前 15 分钟内容的 23%;而讲解 40 分钟,学生则只能记住前 15 分钟的 20%。也就是说,一个单位的讲解所持续的时间越长,讲解的保持率就越低,而且在这个时间段后的讲解往往没有什么接受率可保证。

三、运用讲授技能的原则

(一)科学性

1. 要有科学的内容

教师每堂课讲授的内容应该是完全正确的,经得起实践检验的真理,是吸收现代科研成果的比较先进而不是陈旧落后的知识,是学术界已有的共识或已成定论的观点。同时教师要以科学的认识论和方法论为指导,实事求是,即从客观存在的实际事物出发,从中引出概念、规律和原理、法则。不可信口雌黄,主观片面,搞绝对化,应当树立尊重科学、严谨治学、去伪存真、求实创新的教风和学风。

2. 要采用科学的语言

生物学科有自己的概念和理论体系,生物老师要将生物学科的专业用语作为讲授过程中语言的基本成分,用学科的专业术语解析学科知识。教师讲授时运用的语言一定要注意学科的科学性、准确性。例如作为生物老师随心所欲地把蝗虫的"触角"叫做"须"、"复眼"叫做"眼睛",把"门齿"叫"大牙"、"杨""柳"不分、"呼""吸"不辨的日常用法,在生物学的教学中是绝对不允许的。

(二)适宜性

讲授的适宜性是学生认知规律的反映。教师的讲授目标要明确,要从具体到抽象、从感性到理性、用已知求未知、由浅入深、由表及里。只有思路清晰,语意连贯,条理清楚,逻辑严密,层次分明才能让学生全面把握概念并组成概念体系,理解生物学科的基本结构。

讲授必须突出主题、把握重点、攻破难点、澄清疑点,指明知识的分界点和联系点,才能使学生理解和掌握生物学科基本结构并用来自求新知。

讲授的适宜性不是消极地迎合学生,而应积极地促进学生的智能发展,逐步提高难度,把"最近发展区"转化为现有水平,引导学生运用概念进行判断、推理,理解深层次的教材内容。

另外,讲授还要注意阶段性,一次讲授时间不宜太长,一般不要超过15分钟,保证学生有充分的注意力。注意学生的差异性,如年龄、兴趣、背景、知识水平、认知能力等,及时调整讲授的方式、方法和进程。

(三)启发性

讲授的主要特点是教师运用口头语言作为传递知识信息的媒体,它很大程度上是通过"教师讲、学生听"的方式,向学生传递知识信息。教师易于自己控制信息内容,但也容易使学生处于被动接受的地位,缺少其他活动机会,若教师运用不得法,容易使学生产生疲劳感,影响学习效果。因此,教师要讲究语言艺术,充分发挥生物学知识的内在潜力,给学生创造一个"心求通而不解,口欲言而未能"的学习心理,然后运用生动的例证,来启发学生的思维。

(四)艺术性

教学之所以被教育家称为艺术,是因为教学与艺术有四点相似:对象以人为中心;特征有形象性和情感性;手段离不开有声语言或无声语言;功能包括认识功能、教育功能和审美功能。生物教学是门特殊的艺术,生物界本身就是千奇百怪、丰富多彩,有的教师却忽视了生物的生命性这一重要特点,把任何一种生物都讲成了一个死的、静止的个体,不论讲什么都是"生活环境"、"外部形态"、"内部结构"、"生理功能"等,咋看起来似乎"条理清晰",实际上是把上述内容割裂开,使讲授枯燥无味。教师要以深入浅出、诙谐幽默、生动风趣的讲授给学生以美的享受。但是,讲授艺术中的审美不要搞流于形式的花架子,

要致力于提高课堂教学质量。

第四节　讲授技能评价记录表

课题：　　　　　　　　　　　　　　　　　　　　　　执教：

评价项目	好	中	差	权重
1.讲授的知识信息内容正确，并与本课题内容密切联系	☐	☐	☐	0.15
2.讲授描述时能创设情景、提供丰富清晰的感性认识	☐	☐	☐	0.10
3.突出重点，繁简得当，揭示生物科学本质	☐	☐	☐	0.10
4.启发学生思考，激起学生兴趣，培养思维能力	☐	☐	☐	0.10
5.讲授时条理清晰，逻辑性强，引用例子深入浅出	☐	☐	☐	0.10
6.讲解内容、方法符合学生实际水平与认知规律	☐	☐	☐	0.10
7.用词准确，声音清晰、洪亮，语速适中，有感染力	☐	☐	☐	0.10
8.讲授用词规范化，符合生物学科要求	☐	☐	☐	0.10
9.与其他技能配合，面向全体学生，注意情感交流	☐	☐	☐	0.10
10.注意来自学生的反馈，并及时反应调整	☐	☐	☐	0.05

对整段微格教学片断的综合性评价：

○ 思考与练习

1.讲授技能有什么特点？有什么缺点？如何发挥讲授技能的优点，克服它的缺点？

2.讲授技能主要分为哪两个类型，在内容和方式上有什么区别？请分别找一个教材内容进行撰稿练习。

3.观看一段优秀教师的讲授录像，分析讲授技能是如何与其他技能配合运用的，并分析其中具有哪些讲授的特点。

4.你认为运用讲授技能时应注意什么问题？

5.如何进行教授技能的设计？请找一个教学片断进行微格教学教案设计，并进行微格训练。

第六章

提 问 技 能

第一节 提问技能概述

一、什么是提问技能

提问是一项具有悠久历史的教学技能,其渊源可追溯到我国古代教育家孔子。孔子常用富有启发性的提问进行教学。他认为教学应"循循善诱",运用"叩其两端"的追问方法,引导学生从事物的正反两方面去思考并探求知识。他也是一位提问高手,他的教学方法被称之为辩证法,通过不断地提问,让学生回答,从中找出学生回答的缺陷,使其意识到自己结论的荒谬,学生通过反思,最终自己得出正确的结论。整个过程仿佛产婆帮助孕妇产下婴儿一样,故又称"精神产婆术"。

法国教育家卢梭对提问教学作了如下阐述:"你提出他能理解的问题,让他们自己去解答。要做到:他们知道的东西,不是由于你的告诉而是由于他自己的理解。"教育家赞可夫曾经说过:"在教育教学中要教会学生思考,这对学生来说,是一生中最有价值的本钱。"美国教育学家杜威认为,人类在日常生活中,若遇到困难或问题时,便开始运用自己的思想,设法解决这些困难或问题,这就是思想的起点。也就是说,问题是思维活动的起点,也是探求真理、创造发明的起点。在课题教学中设计一个巧妙的提问,常常可以一下子打开学生思维的"闸门",使他们思潮翻滚,奔腾向前,起到"一石激起千层浪"的效果。

教师以提问的手段进行教书育人,是教学的重要手段和教学活动的有机组成部分。美国教学法专家斯特林·G·卡尔汉认为:"提问是教师促进学生思维、评价教学效果以及推动学生实现预期目标的基本控制手段。"可以肯定地说,教师都把提问当作教学环节中的重要部分。

第六章 提问技能

提问技能是指教师在教学过程中，根据一定的教学需要，针对具体的教学内容，以提出问题的形式，设置特定的教学情境，启发学生思考、回答。通过师生之间的交流，起到检查学习、促进思维、巩固知识、修正错误、运用知识、促进学生学习的作用。课堂提问是一种教学方法，更是一门艺术。提问技能适用于课堂教学的各个环节，在导入、讲授、实验、练习以及结束时都可以运用到。提问不仅是为了得到一个正确的答案，更重要的是让学生掌握已学过的知识，并利用旧的知识解决新问题，或使教学向更深一层发展。

二、提问技能的作用

"读书无疑者，须教有疑，有疑者却要无疑。"对于一个学习者来说，学习过程实际上是一种提出问题，分析问题，解决问题的过程。德国教育家赫尔巴特说过："如果教师的提问能引起学生的注意，就能使学生在每个阶段都连贯地表现为等待、探索和行动。"合理地使用提问技能，可以提高课堂的效率。其具体功能主要有：

1.集中注意，激发兴趣

教师提问，实际上是给学生一个刺激，往往会使学生的注意力处于高度集中的状态，思维处于异常活跃，甚至亢奋的状态，学生愿意调动所有的脑细胞来找到问题的答案。如果教师能提出一个具有启发性或一定情趣的问题，就能够引发学生的好奇心，激发学生学习和思考的兴趣，唤醒学生的心智，或独立思考，或相互讨论。

2.启发思维，调控课堂

问题往往具有启发性，启发性的提问无疑对学生思维能力的提高具有非常重要的作用，能让学生在获得知识的同时，不断地开发和培养自我的思维意识，提高思维的广阔性、深刻性、独立性、批判性、灵活性、逻辑性和概括性等品质。在课堂教学中，应该不断地提问，可以是教师提问，也可以是学生提问，学生提出一个问题比解决一个问题更为重要，提出问题是站在一个新的角度，从新的角度去看旧的问题，更富有想象力、创造力。

教师的提问还可以起到课堂调控的作用，当学生思维出现偏差、冷场或出现课堂沉闷的时候，教师就要善于提出调控性的问题，及时引发学生的思维和行动的转移，引导学生紧跟教学进度，保证教学活动的顺利进展。

3.沟通情感，获取反馈

生物课堂的教学活动是师生之间的双边活动。它不仅仅是教师在讲台上讲解和演示的过程，更重要的是学生的积极参与和师生之间的互动，因此师生之间的交流就极为重要,提问正是有效解决师生交流的重要方式之一。通过提问可以促进师生之间、学生之间的互动,教师对学生回答做出的回应,如肯定、表扬、鼓励等更是架起沟通思维和情感的桥梁。而且情感交流又促进了学生积极参与学习,让学生能充分展示自己的思维品质、知识、才华。学生所表现出来的积极性和创造性反过来也有利于教师的教,达到教学相长的目的。

教师恰当的提问还可以及时检查教学成效,获得积极的教学反馈,及时了解学生掌握知识的情况,据此对教学进程作出相应的调整,提高教学的针对性。

4.复习巩固,以旧带新

根据艾宾诺斯的遗忘曲线我们知道,应该在尚未急速遗忘时,及时给予强刺激,以提高保持率,减少遗忘。及时的、经常性的提问,可以帮助学生采取合理的记忆方法,强化刺激,达到巩固知识的目的,也锻炼了学生的语言表达能力。同时,生物学科的知识存在密切联系,教师要适当地提问,对学生已掌握的知识进行纵横分析,抓住新旧知识之间的内在联系,引导学生运用知识的迁移,使提问成为通向新知识的大门。通过提问,配合教师的点拨、讲解、归纳和小结,把新知识纳入学生原有的认知结构之中。

三、提问技能的构成要素

提问是个系统的过程,虽然时间短小,形式简单,但却充满了智慧和艺术。师生思维撞击的火花往往来自于教师有效的提问,有效的提问一般包括以下几个构成要素:

(一)提问框架

一个完整的提问,应该有其完整的系统结构,而不是一个孤零零的问题,更不应该是几个毫无关联、毫无意义的问题的堆砌。这就要求教师在课前充分地熟悉、研究教材内容和学生的认知实际,统观全局,把握知识的重难点,以系列化问题的方式构成一个连续的教学讨论的框架。系列问题的编排顺序、逻辑结构、递进关系、终结目标以及问题与教学目标之间的内在联系等就构成了问题的系统结构。为形成这一系统结构,教师必须提供一些教学信息,如资料、图片、实验方法以及有效地使用板书和图示,帮助学生对问题做出适当的反应,形成系统的、全面的认识。同时,还要注意在系统结构中形成问题情境,让学生在良好的智力背景中开展有效的思维活动。建立提问的系统结构,教师才能在课堂教学活动过程中统领全局。

(二)语言措辞

有了提问的整体结构之后,教师要用语言把问题表述出来。于是,提问的措辞便构成了提问技能的第二要素。教师要注意问题的语言组织,恰当的措辞才能收到预期的教学效果。首先,要指明提问的前提和思考方向,指导学生在教师设置的问题框架中思考讨论。其次,要符合学生年龄特征和大多数学生的能力水平,使多数学生能参与回答。尤其对低年级学生最好采用学生的语言来提问,问题的语句要简明易懂,过于冗长而凌乱的语言使学生不能明确问题的任务,容易造成学生回答的负担。第三,要注意问题的明确性,问题措词的字面意义应与要表达的意义一致,不能使学生对问题的理解有多种可能,不能含糊不清。总之,不要使学生产生误解,如果学生不能明确问题的含义究竟是什么,就难以给予准确回答。

(三)分配和指导

为了调动每一个学生参与教学活动的积极性,教师对于提问必须要有计划、有目的地进行适当的分配和指导。根据对问题的理解程度和回答的积极性,课堂中有这样四类学生:理解能力强、积极回答;理解能力强、被动回答;理解能力弱、被动回答;理解能力弱、积极回答。教师可应用提问的分配和指导分别引导这四类学生。

1. 分配

让理解能力强、能积极回答的学生起到带头作用,让学习相对有困难但愿意积极回答的学生先回答比较简单的问题,不断地给予鼓励和帮助,比如说,"某某同学对如何回答这个问题还是清楚的,如果不紧张的话,他会回答得更好"。在以后的课上,教师应给予他们正确回答的机会,来调动他们的学习积极性,使他们逐渐地赶上来。

2. 指导

指导主要是对被动回答的学生进行指导。在进行课堂提问时,总有一些学生不愿参加讨论,这时教师可以提出一些没有威胁的问题,引导他们参加活动。如果他们做出了回答,则应给予表扬和鼓励,并且把他们的答案引入讨论之中,使他们看到自己的价值。如果他们不能回答,也应给予鼓励和提示,或者将问题更改一下再让其他学生回答,从而不损伤他们的自尊心。教师对提问的指导还表现在必须会控制学生的回答。比如提问时把目光停留在不愿参加交流的学生身上,即有所指向地望着某个学生,促使他思考,但不一定要他回答。教师不要轻易接受和鼓励学生七嘴八舌喊出来答案,以免使提问和教学都无法控制,造成教师不能发挥主导作用。

(四)停顿和语速

教师在进行提问时,还应有必要的停顿。适当的停顿,留给学生以足够的思考时间,学生作好接受问题和回答问题的思想准备,可使他们提高回答的正确率,增强学习自信心,增加参与的活动量,减少疑惑的语调。因而,发问后要给全体学生以思考的时间,尽量使每一个学生都做好接受问题和回答问题的思想准备,切忌匆匆指定学生。

停顿对于师生都有一定的意义。对教师而言,提出问题后可以环顾全班,观察学生对提问的反应,这些反应一般都是非语言的身体动作或情绪的反应,教师可以从他们举手的动作、面部表情、眼神的变化来获取提问后的初步反馈信息,并迅速分析、判断,决定下一步行动,让哪位同学回答较为适宜;停顿对学生也提供了一定的信息,停顿时间长短表明了问题的难易程度,停顿期间也就是让学生思考和组织答案的时间。这段时间内教师应保持沉默,不要干扰学生的思维,更不要催促和解释。如果忽略了必要的停顿,匆匆叫起学生,学生会因考虑不周,措手不及而回答不出或回答不完全,反而耽误时间,还会挫伤学生的积极性。

提问的语速,应该由提问的类型决定。一般来说,低级认知提问的语速可以快些,高级认知提问的语速缓慢些,而且重点的词语还需重复、强调,使学生对问题有清晰的印象。如果以较快的节奏提出比较复杂的问题,学生很可能听不清题意,就会造成混乱或保持沉默。

(五)反应与探询

在学生对问题做出了回答之后,教师应该马上做出准确而迅速的判断,这对于学生积极参与教学活动是十分重要的。正确的答案,教师应给予肯定或鼓励,并适当重复答案要点;错误的答案,应给予明确地纠正或有必要请另一名学生进行补充,有时需要进一步提出相关的较高层次的问题,使学生掌握的知识更深刻。教师还可以分析学生回答问题的思路和正确程度,分析个别学生的回答与其他学生的补充有什么关系,与别的学生的理解有什么不同与联系等。

探询是引导学生更深入地考虑他们最初的答案,更清楚地表达自己的思想,其目的是发展学生的评论、判断和交流的能力。在探询过程中,教师要注意这几个问题:对于因思考不深入、视野狭窄、概念错误或不完全而导致的错误应答,通过探询使其明确哪里错了及为何错了,从而改善应答;促使学生能从不同的角度或从多方面来考虑问题,通过左思右想把应答与已学知识联系起来,使问题重点突出;促使学生明确应答的根据,通过再思考修正答案;促使

学生根据别人的回答谈自己的想法，说明他的思考与他人想法的异同，对别人的应答进行修正和补充。

四、课堂提问的过程

在实际的课堂教学过程中，从教师的提问开始，到引导出学生作出反应或回答，再通过相应的师生相互作用，引导学生做出正确的回答或反应，并对学生的回答给予分析和评价，这个过程称为提问过程。提问过程可分为以下几个阶段。

1. 引入阶段

先创设问题的环境，在即将提问时，教师用不同的语言或方式来表示这一问题，让学生对提问做好心理上的准备，形成精神上的紧张，并迅速地集中思维，做好将注意力集中到教师将要提问的问题上的准备。因此，提问前要有一个明显的界限标志，表示将由语言讲解或讨论等转入提问。例如，"同学们，下面让我们共同考虑这样一个问题……""好，通过上面的分析请大家考虑一个问题……"等。

2. 陈述阶段

在引起学生对提问注意之后，教师需对所提问题做必要的说明，引导学生弄清要提问的主题，或使学生能承上启下地把新旧知识联系起来。例如，"你们还记得我们已学过……的知识吗？""请利用……原理来说明……"此外，在陈述问题时，教师应清晰准确地把问题表述出来。在提示方面，教师可预先提醒学生有关答案的组织结构，如提示以时间、空间、过程顺序等作为回答的依据："请注意，在回答这个问题时应注意以下几点……"，"对于这个问题的叙述要注意发生顺序"等。

3. 介入阶段

在学生无法自己作答或回答不完全时，教师可以帮助或引导学生回答问题。首先了解学生是否听清题目，必要时重复所提问题；然后考查学生是否明白问题的含义，学生对题意不理解时，可用不同词句重述问题。当学生还不能够很好地正确回答时，教师就应该逐步地将问题分解成为几个小而逐渐深入的问题，对不明确的问题加上限制性条件，使答案控制在某一范围内，诱导学生做出正确的反应，最终得出所要的结论。只要学生还有继续回答的意愿，教师就不可以由于时间来不及或者其他原因随意终止学生的回答，这会重创学生参与教学互动的积极性。

4.评价阶段

在学生做出回答后,教师应该迅速地做出分析判断,并表现出应有的反应:表扬、鼓励抑或批评等。然后以不同的方式来处理学生的回答,可有以下几种:当学生回答正确时,教师可以重复学生的答案或以不同的词句重述学生的答案表示肯定;根据学生回答中的不足,追问其中要点;纠正错误的回答,给出正确的答案;依据学生的答案,引导学生思考另一个新的问题或更深入的问题;就学生的答案加入新的材料或见解,扩大学习成果或展开新的问题;检查其他学生是否理解某学生的答案或反应,促进课堂的交流。

学生回答问题后,会非常在意教师的评价。因此要调动学生学习的积极性、主动性,教师尽量用发展的眼光看待学生,善于发现学生自身的闪光点,在精神上以鼓励为主进行评价。但对于一些明显的知识性错误,不要牵强或因为要鼓励而不予以重视,应当明确指出。

第二节　提问技能的设计

在生物课堂教学中,需要学生学习的知识是多种多样的,有事实、现象、过程、原理、概念、法则等,对这些知识有的需要记忆,有的需要理解,有的又需要分析和综合运用。学生之间程度存在差异,基础不同,思维方式不同,要求教师根据不同的教学内容,针对学生不同的认知水平,设计不同类型的问题。按照布鲁姆教育目标分类(认知领域)的相关理论,结合学生思维活动的认知目标及中学生物学课程标准中对"学生学习分类水平"的界定,这里将提问技能分为以下几种:①

一、回忆型提问

回忆型的问题要求学生对已学的知识进行再现或确认,通过回忆事实、概念、形态、结构功能等内容,对相关联的新旧知识进行衔接、比较和互补,以达到对新授知识的巩固掌握。往往应用在课堂的导言部分或多用于复习课中,起到承上启下的作用。

记忆水平的提问,一般多考查学生对相关生物学知识的记忆,教师发问的用词一般是"什么是"、"哪个部位"、"什么时间"等等。

---

① 张迎春,汪忠. 生物学教学论. 西安:陕西师范大学出版社,2003,1,201—204

例如在学习"细胞的能量'通货'——ATP"时,就可以先帮助学生复习,"什么是细胞生命活动的主要来源?""什么是生物体内主要的储能物质?""能量的最终来源是什么?"从复习这些旧知识,自然地过渡到"能直接被生物体的生命活动所利用的能量——ATP"的学习中。

光合作用前,先回忆初中生物学知识:"光合作用的场所在哪里?原料是什么?动力是什么?产物是什么?"然后再引入新课学习。

又如,"遗传物质有哪两种?"学生答:"DNA 和 RNA。""DNA 和 RNA 有何区别?"学生答:"DNA 含脱氧核糖,RNA 含核糖。""DNA 和 RNA 有何关系?又是怎样控制生物性状的?"这种由一个单词到包括系列句子的回忆提问,是向较高级提问的过渡。

在进行"能量代谢"一节课教学时,根据初中学过的有关知识与"能量代谢"的内在联系进行层层设问,以旧驭新,循序渐入,可设计如下一组问题:①营养物质的利用是指什么过程?②生物体内的有机物有什么作用?③能量贮藏在哪些物质里?④生物体利用能量的形式如何?⑤ATP 的合成与分解标志细胞的什么生命活动?

在学完呼吸作用后,可以将生物呼吸作用有目的、有计划地由浅入深,通过从概念、种类、场所、过程、实质、意义等几个方面来进行提问,让学生从教师的提问中得到启发,进行归纳总结,进而掌握呼吸作用的有关内容。

回忆型的提问通常是根据记忆来回答的,仅要求学生回答是与否,或对事实及其他事项做回忆性的重述,所回答的内容一般跟书上的差不多,这种问题限制了学生的思考,没有提供机会让他们表达自己的思想。因而,在课堂上不应该过多地把提问局限在这一等级上,但是这不意味回忆型的提问不能用,通过这类的提问,可使学生回忆学过的概念、规律等知识,为新知识的学习提供材料,还可以考察学生对一些简单的陈述性知识的掌握情况。

二、理解型提问

理解型提问即要求学生对已知信息进行内化处理之后,再运用自己的语言进行表述。学生回答这些问题,必须对已学过的知识进行回忆、解释或重新组合,而不是简单地复述,因而是较高级的提问。理解型提问多用于对新学知识与技能的检查,了解学生是否理解了教学内容,而且还能训练他们语言的表达能力,便于教师作出形成性评价。

例如,学习"基因突变"时,教材中讲到"基因突变在自然界广泛存在",又说:"在自然状态下,生物的突变率是很低的。"则可问:"既然是很低的,为什么

又广泛存在?"又如"为什么在色盲患者中男性多于女性?"等等。

在讲完色盲是因为 X 染色体上隐性基因控制的遗传病的传递规律后,提出扩展问题"X 染色体上的显性基因控制的遗传病的传递规律也是如此吗?如果不是,又是怎样的传递规律呢?Y 染色体上的基因呢?"

又如,"有机物氧化时,放出的能量为什么先储存在 ATP 中?""为什么红苋菜洗时水不见红,但是煮后汤就有了红色?"这些问题,通过学生们积极思考,畅所欲言,各抒己见,归纳总结,都会使学生对所学知识加深理解。

理解提问一般分为一般理解和深入理解。一般理解,要求学生用自己的话对事实、事件等进行描述。例如,"你能说说三羧酸循环的过程吗?"深入理解,让学生用自己的语言讲述生物学原理和规律,以便了解是否抓住了问题的实质。例如,"三羧酸循环的中间代谢物质是怎样产生的?"对比理解是深入理解的一种重要方式,它是将生物学事实、现象进行对比,区别其本质的不同,归纳其异同,以达到深入理解的目的。例如,"你对三羧酸循环是蛋白质、糖、脂肪三大物质代谢的共同途径和转化枢纽是如何理解的?"这种提问方式可加深学生对理论的理解和记忆。

理解水平的提问要求学生能够用自己的语言叙述所学的知识,能比较所学同类知识的异同,能把一些知识从一种形式转变为另一种形式。教师发问词一般多用"比较……""对照……"。

三、运用型提问

运用型提问是考查学生对生物学概念、原理、法则及生物学实验设计方法的运用能力。它要求学生将已内化的知识再外化,通过信息反馈和知识运用巩固所学,属于高级认知提问。不仅要求学生将已知信息进行分析,而且还要进行加工整理、综合考察,达到透彻理解和系统掌握,然后将其运用于实际,逐渐提高学生分析问题和解决问题的能力。

为使学生树立学以致用的观念,教师还可以提一些与生产实践相关的问题,供学生讨论。比如,教师可设计这样的问题:"如果有人向你请教怎么长期储存农作物种粒、蔬菜或水果,你能利用学过的呼吸作用原理,提供一些有价值的建议或措施吗?""怎么用根毛吸水的原理来说明盐碱地为什么不利于植物的生长?""中耕松土可促使根呼吸作用增强,有机物分解增多,这会不会造成作物减产?"这样,学生不仅加深了对有氧呼吸的理解,同时还提高了举一反三、触类旁通、分析问题的能力。

还可以用现实中的材料让学生进行分析,应用所学的知识对现实生活中的现象加以解释,例如学习"遗传和优生",可安排学生结合所学内容,就以下现象谈谈自己的看法:"据报道,从国家取消强制婚检后的一年,上海的婚检率由98%一路下滑至3%,在这些少数婚检的人中,还是以文化层次高的人为主。婚检率的下降,导致的最直接的后果就是新生儿出生缺陷的增加。上海之前的新生儿综合出生缺陷率是3%~5%。虽然比全国4%~5%的水平低了一个百分点,但这一比率仍在上升。"

在应用水平的提问中,要求学生能够把所学的生物学知识用于生产和生活实际解决实际问题或模拟问题,教师发问词一般用"应用……""举例说明……"等。

四、分析与综合型

分析与综合是一个事物的两个侧面,从教学目标分类的角度来看,属于同一分类水平,但又有各自的特点。

(一)分析型提问

分析是把一个对象或现象分解成为各个部分、各个方面,找出其间的相互关系的思维过程。分析型提问要求学生识别条件和原因,或者找出条件之间的因果关系。由于分析型提问属于高级认知提问,它一般不具有现成的答案,所以学生仅仅靠阅读课本或记住教师所提供的材料,是难以回答的。这就要求学生能组织自己的思想,寻找根据,进行解释或鉴别。

例如,在学习过哺乳动物和鱼之后,可提问学生:"为什么说鲸不属于鱼类,而属于哺乳动物?"学生要在分析鱼和哺乳动物各自特征的基础上,对照鲸的特征做出回答。又如,在学生理解了植物的根和茎的概念后,教师提问学生:"你能不能说一说土豆为什么是地下茎而不是根?白薯为什么是贮藏根,而不是地下茎?"学生需分析地下茎与根的区别,并找出土豆与地下茎的关系,甘薯与根的关系,才能回答好这个问题。

又如,教师提出"在没有任何外界干扰情况下,落叶为什么总是叶面向下,叶背向上?"的问题,使学生从"熟悉"的落叶现象中,发现还存在不熟悉的必然的叶面翻转现象,就会自然而然的产生"究竟是为什么"的探索的强烈动机。由此,学生的问题意识产生了,探索的方向也确定了,思路就容易把握,思维就能向更深更广的方面发展。

对于分析型的问题,尤其是年龄较小的学生,他们的回答往往是简短的、不完整的、不全面的,需要教师给予指导、提示和帮助。在提出分析型问题之前,教师应先用一连串简单的问题予以铺垫,在提出问题后,要予以鼓励,根据需要给予必要的提示和探询。最后，教师还应根据学生的回答进行分析、总结，给全体学生留下完整的学习印象，逐步掌握分析问题的方法。

在分析水平上的提问中，教师通常用"为什么……""如何证明……""……是什么原因"等关键词来发问。

（二）综合型提问

综合型的提问要求学生在头脑中把事物的各个部分、各个方面、各个特征结合起来思考并做出回答。这类问题能激发学生的创造性思维，培养学生的想像力和创造力，问题的答案是多元的。对综合提问的回答，是学生以自己的知识经验、智慧技能为基础，迅速地检索与问题有关的知识，对这些知识进行分析综合，得出新的结论，有利于能力的培养，更体现个人认知策略的风格。

综合提问一般又分为分析综合与推理想像。

1. 分析综合是要求学生对已经得到证明的结果进行分析，从分析中得出总结。

例如，"森林对人类有什么意义？""破坏森林会造成什么后果？"这就要求分析树木的光合作用能给人类提供氧气，保持大气中二氧化碳含量的平衡，根对于土壤有保持水土的作用，森林与人类生活的关系等，从而预见到破坏森林可能给人类带来的恶果。

2. 推理想像是要求学生根据已有的事实推理，想象可能的结论，也就是由已知推未知。

例如，讲遗传病时教师可提出：

"大西洋里有一个与世隔绝的林索伊斯小岛，岛上的居民皮肤、头发、眉毛雪白，眼的虹膜呈粉色，他们害怕阳光，喜欢月亮，每逢月光皎洁的夜晚，就在海滩上欢歌载舞，因此，被誉为'月亮的女儿'。①试从他们所表现的这些现象分析，其最可能的遗传特点是什么？（常染色体上的隐性遗传）；②为什么岛上居民皮肤、毛发都是白色的？（由于体内缺乏促使黑色素形成的酶，致使皮肤、毛发等缺乏黑色素而表现白化病症状）；③为什么岛上居民都出现同一种表现型？（因为近亲结婚使白化病隐性基因纯合的机会增多，从而造成白化病的蔓延）。"

随着这些综合型问题的解决，学生分析问题、解决问题的能力得以提高，同时这些科学性而又有趣味性的提问，能深深地吸引学生，激发学习的兴趣，引起他们求知的欲望，促进课堂教学活动的顺利进行。

在综合型提问中提问表达形式一般用"根据……你能想出问题的解决方法吗？""为了……我们应该……""如果……会出现什么结果？"等总结、预见等

第六章 提问技能

口吻来发问。

五、评价型提问

评价型提问属于系统性的综合提问,学生需要通过认知结构中对各类模式的分析、对照和比较进行评价判断或选择判断,才能进行作答。它包括概念的认知、技能和原理的评价等。这种提问方式通过对事实、实验、概念、事物的对比,区别其异同点,揭示出事物本质,还可将现在正在学的知识与以前学过的知识进行比较,找出新旧知识的内在联系。

如,"减数分裂"一课,教师问:"染色单体是染色体吗?是同源染色体吗?它们的区别在哪里?请画示意图说明。"通过上述三个问题的提出并结合示意图,学生顿时进入积极思维的状态,课堂气氛随之活跃,学生对概念的困惑也就迎刃而解。

又如,"在一定范围内,随着土壤 O_2 含量的增加,根对矿质离子的吸收是增加还是减少?""原生动物就是原核生物,对吗?""染色体是不是染色质呢?它们之间有什么关系呢?"这些问题能使学生认清事物间的区别和联系,达到加深理解和掌握知识的效果。

评价型的问题需要学生运用智慧技能和认知策略才能回答,通常在讲解、演示和小结时进行评价型提问。回答这类问题须先设定标准和价值观念,以揭示事物或现象的共性和个性,并据此对事物进行评价或选择,有利于学生通过回答认识它们各自的特征,找出彼此间的细微变化、区别和联系,加深对知识的理解和记忆。

第三节 提问技能的运用

一、当前课堂提问存在的常见问题

北京教育科学研究院朱立祥老师曾经作了一个有关课堂提问的调查,当前生物学课堂教学中常见的问题有如下方面:

1.从提问的类型来看,重视识记型的问题,轻视理解与评价型的问题。还有一些课堂提问与课程内容无关,仅仅是为了维持课堂秩序或提醒那些精力不集中的学生,例如:"你为什么没有听课?"

2.从学生回答问题的思维来看,绝大多数问题学生仅凭记忆就可以回答,

20%的问题是让学生回答"是"与"否"、"有"与"无"等极其简单的问题。

3.提问不能关注所有的学生。要么让举手的同学回答,要么故意让不举手或者是让那些没有遵守课堂纪律的同学回答,更有甚者有5%的问题是教师先叫起一个同学然后再提问题。课堂上关注所有学生的观念,在选择回答问题的学生时难以体现。

4.教师提出问题后,给学生思考、讨论的时间和空间普遍不足。有些老师能够提出一些学生感兴趣的、能引发学生积极思考的问题,让学生讨论,但是由于师生地位不平等、课堂教学任务重、时间紧等原因,使学生无法进行充分地思考和讨论。

5.教师所提问题中具有挑战性、创新性、鼓励性的少,相反带有测试性或威胁性、调控性的问题的比例过高。

课堂提问所面临的问题,究其原因是因为过分强调基础知识和基本技能的传统教学观念,对课堂提问的功能认识不足,缺乏科学提问的理念和意识,表现在大部分提问仅停留在测试基础知识或维持课堂纪律方面。

二、运用提问技能方法与技巧

(一)发问技巧

1.先提后问

提问的效果,最好是能启发多数学生的思维,针对不同水平的学生提出难度不同的问题,使尽可能多的学生参与回答。有的教师先叫名字,然后再提问问题,这样其他同学就会觉得"反正和我不相干",不去思考,对被叫者也是一个"突然袭击",容易"卡壳"。又如有些教师往往按照学生的座次依次发问,或者依照点名册上的名次发问,这种机械的发问方法,虽然可以使发问的机会平均分配给全体学生,但其弊端等同于先提名后发问的情形。

2.表述清晰

发问应简明易懂,只说一遍,尽量不重复,以免养成学生不注意教师发问的习惯。若某个学生没有注意到教师所提问题,可以指定另一个学生代替老师提问。如果学生不明白问题的意思,教师可用更明白的话把问题重复一遍。

3.适当停顿

教师发问后,要稍作停顿,留给全班同学充分思考、交流的时间。不可为了节约时间,问题提出后立即叫学生回答。否则容易使被点名者思维混乱,如临大敌,手足无措,无力回答;而其他学生则觉得与己无关而袖手旁观,也就达不到调动全体学生学习积极性的目的。

第六章　提问技能

（二）提问时机

选择好的提问时机可以有效地提高教学效果，及时反馈学生的信息。

1. 在教学过程的最佳处提问

教学的最佳处可以是以下几种情况：当学生的思维局限于一个小天地无法"突围"时；当学生疑惑、不解、厌倦困顿时；当学生各执己见、莫衷一是时；当学生受旧知识影响无法顺利实现知识迁移时。在这些情况下提问，可以激发学生的好奇心，促使学生自己去认真研读教材，自己去解决问题。

2. 在教学重点、难点处提问

教学内容能否成功地传授给学生，很大程度上取决于教师对本节内容重点、难点的把握。有教学经验的教师往往在备课时非常注意对重点、难点教学方法的选择，而在重点、难点的教学上恰当地提问则能起到事半功倍之效。当然，教师此时提出的问题应当是经过周密考虑并能被学生充分理解的。

3. 在教学内容的过渡处提问

在过渡处设疑不仅能起到对教学内容承上启下的作用，而且能激发并维持学生良好的学习状态。教师应该在教学过程中用自己敏锐的眼光捕捉学生生活的信息，抓住契机，巧妙设疑，及时提问。把课文的内容贯穿起来，有效地激发学生的学习兴趣，并在质疑、释疑中提高学生分析问题、探究问题和解决问题的能力。

（三）提问气氛

1. 教师要创设良好的提问环境

提问可在轻松的环境下进行，也可制造适度的紧张气氛，以提醒学生注意，但不要用强制性的语气和态度提问。注意师生之间的情感交流，消除学生过度的紧张心理，鼓励学生做"学习的主人"，积极参与问题的回答，大胆发言。

2. 教师在提问时要保持谦逊和善的态度

提问时教师的面部表情、身体姿势以及与学生的距离、在教室内的位置等，都应使学生感到信赖和鼓舞，如果表现出烦躁，甚至训斥、责难的态度，会使学生产生抵触、回避的情绪，阻碍问题的解决。

3. 教师要善于倾听学生的回答

教师不仅要会问，而且要会听，要成为一个好的倾听者。"听"是一门综合艺术，它不仅涉及人的行为、认知和情感等各个层次，而且需要心与心的理解。

教师的倾听和鼓励会给学生无穷的鼓舞和力量。当学生回答问题时，教师要将自己的全部注意力都放在学生身上，给予对方最大的、无条件的、真诚的关注，表示出对学生的尊重和兴趣。如果教师表现出不耐烦，目光游离，坐立不安,在教室里走来走去,或将目光转向窗外或看另外的同学的小动作,学生回答问题的积极性就会受到影响。对一时回答不出的学生要适当等待,启发鼓励;对错误的或冗长的回答不要轻易打断,更不要训斥这些学生;对不做回答的学生不要批评、惩罚,应让他们听别人的回答。

教师的倾听是一个主动的过程,它可以分为三个部分,即注意、理解和评价。有效的倾听要求教师在注意和理解的基础上运用描述、澄清性提问等形式,帮助学生弄清问题。

4. 教师要正确对待提问的意外

学生的回答有时会出乎意料,教师可能对这种意外的答案是否正确没有把握,无法及时应对处理。此时,教师切不可妄作评判,而应实事求是地向学生说明,待思考清楚后再告诉学生或与学生一起讨论。当学生纠正教师的错误回答时,教师应该态度诚恳,虚心接受,与学生相互学习,共同提高。

总之,老师还要营造一个和谐、民主、平等的课堂气氛,教师信任并尊重每一个学生,使学生对自己的学习充满信心,也有利于学生积极思考,敢于发表自己的见解,敢于评价同学的见解,敢于向同学和老师质疑。

(四)归纳总结

学生回答问题后,教师应对其发言做总结性评价,对错误的给予纠正,正确的给予肯定,并给出明确的问题答案,给学生贯穿以完整的印象,使他们的学习得到强化。必要的归纳和总结,对知识的系统与整合,认识的明晰与深化,学生良好思维品质与表达能力的形成都具有十分重要的作用。

三、运用提问技能的要求[①]

提问是教学过程中教师和学生之间常用的一种相互交流的教学技能,是通过师生相互作用,检查学习、促进思维、巩固知识、运用知识、实现教学目标的一种教学行为方式。教师应充分利用提问的技巧和方法,根据学生的个性特点来提出问题,有目的地引导学生积极回答问题。为保证提问有助于教学活动的开展,设计提问时应掌握以下几个要求:

1. 有效性

教师设计问题时,要有一定的目的性,应该服务于实现教学目标、教学内容,脱离了教学目标、教学内容,纯粹为了提问而提问的做法是不可取的。同时,提问还要抓住教材的关键,于重点和难点处设问,以便集中精力突出重点,

---

① 张迎春,汪忠. 生物学教学论. 西安;陕西师范大学出版社,2003,1,204~206.

突破难点。提一些简单的本身带有暗示性的、学生不假思索即可回答的问题,造成课堂上的表面热闹,殊不知学生齐声回答并非整体性的效果,有时甚至掩盖了真正的无知;过于深奥的问题又会造成学生不知所云,难以形成思维的力度,反而使学生感到高不可攀,挫伤学生的积极性,这都是不利于学生思维发展,是无效的提问,应该避免。

另外所问问题的答案也应该是确切和唯一的。即使是发散性的问题,其答案的内容范围也应在预料之中。答案若不确定,将造成启而不发或答非所问的现象,失去了提问的价值。比如下面这类问题就是不适宜的:"看到此题,你联想到了什么?"因为学生不知从何联想,也就不好作答。因此只有获得起初信息反馈的提问才是有效的提问。

2. 准确性

问题提得准确,学生就会开动脑筋,积极思考,知道应该运用哪些已学过的知识去回答,从哪些方面回答才完整准确。如复习物质代谢时,问"消化道由哪几部分组成?"显然太容易;若问"消化道各部分的结构如何与功能相一致?"包容太广,不宜表述;将问题改为"米饭中的淀粉如何被人体所吸收?"问题变得具体,学生经过思考能够理解、解答。所以问题的难度应与中等以上学生已有的认识水平相符,所提问题能让学生"跳一跳",确实能摘到"果子"。

同时要抓住知识的逻辑关系,所提的问题应丝丝入扣,不蔓不枝,切忌含糊不清、模棱两可。如有位教师在讲生态系统的能量流动时问:"能量是以什么方式流动的?"这样的问题就显得含糊不清,令学生无所适从。

3. 启发性

提问要使学生具有质疑、解疑的思维过程,以达到提高思维的能力。首先提问的语言要带有启发性。例如"叶绿体有哪些适应光合作用的特点?"这一问可改为"叶绿体为什么能顺利地完成光合作用而其他细胞器却不能?"尽管两者答案一样,但前问属复习性提问,缺乏启发性,后问则可诱导学生思维,带有启发性。其次,要注重设计展现思维过程,强调学生说明理解分析的方法。例如,学生答完一题后,教师可再提问学生解疑的方法和如何想出这种方法的过程,培养全体学生的思维能力。

4. 新颖性

所谓新颖,就是要求教师的提问不是老生常谈,而要形式新、内容新,学生听后产生极大的兴趣,有跃跃欲试的感觉。如"细胞有丝分裂各个时期有什么特点?"这个提问,如果教师在提法上加以改进,可以使它新颖些。首先让学生回忆一下在显微镜视野中所看到的典型的细胞有丝分裂图像,然后提出:"有

丝分裂间期和分裂期前、中、后、末各个时期能构成哪几幅典型图像？其中细胞核、核仁、核膜、染色体各有什么变化？你能用语言把各幅图像准确地勾画出来吗？"这样学生就有目的地回忆在显微镜视野中见到的图像，而且又可在图像中重点找出细胞核、核仁、核膜、染色体的变化情况，进而很容易总结出细胞有丝分裂各个时期的特点。不难看出前者提问，学生听后，会从心理产生厌烦感觉，总是这么提问"什么特点"的，如果一时说不出来就会吞吞吐吐、杂乱无章，反而引起记忆混乱，而后者提问富有新鲜感，使学生跟着老师的提问去开动脑筋，在大脑回忆的图像中去寻找细胞核、核仁、核膜、染色体等的变化规律，也容易用自己的语言对所学知识进行归纳、总结。

5. 实际性

生物科学是一门以实验为基础的自然科学。教师在设计课堂提问时要注意实践性、探究性，要把课本上的知识跟生产、生活实际、自然现象和当今生物科学发展的热点问题结合起来，使学生能运用所学知识解决日常生活中所遇到的一些实际问题。通过对生物知识的学习，培养学生的科学思维，形成健康、良好的生活习惯。

如在讲授"三大营养物质的代谢"时，可以根据日常生活的实际，设计以下问题："我们吃的食物中有哪些营养成分？它们对我们的身体有什么重要作用？我们为什么不能偏食？""暴饮暴食对身体好不好？为什么呢？""为什么饭后不宜立即进行剧烈运动？"把科学的原理同现实生活结合起来，这就是实际性提问目的之所在。

又如，学习"生态系统稳定性"时，可以举学生所熟悉的池塘的例子：清晨池塘清澈见底，然后，由于鹅鸭嬉戏，排便，一天下来池塘混浊，可第二天又清亮如故，这是何原因？这种来源于生活感受的问题会拉近学生与教材内容之间以及学生与教师之间的距离，激发他们的学习热情。

总之，各类教学提问的设计都应引起学生的分析和思考，激发学生的兴趣和求知欲，使学生获得的知识得到巩固和加强，同时使学生独立分析问题和解决问题的能力得到提高。一言以蔽之，设计提问是中学生物教学中提高教学质量的一个重要环节，是一门艺术。

四、运用提问技能的注意事项

1. 提问应有充分准备

"凡事预则立，不预则废"。在课前，教师要做好提问的准备，根据不同的教学目标，设计不同类型的问题；针对不同层次的学生，设计不同水平的问题。

千万不可信口开河,想问谁就问谁,想问什么就问什么,甚至莫名其妙或牛头不对马嘴。教师要事先考虑到可能出现的各种回答及其处理办法,唯有准备充分,有备而来,方能处乱不惊,稳操胜券。

2. 提问应以学生为中心

在课堂教学中,教师的任务不是直接向学生提供现成的真理,而是通过问答甚至辩论的方式来揭示学生认识中的矛盾,经由教师的引导或暗示,学生自己得出正确的结论。有的教师经常自问自答,有的教师在学生回答不出时,干脆提供正确答案,这种喧宾夺主、越俎代庖的做法不利于学生思维的发展。另外,教师应该通过提示、探究、转引、转问、反问等手段引导学生积极思考,得出问题的答案。另外,教师有时以学生的口吻来提出问题,学生会更容易接受。

3. 提问宁精勿滥

在促进学生思维发展方面,问题的质量要比问题的数量更重要。如果教师所提问题的答案显而易见,缺乏挑战性,学生小手林立,对答如流,这样的问题再多,学生的思维也难有更高的发展。问题太多,学生往往把握不住教学重点。因此,教师应对提问的问题反复推敲,舍弃那些徒有问题形式而缺乏思维实质的"假问题",做到少而精,一般来说,在一节课中,教师提问不宜过多,以能真正触发学生思考、反映教学重点的关键性问题为主。

多提有价值的问题。所谓有价值的问题,应该是促进有效教学的问题。教学是否有效的唯一标准是学生有无进步或发展。理解型问题要求学生通过归纳总结、对比分析、推理判断等思维活动,发表对生物学原理和观点的认识,这样的问题不是单纯地背或照书读能回答的,这种问题就具有一定的价值。例如,提问:"鱼的鳃有哪些特点与水中呼吸相适应?"

4. 课堂提问要有一定的坡度

生物学教师应当根据教学内容的要求和大多数学生的认知水平,利用学生已有的知识,合理地设计出由易到难、由简到繁、由已知到未知、前后彼此关联的一个个、一组组问题。通过生物知识的内在联系,以旧驭新,配合教师的逐步引导,层层深入,达到提问的目的和效果。

5. 提问应兼顾各种类型的问题

不同类型的问题可用于培养学生不同的能力。为了促进学生的全面发展,在提问时,教师应该兼顾各种类型、层次的问题,根据学生的实际情况来设问,以调动各个层次学生的积极性。要注意防止单提一些识别记忆类的缺乏深度的问题,以免养成学生只会机械记忆,缺乏深层次思考的习惯。同时,注意开放性问题和封闭性问题的数量比例。

第四节 提问技能评价记录表

课题： 执教：

评价项目	好	中	差	权重
1. 提问的主题明确，富有启发性，与课题内容联系密切	☐	☐	☐	0.15
2. 提问紧扣教材重点、难点，难易程度适合学生认知水平	☐	☐	☐	0.15
3. 问题设计包括多种水平，促进学生思维	☐	☐	☐	0.10
4. 提问有层次，循序渐进	☐	☐	☐	0.10
5. 能注意提问方式多样化	☐	☐	☐	0.10
6. 提问能把握时机，促使学生思考	☐	☐	☐	0.10
7. 提问后稍有停顿，给予思考时间	☐	☐	☐	0.05
8. 对学生的回答能客观分析、评价，善于引导	☐	☐	☐	0.10
9. 提问过程介入及时，启发提示，点拨思维	☐	☐	☐	0.10
10. 提问能得到反馈信息，促进师生交流	☐	☐	☐	0.05

对整段微格教学片断的评价：

思考与练习

1. 试叙述提问在生物课堂教学中的作用。
2. 在设计问题和提出问题时应遵循哪些原则和注意事项？
3. 提问的有效性应如何把握？请根据实例说明。
4. 选择一段适当的教材，编写提问技能的微格教学教案并进行微格训练。要求设计 5 个以上问题和 3 种以上的提问类型，然后分析本人训练的录像，看是否符合提问技能的要求，如何改进。

第七章 板书技能

第一节 板书技能概述

一、什么是板书技能

　　心理学实验表明,在人所获得的全部信息中,其中听觉占11％,而视觉占83％,其他(触觉、嗅觉等)只占6％。在教学过程中,教师是"上课者",而学生主要是扮演"听课者"的角色。如果单纯地让学生听,教学效果只能达到11％而已。因此,教师更重要的应该是让学生充分发挥视觉作用,感知新信息、新材料,调动多种器官了解一节课的知识内容和逻辑系统,使学生获得清晰的概念,并在大脑中留下深刻的印象。所以,作为一名合格的教师除了具备语言技能、讲授技能、提问技能等基本技能外,还必须掌握板书技能。板书在课堂教学中与讲授相辅相成,是学生应用视觉去接受教师向学生传递的教学信息的重要手段,并通过与教学语言的有效结合,使学生的视觉和听觉配合,更好地吸收教师所讲授的知识。板书技能是教师在精心钻研教材的基础上,根据教学目的、要求和学生的实际情况,经过一番精心设计有组合地把文字、数字及线条、箭头和图形等排列在黑板上,向学生呈现教学内容、认知过程,使知识概括化、系统化,帮助学生正确理解、增强记忆,提高教学效率的一类教学行为。

　　板书是教师利用黑板,运用文字、符号、图表等辅助课堂教学的最平凡、最基本的教学手段;是中小学教师根据教学需要,在黑板上表情达意、教书育人的黑板(书面)语言。教学板书既是教师对教材科学研究的结果,又是教师审美情趣、艺术个性的体现,需要设计者依据一定的条件,遵循一定的原则,掌握一定的技能,采用一定的方法,按照一定的步骤,才能顺利完成。

　　从广义上来说,板书可分为板书和板画。一般我们所指的板书不包括板

画,而是以文字为主,有时配以线条符号。它是教师上课时为帮助学生理解、掌握知识,在黑板上书写的凝结、简练的文字、图形、符号等,是用来传递教学信息的一种言语活动方式,又称为教学书面语言。板书以其简洁、形象、便于记忆等特点深受教师和学生的喜爱。板画是板书的一种特殊形式,以图画为主,一般不配文字,也叫黑板画,是教师在传递教学信息的过程中,以简练的笔法,将事物、现象及其过程描绘成生动形象的特殊板书。板画能突出事物或现象等的本质特征或示意过程。板画是以线条、一笔画、简笔画、漫画、素描等方法绘制的形象画、模式图或示意图等图画形式来代替抽象的文字符号。板画能反映事物的关系和结构,又比较具体形象,便于学生理解较复杂和抽象的内容,也有利于培养学生的逻辑思维。因此教师不仅要学会如何设计板书,也需要掌握板画的基本技巧和方法。

二、板书技能的特点

1. 目标明确,计划性强

板书、板画是为一定的教学目标服务的,偏离了教学目标的板书、板画都是毫无意义的。生物教师在设计板书之前,必须认真钻研生物课程标准和教材,明确教学目标,在达到预期教学目标的前提下,精心设计板书内容。板书应体现教材的重点、难点及教学内容各部分之间的关系。在应用时对板书的位置、顺序也应周密计划,何时写板书,何时画板画,都应做到胸有成竹。只有这样,教师在生物课堂教学过程中才能真正做到有的放矢,学生通过板书、板画就能了解所学知识点的网络、结构。教师不可以既无目的、又无计划地在黑板上随性乱写乱画。

2. 语言正确,科学性强

这是从内容上对教师的板书提出的要求。通常在课堂教学中板书语言比口语少,但板书语言是留在黑板上的,因此对其用词的准确性及科学性要求就更高了。在板书中出现的生物学名词概念、图表公式等必须准确、规范、科学[①]。例如,人为地将精子与卵细胞结合称为人工授精,而在自然条件下精子与卵细胞结合称为受精。"授"与"受",表达不一样的意思。板书时要让学生看得懂,而且必要时应特别指出,用以引发学生思考,避免由于疏忽而造成意思混乱或错误。

---

① 张迎春,汪忠. 生物学教学论. 西安:陕西师范大学出版社,2003.184.

3. 重点突出，条理性强

生物学科的教学内容本身就有其内在的层次性和逻辑性，而板书、板画是学生把握教学重点，全面系统地理解教学内容的主线之一。因此，与其他技能相比，板书技能具有更强的条理性，主要表现在重点突出，详略得当，条理清楚，层次分明，可以使学生在有限的课堂时间内，能够纵观全课、了解全貌、抓住要领。

4. 形式多样，示范性强

板书是一项直观性很强的活动，形式多种多样，有提纲式、表格式、总分式、图示式等。通过视觉刺激，学生在潜移默化地接受新信息的同时也感受到学习的乐趣。另外，心理学认为，使学生获得每个动作在空间上的正确视觉形象（包括其方向位置、幅度、速度、停顿和持续变化等），对许多动作技能的形成是十分重要的。在学生看来，教师的板书就是典范，具有很强的示范性，因此生物教师在书写板书时应注意到这一点。所谓"为人师表"，教师的一举一动都可能在一定程度上影响学生，同样的，教师在黑板上的一笔一画也会影响到学生的书写习惯及思维发展。

三、板书技能的作用

精心设计的板书浓缩着教师备课的精华。好的板书由于具有层次清楚、主次分明、逻辑性强、各种关系表示准确等特点，它不仅可以弥补教师语言讲解的不足，还可以为师生展示教与学的思路。一般说来，板书技能具有以下几个作用：

1. 概括要点，便于理解记忆和复习

教师板书反映的是一节课的内容，它往往将所教授的材料浓缩成纲要的形式，并将难点、重点、要点、线索等有条理地呈现给学生，有利于学生理解基本概念、定义、定理，并当堂巩固知识。教师板书的内容往往就是学生课堂笔记的主要内容，这无疑对学生的课后复习起引导、提示作用。中学生的思维以具体形象为主要形式，因而教学必须遵循直观性原则。富有直观性的板书，能代替或再现教师的演示，启发学生思维，增强记忆。好的板书能用静态的文字，引发学生积极而有效的思考活动，有利于学生掌握老师讲授的内容；好的板书也是一篇好的讲稿，它有利于学生做听课笔记，为课后复习提供方便。

2. 突出教学重点与难点

生物教师要根据生物两本课标和教学的内容要求来设计板书，板书的内容通常为教学的重点、难点，并且在关键的地方做标识，比如用不同颜色的笔

书写和绘画。特别是一些抽象难懂的知识点，更应充分发挥板书、板画的作用。有的教师在讲解生物遗传计算时，边讲解边在黑板上运算，虽然比直接放映在投影屏上麻烦，但是就因为教师的这种"手把手"教学，让学生懂得计算遗传频率的思路。另外学生在注视教师运算的同时，也将这一难点渐渐突破，化难为易，化抽象为具体。

3. 有助于集中学生的注意力，激发学习生物的兴趣

板书、板画把学生的听觉刺激和视觉刺激巧妙结合，避免了由于单调的听觉刺激导致的疲倦和分心，兼顾学生的有意注意和无意注意，从而引导和控制学生的思路。有的教师在讲植物受精过程中，顺手就用粉笔在黑板上勾勒出雌蕊的纵剖模式图，进而勾勒出整个受精过程；在上生物经典实验时，几笔就能勾画出科学家所用的经典仪器和步骤等；在讲动、植物的生活特性时，能画出花鸟鱼虫。学生在赞叹佩服之余，往往会聚精会神地听老师讲解，从而激发其对生物的浓厚兴趣。

4. 指导观察，引导实验

板书、板画在生物实验教学中也起着重要的作用。教师在设计实验课的板书时，应着重体现学生实验的过程和结果，训练学生实际操作的能力。例如，有位教师为"验证光合作用释放的是氧气，吸收的是二氧化碳"这一实验的教学，设计了这么一个板书（表7-1）：

表 7-1 "光合作用实验"板书

步骤	预期结果	实验结果
小鼠在密闭的玻璃罩中会死吗？		
在玻璃罩中放上一盆绿色植物，这样小鼠还会死吗？		
如果在玻璃罩中放上一杯氢氧化钠，那植物和小鼠又会怎样？		

教学中，为了引导学生操作，教师边板书边组织学生实验，然后根据结果，将板书列成一张表格，进行比较归纳，最后得出结论，这样既突出了重点又训练了学生的逻辑思维能力。

第二节 板书的设计

一、板书设计的方法

板书、板画是课堂教学内容的逻辑主线,是学生记学习笔记的主要依据。生动有序的板书、板画能够激发学生学习的兴趣,发展学生的智力,并可调动非智力因素,更好地完成学习任务。在生物教学过程中,不管是运用了哪一种类型的板书,其共同点都是必须在备课时预先设计好。设计好板书,这对生物教师来说,是至关重要的。但是如何设计好板书呢?

从实质上来说,板书其实就是文字、数字及线条、箭头和图形的组合。因此设计也应从这几个方面着手。

1. 锤炼语言文字

语言文字是板书的第一要素。文字包括汉字、数字及其他国家文字,是板书语言的主要内容,也是板书的工具、媒介。教材的内容、教师的意图都由此表达。因此,板书文字要做到正确规范,即不写错字,不写繁体字、异体字、被废的简化字,要做到端正清楚,不潦草难辨,不影响学生学习。叶圣陶曾说过:"实用的写字,除了首先求其正确外,还须清楚匀整,放在眼前觉得舒服,至少也须不觉得难看。"这就要求板书文字做到漂亮优美,给人以艺术享受。生动的教学板书语言要求整齐、对称、流畅、富有乐感,表现语言的音乐美。锤炼语言时,可使用对偶、排比、押韵、比喻等修辞手法。

同时,教学板书的语言应做到:准确,语言能表情达意、没有语病;精练,板书语言要言而不繁,具有高度的概括性。在板书中为了追求简练,经常使用"简称"、"缩略语"等。

2. 借用符号、线条

文字也是符号,是完整而系统的符号。除文字之外,教学板书还可使用标点符号、数学运算符号、气象符号、速写符号、批改符号、箭头符号、外文字母、商标、代号、记号等。另外,教学板书也常常运用线条与文字、符号、图形配合,借以表情达意、教书育人。线条有直线、曲线,有实线、虚线,有横线、竖线、斜线,有单线、复线等。在生物教学中,常用的是直线式和曲线式板书,其中曲线可以为不规则曲线、波纹线、抛物线等,也可以为封闭式的曲线,如圆和椭圆等。

3. 创造图形，制作表格

科学实验证实：形象帮助记忆、直观加深印象。特别是生物学科的内在知识大多为抽象、潜在的。如对于刚接触生物这一学科的学生来说，细胞是个抽象的物质。因此在生物课堂中，教师免不了要充分使用挂图、图片等。而在教学板书中则使用图形示意，化抽象为形象，以取得良好的教学效果。板书中常见的图形包括示意图、简笔画、板画、板贴等。有些学者把板画又划分为平面图、剖面图、解剖图、示意图、综合图等，这有一定的参考价值。板书图形应依据生物学科特点、教材特色、教学情景、学生实际、教师个性，要求做到直观、新颖、优美。所谓直观，是指板书造型具体可感、形式可视，富有趣味性；所谓新颖，是指板书造型新鲜别致、独特新奇，富有创造性；所谓优美，是指板书造型符合美学规律、审美原理，符合审美取向，富有强烈的艺术感。有的板书如表格式板书，还应借助于表格。一般说来，表格可分为竖表与横表两种，其共同要求是概括要精要明了、格式要整齐端正、对比要强烈鲜明，给人一目了然之感。

4. 协调色彩

心理学研究表明，色彩能引起知觉，唤起味觉，兴奋大脑皮层，促进植物神经活动，和谐心理发展。因此，在板书设计中，也应考虑色彩搭配是否合理，尽量做到恰当、蕴藉、和谐。恰当，是指板书色彩搭配合理，有强调作用，白色外施加其他颜色可以突出重点、难点、疑点、要点、特点。蕴藉，是指板书色彩含义深刻，富有象征意味，起表情达意作用。和谐，是指板书色彩搭配谐调，有审美价值。色彩使用以白色为主，和谐配以其他颜色。据研究表明，彩色可增强对人视觉的刺激，因而彩色粉笔在板书中能起到画龙点睛的作用，有利于突出重点，便于学生分清主次，加深印象。实践证明，在白色的基础上，巧妙、适当地配以红、绿、蓝、黄等不同颜色，可收到预想不到的艺术效果。

好的板书要同时满足语言文字规范、线条符号使用得当、充分使用图形表格，也要注意色彩的搭配及协调，可以说好的板书是一种艺术。由于生物学科的特点，生物教师应充分掌握板书技能，使学生在学习到生物知识的同时，还得到美的享受。

二、板书设计的类型

随着教学实践和板书理论的发展，对板书类型的设计也越来越深入。一般说来，板书有主板书和副板书之分。主板书是表现主要内容的板书，能体现作者行文思路和教学思路，是教师备课时事先精心设计好的，作为教案的一部分。主板书是整个课堂板书的骨架，一般保留于课堂教学的全过程，被安排在黑板的左侧，或中部，占的地方要大一些。副板书是对主板书的补充、注释或总结等，有时也是为示意而做的临时性板书，一般写在黑板的右侧，根据教学进程随写随擦或择要保留。

板书的形式随教学目标、教学内容、学生年龄特征及学习特点的不同而不同，选择适当的板书类型是增强教学效果的重要一环。常用的板书类型主要有以下几种：

(一)提纲式

提纲式板书，运用简洁的重点词句，分层次、按部分地列出教材的知识结构提纲或者内容提要。这类板书适用于内容比较多，结构和层次比较清楚的教学内容。提纲式板书的特点是：条理清楚、从属关系分明，给人清晰完整的印象，便于学生对教材内容和知识体系的理解和记忆。例如，"光合作用"第二节的板书(图7-1)：

```
        植物学"光合作用"第二节板书
  三、光合作用的实质
  1.公式
                    光
     二氧化碳＋水 ─────→ 淀粉＋氧气
                   叶绿体
       (原料)      (条件)    (产物)
  2.实质
     物质转化过程：无机物 ────→ 有机物
     能量转化过程：光  能 ────→ 储藏在有机物中的能量
  四、光合作用的意义
  五、外界条件对光合作用的影响
  六、光合作用的原理在农业生产上的应用
```

图7-1 "光合作用"板书

再如，"生态系统的成分"一节的板书(图7-2)：

(二)总分式

这种板书能抓住知识的主干，从而"挈领"式地分支出各个分知识的树枝。总分式板书的特点是概括性强，条理分明，从属关系分明，有利于学生理解和掌握教材结构，给人清晰完整的印象。例如，在讲解"生物的生殖"这一课时，

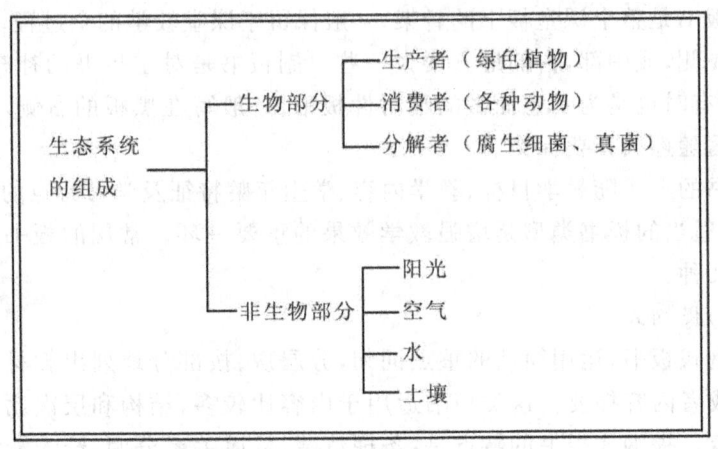

图 7-2 "生态系统的成分"板书

有位教师就设计了这样的板书(图 7-3):

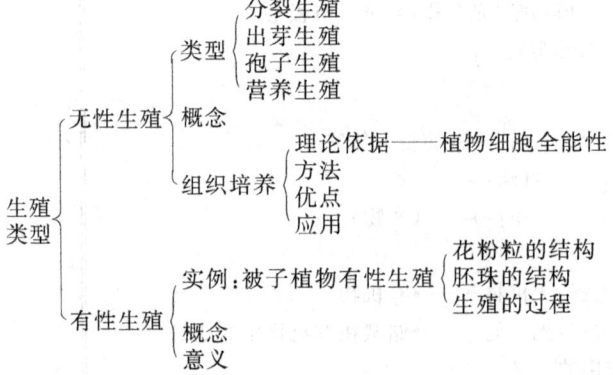

图 7-3 "生物的生殖"板书

再如"糖代谢的过程"的板书(图 7-4):

这样不仅能清晰地展示教学内容各部分间的纵向联系,按照并列的形式

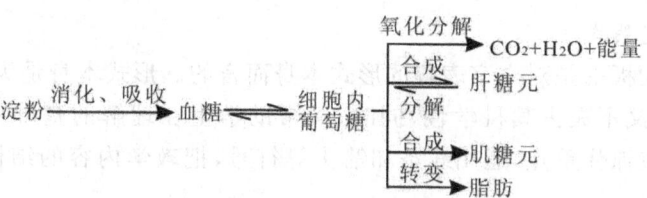

图 7-4 "糖代谢的过程"板书

进行分别归纳,也在一定程度上保证了教学的条理性。

(三)表格式

表格式板书是将教学内容的要点与彼此间的联系以表格的形式呈现,它是根据教学内容可以明显分项的特点设计表格,由教师提出相应的问题,让学生思考后提炼出简要的词语填入表格,也可由教师边讲解边把关键词语填入表格,或者先把内容有目的地按一定位置书写,归纳、总结时再形成表格。这类板书能将教材多变的内容梳理成简明的框架结构,增强教学内容的整体感与透明度,同时还可以加深对事物的特征及其本质的认识。表 7-2 是教师讲完核酸的种类和结构后,在黑板上进行的比较。

表 7-2 DNA 与 RNA 比较板书

核酸	分子量（大约）	存在	糖成分	碱基种类	结构	功能
DNA	$10^6 \sim 10^{11}$	主要在细胞核内,染色体的成分	脱氧核糖	A、G、C、T	双螺旋	遗传物质
RNA	1.5～数十万	主要在细胞质中	核糖	A、U、C、T	单链	生物蛋白质合成

又如"物质出入细胞的方式"的板书(表 7-3):

表 7-3 "物质出入细胞的方式"板书

	自由扩散	主动运输
出入方向	顺浓度梯度	逆浓度梯度
是否需要载体	不需要	需要
是否消耗能量	不消耗	消耗
例子	H_2O、CO_2、甘油等	K 粒子进入红细胞等

（四）发展式

发展式板书是对文字表解的形式本身而言的。形式本身是为教师书写提供方便，而又不失去其科学性，同时，又帮助学生在理解的基础上加深记忆。主要表现在抓住重点，运用线条和箭头等符号，把教学内容的结构、脉络清晰地展现出来。

例如，"人体的消化和吸收"一节的教学①，为体现该节知识的整体性和系统性，指导学生更好地理解和记忆，授课时，特设计以下板书（图 7-5）：

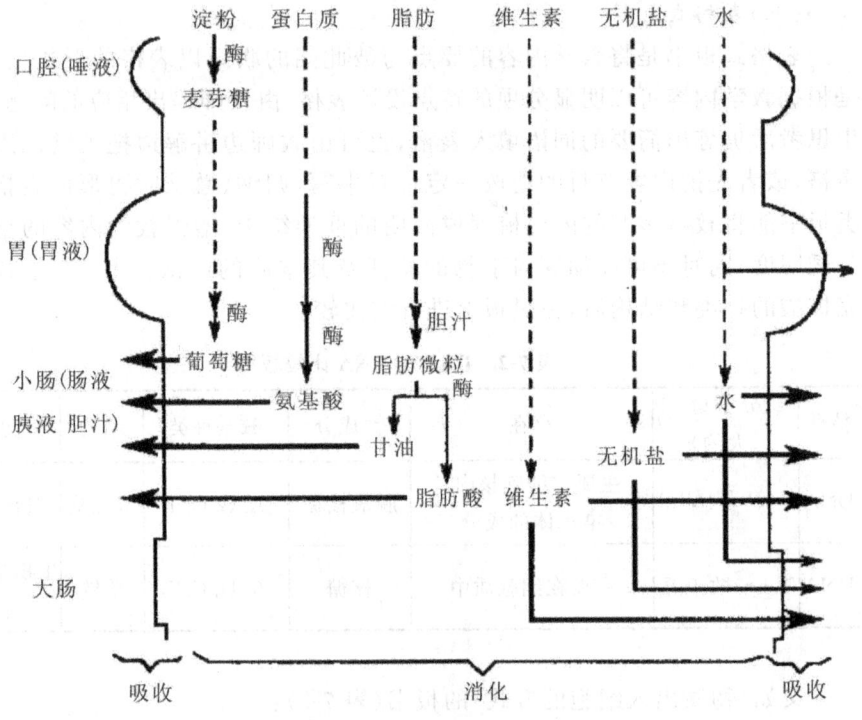

图 7-5 "人体的消化和吸收"板书

板书说明：

1. 该板书是在授课过程中配合讲述内容逐渐完成的（板书六种营养物质板图消化道简图板书消化道主要器官及所含消化液消化过程消化概念吸收过程吸收概念）

---

① 彭宗臣."人体的消化和吸收"的板书设计.中学生物学，2004，1

2.两侧轮廓表示扩大了的消化道纵切面简图

3."———▶"表示被消化的过程,"----▶"表示没被消化的过程

点评:

1.全书知识系统化,结构合理美观。

2.六大营养物质、消化道的组成以及消化液的分布部位清晰,利于学生记忆。

3.简明扼要地体现出食物中各种成分在消化道内被消化的过程(包括被消化的起始器官、最终器官、主要部位、所需的消化液、中间产物及终产物)。

4.一目了然地看出营养物质被消化道(胃、小肠、大肠)吸收的情况。

5.板书能较容易地归纳总结出消化和吸收的概念。

(五)图文式

教师边讲边把教学内容所涉及的事物形态、结构等用单线图画出来(包括模式图、示意图、图解和图画等),形象直观地展现在学生面前。既是一般的板书,也是板画。这种板书图文并茂,容易引起学生的注意,激发学习兴趣,能够较好地培养学生的观察能力以及思维能力。图文式的类型又可分为多种:

例如,教师在讲解"循环系统"一课的"淋巴形成"所展示的示意图(挂图式,见图7-6);

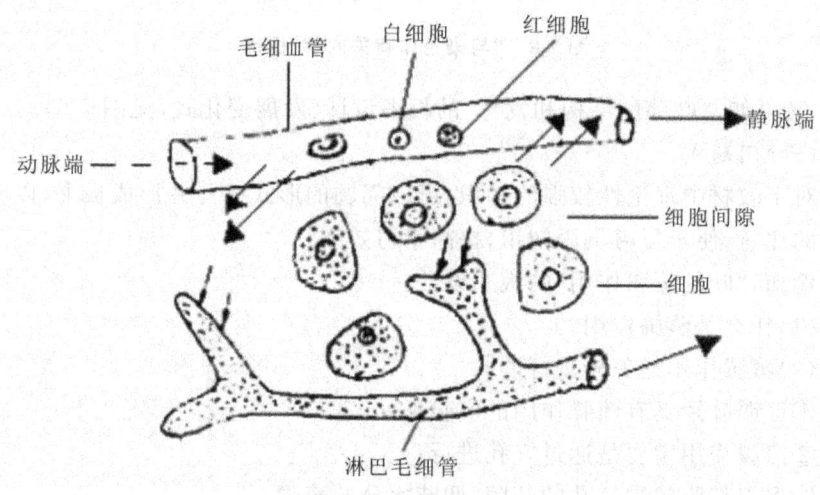

图7-6 "淋巴形成"板书

又如,"碳循环过程"的板书(循环式,见图7-7);

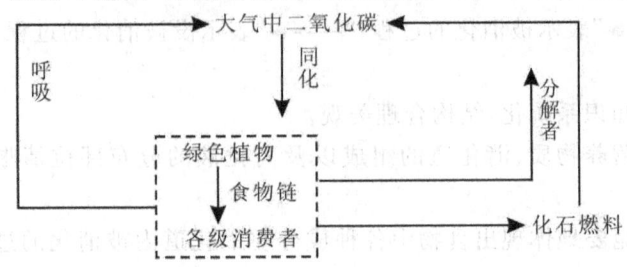

图 7-7 "碳循环过程"板书

再如,"与染色体有关内容"的板书(发散式,见图7-8);

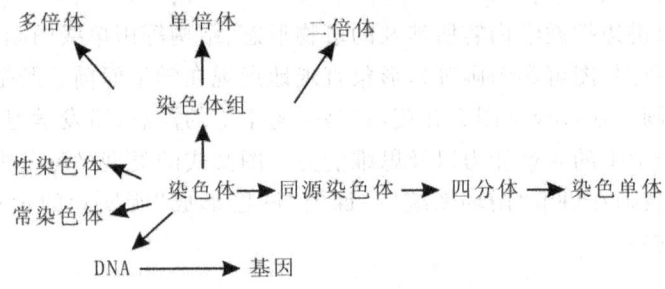

图 7-8 "与染色体有关内容"板书

又再如,"叶芽的结构和发育"的板书设计(发展变化式,见图7-9)。

(六)问题式

对于教材中理论性较强的知识,可以问题的形式书写并形成板书,以引起学生的注意,便于复习巩固知识,提高学习效率。

例如,"叶的蒸腾作用"的板书设计:

(1)什么是蒸腾作用?

(2)蒸腾作用是怎样进行的?

①证明叶片具有蒸腾作用的实验;

②蒸腾作用主要是通过气孔进行;

③保卫细胞控制气孔的开闭,调节水分的蒸腾。

(3)影响蒸腾作用的外界条件主要是什么?

①光照;

②气温。

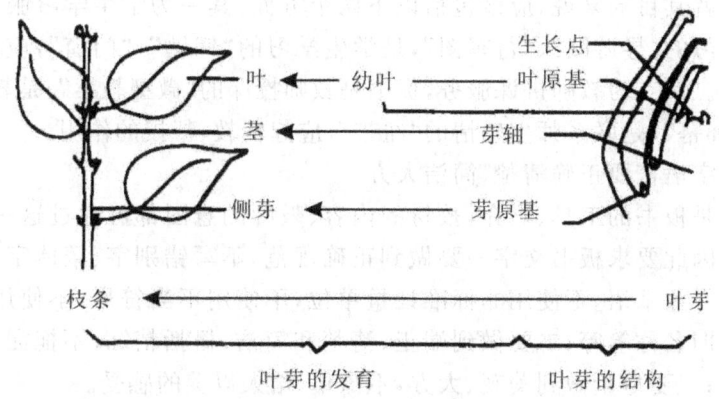

图 7-9 "叶芽的结构和发育"板书

(4)蒸腾作用对植物的生活有什么意义？
①降低叶片温度,保护植物体;
②促进植物体内水分和无机盐向上运输。

当然,除了上述几种基本类型以外,有些章节的知识点比较多,仅用一种类型的板书显然无法很好地体现主体,因此也可利用综合式板书,融文字、图画、图表为一体。在实际应用中,教师对教学大纲和教材的理解与处理会有差异,板书的设计也会有差异。从这个意义上讲,"板书无定法",教师还可以根据需要使用其他形式的板书,但无论哪种类型都应紧扣课文内容。教师在使用板书时,不必拘泥于某种形式,要力求创新,敢于改进,以求有所突破。做到层次分明,重点突出,精当凝练,把板书有机地、和谐地融入教学过程,与其他教学技能结合构成一个协调的系统,促进教学效益的优化。

三、板书的设计要求

1. 目的要明确、集中、合理

板书是工具,而工具是用来为"目的"服务的。教懂学生、教会学生,使学生学会、会学是教学的目的。板书为了达到这一目的,就必须有自己鲜明的"目的"。板书的目的要明确、集中、合理。明确,是指板书中为什么服务、为谁服务、怎样服务等内容能具体明白、正确鲜明;集中,是指板书目的单一,"高度集中"地为一个教学目标服务;合理,是指板书目的定位合理、方向明确,符合教学总目标、总要求,不游离于整体教学,书之有理。以上是板书设计者始终要考虑的问题。

板书就其目的来说,应该包括以下两个方面:其一为学生学习服务,板书是学生学习的"导游图"、"行军图",是学生学习的"钥匙"、"门窗",应起助学、导读作用。其二为教师讲课服务,板书是教师授课的"微型教案",是教师反映教材的"屏幕",是联系师生感情的"纽带",应起辅教、帮授的作用。

2. 文字语言要正确清楚、简洁大方

文字是板书的工具、媒介,教材的内容、教师的意图都可通过这一工具媒介表达。因此要求板书文字一要做到正确规范,不写错别字、繁体字,不随意简写生物专业术语,不使用非标准计量单位,不使用不当符号,不使用已经废弃的生物旧名称等等;二要做到端正、清楚和简洁,概括精练,不拖泥带水、不啰嗦重复;三要尽量做到美观、大方,不潦草,给人以美的感受。

列举高中生物常见板书文字表达错误一览表①(该表以人教社2003年6月全日制普通高中《生物》(第一册)为指导,归类常见板书错误,供参考,见表7-4)。

表7-4 高中生物常见板书文字表达错误一览表

错误归类	错误或不正规的板书(例释)	规范的板书
(1)旧教材习惯性的迁移	感觉性失语症 最适 pH 值 核区,粘膜,耳廓 脂类、糖原 光和速度、呼吸速度 催化反应速度 无籽番茄,8个染色体 血糖正常值 0.1%	听觉性失语症 最适 pH 拟核,黏膜,耳郭 脂质、糖元 光和速率、呼吸速率 催化反应速率 无子番茄,8条染色体 血糖正常 80~120 mg/dL
(2)错别字	氨根、铵基 必须元素,相似相容 兰藻、兰紫光 革蓝氏阴性菌 双缩尿试剂、尿酶 内膜折叠形成脊 桔抗作用、桔黄色 饱饮作用、炭疽杆菌 烃基(—OH),甘油三脂	铵根、氨基 必需元素,相似相溶 蓝藻、蓝紫光 革兰氏阴性菌 双缩脲试剂、脲酶 内膜折叠形成嵴 拮抗作用、橘黄色 饱饮作用、碳疽杆菌 羟基(—OH),甘油三酯

---

① 罗德银.生物学教师课堂顿书常见问题.生物学教学,2004,29(7).

续表

错误归类	错误或不正规的板书(例释)	规范的板书
(3)使用已废弃的旧名称	碳水化合物,荷尔蒙 分子量,质量百分比浓度 原子量,体积百分含量 核糖,去氨基作用 氢硫基(—SH)	糖类,激素 相对分子质量,质量分数 相对原子质量,质量分数 脱氧核糖,脱氨基作用 巯基(—SH)
(4)符号代替文字	淀粉E、蛋白E ♂蕊、♀蕊 丙AA、甘AA CH化合物 nm技术	淀粉酶、蛋白酶 雄蕊、雌蕊 丙氨酸、甘氨酸 碳氢化合物 纳米技术
(5)符号使用不当	ADP+P+能量→ATP Ve 7kpa,5帕斯卡 10~20day 2 870 千焦耳	ADP+Pi+能量→ATP 维生素E、VE 7kPa,5Pa、5帕 10~20d 2 870 千焦、2 870 kJ
(6)使用非法计量单位	根压1帕 血压350mmHg	根压$1×10^5$Pa、0.1xMPa 血压46.55kPa、46.55千帕
(7)不恰当的简缩	减裂,组培 羧基(COOH) 肽键(CONH、CO—NH)	减数分裂,组织培养 羧基(—COOH) 肽键(—CO—NH—)

3.内容要科学、完整、系统,富有启发性

板书要发挥其"服务于教学"的作用,首先取决于内容的科学性、完整性、系统性。板书的内容错误、零乱、缺漏,必定影响正常教学。所谓科学,是指板书表达的知识要正确、再现的信息要准确、反映的资料要无误、揭示的内容要客观,并且又能准确深刻地体现施教者的思想情感;所谓完整,是指板书内容完备全面,体现教材的整体性。当然在整体性的前提下,要突出重点,做到整体性与重点性的统一;所谓系统,是指板书内容内部联系紧密、系统有序、条理分明、逻辑性强。板书内容的系统性,对学生把握教材的整体结构、了解编者的编辑思路,培养系统整体思维能力有重要意义。

板书还应追求启发学生思维发展,在内容的设计上可以进行一些特殊的安排。我们常根据知识本身的逻辑结构安排板书层次,有时也可以依据思维的过程来进行特殊设计。

例如,在学习"植物对离子的选择吸收"时,就可以从"影响根吸收矿质离

子的内部因素"的角度进行如图 7-10 的板书。这种板书,避免了将概念、原理、结论等和盘托出的弊端,给学生"是新内容"的感觉,也正因为是"新内容",所以更能引起学生的注意。

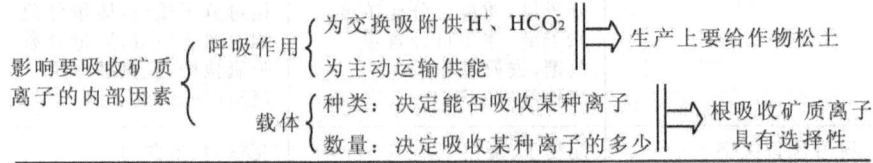

图 7-10 "植物对离子的选择吸收"板书

还有依照知识的探索、获取的顺序设计的板书。例如,在学习"生长素的发现"时,设计如图 7-11 的板书。这种板书依据探索、获取知识的顺序把一些"散乱"的知识串联成整体,使学生在了解生长素发现过程的同时掌握了有关经典实验的原理和方法。板书设计不但要突出重点,而且要有助于难点的突破,既要有助于知识的探索和掌握,又要有助于能力的培养,这样才能最大限度地提高课堂教学效率。

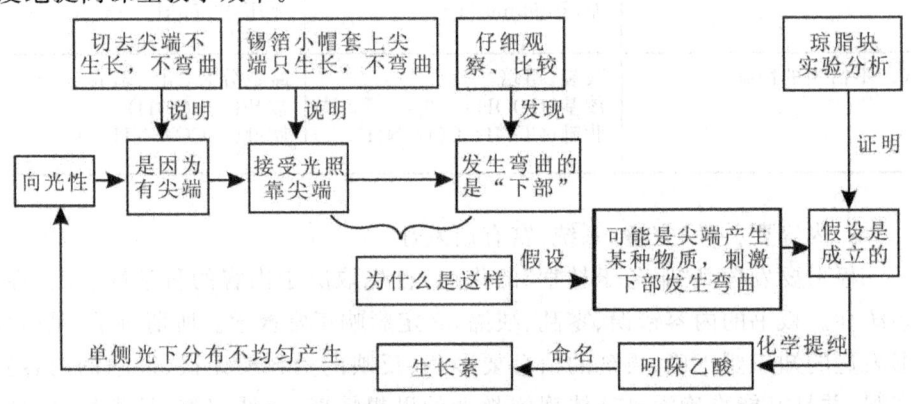

图 7-11 "生长素的发现"板书

4. 造型结构要直观、严谨、巧妙

板书的造型是指板书形式的安排,是体现板书教学功能的主要手段。它要求板书图示的排列和组合在准确体现内容的前提下,力求直观、严谨、巧妙。教学板书造型应当依据生物学科特点、教学内容、教学情景、学生实际、教师个性而定。所谓直观是指板书造型具体可感、形式可视,富有趣味性;所谓严谨是指板书结构层次清楚、布局合理、构思严密,内在联系缜密而富有逻辑性;所谓巧妙是指板书结构造型符合教学规律和教师风格,符合教学进程的安排。

第七章　板书技能

5.板书风格要独立、认真、务实

每位教师板书内容与形式诸因素的具体表现是不相同的,因此每位教师的板书都具有各自的特点。板书是由内容到形式等特点的有机体现,即为板书的风格。板书是每位教师根据自己的理解对教材进行的创造,是个人教学个性魅力的独特折射,因人而异,不可能是一个模式,它是一个教师教学技能走向成熟的重要标志。教师的板书应当体现多样性、创造性、个性。教师的板书不要刻意模仿,要结合自身的兴趣爱好、个性特长以及对教材的不同理解,设计出渗透自己审美情趣且独特、新颖的板书风格。总之,板书应该有自己的个性。

板书是对教材的一种提炼,是课堂教学的重要手段。它的重要作用要求教师进行认真务实的设计和创作。板书书写不可"龙飞凤舞",缺乏美观;板书活动不可随心所欲,没有计划;板书形式不可过于标新立异,缺乏实效;板书内容不可简单照抄、盲目搬用、没有设计;板书格式不可千篇一律,毫无个性。

第三节　板书技能的运用

一、板书绘画技巧

(一)粉笔执笔方法与写字姿势

1.粉笔执笔方法

粉笔执笔法与钢笔执笔法有区别。执笔时,拇指、食指与中指前端三面相对捏住笔头约一厘米处,无名指和小拇指靠住中指,起辅助作用,使手腕的力量平衡,粉笔字写得好不好关键在于手腕。书写时也应注意指实掌虚,所有关节应向外突出,不要用指肚执笔,而要靠近指尖执笔,以便于指端用力,劲注笔端。粉笔与黑板的倾斜角度,可依笔画粗细而定,一般约为70°~80°。由于粉笔的构造特殊,如果执笔不当,容易折断。因此执笔部位不可过高,也不可过松或过紧。

2.写字姿势

粉笔字主要用于板书,姿势多用立式。因为是当众书写,因此要求写字姿势既要正确,又要端庄大方。具体要求是:

头平:就是头部保持平正,眼睛距板面40厘米左右,头部不要左歪右斜,这样才能保证视线平正,书写横平竖直,行款整齐,否则写出的字可能变形,行也可能上斜。书写时如高于头部，面可略仰，低于头部，面可略俯，但基本上应保持平正。

身正：就是身体要保持正直，不要左右偏斜。当然，在书写过程中，身体要随着文字的书写不断平移，避免身体挡住学生的视线。

臂曲：右手手臂应弯曲向上，使臂、肘、腕、指的力量均衡地到达笔端，但不能弯曲无度，以致造成手臂乏力。左手或持书拿本，或轻按黑板，或微曲下垂。

足稳：两脚要分开站稳。若两脚平行，可同肩宽；若两脚前后分开，步幅大小要根据能否站稳而定。也可踮脚，也可屈膝，但都要保持身体平直，不可弯腰、驼背、撅臀。板书横行一般不宜太长，脚步移动太多，直接影响速度，又显得手忙脚乱。

（二）文字、符号的书写

板书主要是由文字、符号和图形组成。文字的书写要规范，具体要求是：笔画清楚，笔顺正确，字体工整，无错别字，正确使用标点符号，行款格式符合要求，条目安排得当，注意整体效果。生物学有关符号的书写更要规范，既要格式正确，又要章法匀整。

（三）生物图的基本画法

生物教学中涉及大量的图，有时需要在黑板上画一些简单的模式图或结构图。注意以下几个方面：

1. 图中各组成部分的比例适当、位置适宜，一般应稍偏黑板左上方，图的右侧可引出水平线注明结构名称；

2. 先根据原图轻轻地画出轮廓，经过修改，再正式画好；

3. 符合生物学特性，可以不完整，但决不可以出现科学性错误。例如，在画细胞结构示意图的时候，不可以把细胞核直接用线圈起来，然后涂黑，而应该用打点的方式显示细胞核区；

4. 字尽量注在图的右侧。用尺引出水平的指示线，然后注字。

二、运用板书技能的技巧

（一）布局合理、图文并茂

教学板书的合理布局是指对在黑板上要书写的文字、图表、线条，作出严密周到的安排。既符合书写规范要求，格式行款讲究，又能充分利用黑板的有限空间，使整个板书紧凑、匀称、谐调、完整、美观、大方。合理的板书布局可以增加内容的条理性和清晰度，避免引起学生视力过早疲劳，获得良好的教学效果，也有助于培养学生的审美等能力。常见的教学板书布局有中心板、两分板、三分板等。据研究，人对处于不同位置内容的观察频率是不同的。对位于左上方的内容观察频率最高，其次是左下方，右下方最低。所以，如果教学板书不多，则应放在中间偏左的位置；如果教学板书较多，根据板书各部分的重要程度，依次适宜地安排在左上、左下、右上、右下的位置上。但无论如何进行板书布局，都应力求主次分明。

生物学教学内容中有很多是生物的形态、结构知识，这些知识如果以简笔画的形式表现在黑板上，远比烦琐的语言或文字更能强化学生对知识的理解。

例如，有关植物气孔的结构、植物茎的结构、人体红细胞的形态等知识都是可以充分利用图文并茂的方式表现成板书。即使是很多关于生理活动或生理功能方面的知识，有时也可以采用直观的方式加以表达。水螅的运动方式、变形虫吞噬细菌的过程、绿色开花植物的双受精过程等知识也是可以依靠简笔画的表现方式呈现为板书的。

（二）层次分明、脉络清晰

板书是写给学生看的，因此，构成板书的字、词、句应该显示教学过程和教学内容的内在联系。板书的布局结构合理，主体部分设置在黑板的中心，全课大大小小的标题清清楚楚地按顺序而写，结构严谨，层次分明。辅助板书可分布在黑板的两侧，常起配合主题板书的作用。例如，书写或勾画难于理解的字、词、术语、符号、简图等。板书应该突出重难点，一节课的教学重点和难点在板书上应该"一目了然"，重点内容板书通常比较详细，字体一般工整且字号较大，有必要的话还可以用红色、黄色等彩色粉笔圈注。下课后学生只要看看黑板，这节课的重难点就"尽收眼底"。

（三）词语精炼、提纲挈领

教学板书不仅反映教学内容，更是教学内容的高度概括和浓缩。有的教师教学事无巨细，不分主次，板书教学内容像记流水账一样，整段整段地照抄书本内容，迫使学生疲命于被动抄写，无法积极思维。这不仅没有必要，而且不利于学生思维发展。有经验的生物学教师常常采用图文式或表格式的板书，既提高了学生的学习效率，又利于课后的复习巩固。

（四）巧设"布白"、促进思考

在板书中设置一些空白，适当地给学生留下自觉思维的空间和知识内化的机会，可使学生加深对知识的理解和掌握，从而促进学生积极思考。

1. 在重点难点、关键处设置空白

在课堂讲授中，对于知识的难点和重点，往往不直接灌输，而是精心设计教学方法，在已有知识的基础上，分层次、有梯度地向学生逐步讲解，同时配以相应的布白,教师加以引导,让学生去思考、探索、归纳、总结,得出正确的结论。在重点和难点问题上,通过板书设计,布置恰当的布白以督促学生快速进入角色,定向适宜解惑,突破难点,强化重点,把握关键,从而掌握主要内容。例如,"自然选择"的板书(方框内为布白内容,见图7-12):

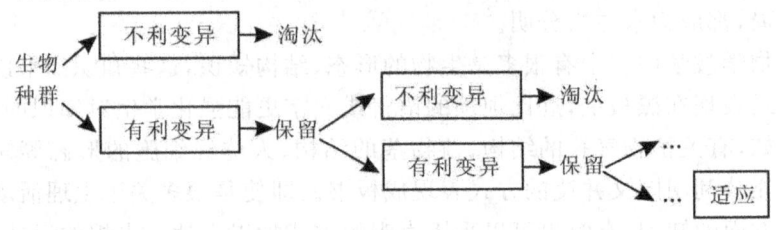

图7-12 "自然选择"板书

2. 在比较处设置布白

比较法是生物教学常用的一种方法,板书也应深刻挖掘出生物学教材中的可比较因素,例如,对"基因的复制、转录和翻译"的板书设计(比较内容为布白,表7-5):

表7-5 "基因的复制、转录和翻译"板书

	复制	转录	翻译
场所	核内	核内	核糖体
模板	DNA	解旋一条有意义DNA链	信使RNA
原料	4种脱氧核苷酸	4种核糖核酸	氨基酸
产物	1分子DNA转变为2分子DNA	mRNA、tRNA、rRNA	蛋白质

这里挖掘出场所、模版、原料、产物等4个比较点,让学生分析、比较,形成系统的认识。

三、运用板书技能的原则

设计好的板书在投入生物课堂使用前,首先应了解其应用原则。"知己知彼,百战不殆",如果偏离了板书技能的应用原则这一轨道,那么设计得再好的板书也只是浪费,无法取得预期的效果。

1. 计划性原则

要使板书艺术化,首先要做好周密计划,这是前提。备课时认真设计板书的内容,使之体现教材的重点、难点、精华及教学内容各部分之间的关系,通过板书就能让学生了解所学知识点的网络、结构。此外,板书的位置、顺序及美的造型也要周密考虑,即何时板书,板书什么,在何处板书,都应做到胸有成竹,这也是板书技能所具有的一个鲜明的特点。切忌乱写乱画,无目的,无计划。

2. 科学性原则

科学性是生物教学板书设计的根本原则。只有符合科学性原则的板书,才能准确无误地传输生物学信息。生物教学板书的科学性,是以文字正确表达生物基本知识、基本概念、基本原理为基本内涵,是从教材中提炼出来的精华,要求脉络清晰,高度概括。这就必须对板书中的字、词、符号,甚至一个箭头精心琢磨,反复推敲,认真筛选,保证准确、精炼。只有结构严谨、内容科学的板书才能有利于学生形成科学的概念,培养其科学态度。

3. 简洁性原则

教学板书的语言应是经过精心提炼的语言,符号与图像也应是精当节省的。既是概括精炼的,又是准确适当的,能够深刻地反映出教学内容的本质。一方面可以培养学生简练的学习风格,另一方面也节约了时间,提高了教学效率。倘若板书时不分主次,洋洋洒洒一黑板,那就影响了学生的思维,使之紊乱而无条理。

4. 教育示范性原则

教学板书具有很强的教育示范性特点,好的板书对学生是一种艺术熏陶,起到潜移默化的作用。教师在板书时的字形字迹、书写笔顺、推理步骤、解题方法、制图技巧、板书态度和习惯动作等,往往成为学生模仿的对象,给学生留下深刻的印象。

5. 条理性原则

板书设计要使各个知识点结构严谨,有主有次,一条红线贯穿始终。做到横成线,纵成片,横平竖直,泾渭分明。切忌横写竖写,似蚂蚁出洞;东写西画,像满天繁星,影响学生的视觉。条理性还表现在编号准确、合理,常用的编号方式有:"一、"、"(一)"、"1."、"(1)"、"①"。

6. 同步性原则

教师教学时讲解与板书、讲解与板画同步进行,边讲边写边画,这样不仅能使整个课堂结构紧凑,而且能调动学生动用多种器官参与教学过程,事半功倍。当然,有些教师喜欢上课前就把大部分的板书写好,这未必不可。成型的板书对学生来说也有帮助,能够让学生立刻了解这堂课需要学习的内容,讲到具体问题时再配以详细的板书或图解。应视教师个性、习惯和教学内容而定,不可千篇一律。

四、运用板书技能的注意事项

1.板书、板画的内容一定要在课前精心设计,甚至还需要预演练习,以保证课堂教学的顺利进行。切不可课前无准备,上课时随心所欲地写画。

2.板书、板画的内容要注意科学、严谨。必须正确地使用字、词,才能准确无误地描述所讲授的内容。如"受精"与"授精"写法不同,代表的生物学意义也是不同的。又如在说明DNA是大部分生物的遗传物质时,要突出"大部分",更不能用"一切生物"来代替。板画也是如此,所画的图形应与所述的生物过程相符合,不能信手拈来,乱画似涂鸦。

当然,强调科学性并不等于所有词语、画都要很缜密。认识过程的阶段性,使得有些概念、规律不可能叙述得很严密。不严密是可以的,但绝不能不科学。

3.色彩对引起学生视觉反应确有增强作用,但板书、板画中的彩笔使用不宜过多。花花绿绿的板书,由于彩笔的数量和种类过多,往往显得杂乱无章,反而不能加强板书、板画应起的作用效果,同时也不利于学生的视觉卫生。规范的板书不应使人感到眼花缭乱,而应让人感到赏心悦目,从中得到美的享受。

4.板书除了要设计得有条理外,还应保持黑板干净、清新。不要随便擦改涂抹,一般不要用手直接擦黑板,造成黑板脏乱,不仅会影响学生的连续思维和兴趣,也会给讲解带来不必要的障碍,同时也给学生做笔记带来困难。另外,还应避免反光现象,应在全体同学均可看清的区域板书,以便更好地组织教学。建议教师在书写板书之前,先考察教室的采光条件。

第四节　板书技能评价记录表

课题：　　　　　　　　　　　　　　　　　　　　执教：

评价项目	好	中	差	权重
1. 板书设计与教学内容紧密联系,有效为教学目的服务	□	□	□	0.15
2. 板书结构布局合理,清晰简洁	□	□	□	0.10
3. 板书能抓住重点,突出难点,富有概括力	□	□	□	0.15
4. 板书大小适当,便于观看	□	□	□	0.10
5. 板书、板画时机适当、速度适宜,配合讲解	□	□	□	0.15
6. 板画比例适合,美观,能激发学生的思维和兴趣	□	□	□	0.15
7. 文字书写规范	□	□	□	0.10
8. 应用了强化手段,突出重点(如彩笔、加强符号等)	□	□	□	0.10

对整段微格教学片断的评价：

思考与练习

1. 什么是板书技能？
2. 板书技能有什么特点？
3. 常见的板书设计类型有哪些？
4. 板书技能应用时应该注意哪些原则？
5. 谈谈如何提高板书技能应用技巧。
6. 在充分备课的基础上,独立设计一堂生物课的板书,并进行微格技能训练。

第八章

生物学实验教学技能

第一节 生物学实验概述

一、什么是生物学实验

生物学是以实验为基础的自然科学,生物学的发展离不开实验。生物学实验是生物科学研究的重要方法,正是生物学实验的不断发现,人类对生物学才有了一次又一次的进步。生物学实验是根据研究目的和研究对象,运用一定手段(仪器、设备等)、方法,主动控制、人为干预研究对象,或控制研究对象的环境、条件,并在其中进行的探索生命现象及其变化规律的实践活动。可见,生物学实验实质上是一种人为条件控制下生命过程的再现,并在其中获取、发现生命发生、发展的一般规律。

二、生物学实验组成要素

从认识论的角度分析,生物学实验应包括实验者、实验研究对象和实验手段三个要素。

(一)实验者

实验者是整个生物学实验的认识主体,是实验过程中最积极、最活跃的因素。从生物学实验各个环节的设计,对实验对象、环境、条件的控制,以及实验过程中的具体运作和探索活动直至得出结论,都应体现认识主体的主观能动性。生物学实验能否获得预期的效果,能否成功,取决于实验者生物科学理论知识的水平和思维能力,也取决于实验者运用实验手段进行实验操作的技术水平,以及从实验过程中获取信息的能力。

在中学生物学实验的教学中,学生是进行实验操作的认识主体。通过生

物学实验,学生在信息的获取、操作技能的训练、思维的发展及创造力等方面的能力得到培养和提高,因此教师应在实验教学中充分发挥实验主体的主动性、能动性。

(二)实验研究对象

生物学实验的研究对象是生命及其各种形式的运动、变化和发展。生命是宇宙中的物质从原始星云经过物理演化和化学演化而进化来的最高级最复杂的物质形态,其运动变化也是自然界中最高级最复杂的运动方式。具有以下几个特点:

1. 客观性

生命活动及变化具有特殊性和复杂性,但生物体和生命活动是有其自身的形态、结构和运动变化规律的。无论是微观的超显微结构,如遗传信息的复制,还是宏观的生物个体及其形成的生物种群和生物群落,都是客观存在的,是在长期物种进化过程中形成的,是可以为人类所认识和感知的。实验者通过实验过程认识研究对象,就在于揭示它们的微观或宏观的结构及其运动变化规律。

2. 可控性

生物学实验对象是可控的。对研究对象的控制、干预是实验研究的重要手段。控制是生物学实验的核心,实验的成功与否取决于控制的严密程度。

3. 主动性和复杂性

生命体与非生命体的本质区别在于生命体有应激性,能够生长繁殖,有遗传变异的特性,可以进行新陈代谢,能与环境交换物质与能量,并且在一定程度上适应环境。因此生物学实验有别于物理、化学实验,具有主动性。主动性必然也是生物个体的复杂性所带来的,生物学实验注定具有复杂性。生命个体的变化周期一般比较漫长,实验时间可能也很漫长,如研究生物遗传规律、生态变化、生物的进化等实验。

(三)实验手段

生物学实验的手段主要包括实验工具、仪器、设备等物质手段。实验工具如:解剖盘、移液管、注射器、捕虫网等;仪器如:显微镜、离心机、灭菌锅、天平、烧杯、量筒等;设备如:恒温培养箱、电子显微镜、PCR 仪、旋转蒸发器等。

生物学实验手段具有一定的特性。首先,实验手段是实验者与实验对象的中介,人类的感知是有限的,实验手段可以延伸人的感官,如显微镜可以看到更微小的生物现象;温度计可以感觉到人类所无法察觉的温度变化;显微操作仪可以实现细微的操作。其次,实验手段是实验者控制和纯化研究对象及

其环境的重要条件。生物学实验中,实验者对研究对象及其环境的控制是需要通过实验的手段来完成的,如恒温培养箱,可以保证将实验对象控制在恒温条件。

第二节　生物学实验的类型分析

生物科学属于自然科学的范畴,生物学实验是生物科学研究的重要方法。随着现代生物科技的进展,生物学实验类型也随之发生不断地变化。可以根据实验对象、实验水平、实验层次、实验手段等方面划分为不同的实验类型。一般来说,有以下几种常见的分类(表 8-1)[①]:

表 8-1　生物学实验分类

分类依据	生物实验类型
实验的场所	实验室实验、自然实验
实验的质和量	定性实验、定量实验
实验的研究对象	动物、植物、微生物、遗传、细胞、人体
实验的目的	探索性实验、验证性实验
实验的性质	解剖实验、生理实验、生化实验
实验的方法和手段	比较实验、析因实验、模拟实验、调查实验
实验的进程	预备性实验、决断性实验、正式实验
中学生物实验教学形式	演示实验、学生实验、课外实验

一、实验室实验和自然实验

1. 实验室实验

指在实验室内通过各种实验仪器和设备,在人为地制造、控制或改变实验对象的状态和条件下,有目的、有计划地考察与研究实验对象的一种操作或实践活动。由于实验室内的各种环境和条件受自然环境干扰较少,便于实验者根据实验目的或实验材料的需要人为地加以制造、控制或改变。因此,从实验

---

① 刘毓森,张昕,张富国.生物学实验论.南宁:广西教育出版社 2001,23.

的设计到实验的控制过程、操作过程都比较严格,其实验结果的精确度也比较高。

2. 自然实验

在研究对象处于自然环境中和自然状态下对其加以考察的一种实践活动。自然实验的优点是把观察的自然性和实验的主动性结合在一起,因此自然实验在生命科学实验中被广泛应用。比如:生态学、环境科学以及生物的生活习性方面的实验研究等都离不开自然实验。

二、探索性实验与验证性实验

1. 探索性实验

探索研究对象的未知属性、特征以及与其他因素的关系的实验方法。探索性实验的特点就是对研究对象不了解,或不完全了解,全凭实验者去"摸索"和"尝试",所以探索性实验也称"试验"。生物科学史的很多重大发现和理论的建立,都是通过长期的探索性实验才得以实现的。例如,绿色植物的光合作用是由众多的生物学家和化学家在经历了大约300年的探索后才逐渐被认识的。

中学生物学实验中有许多探索性实验,在这类实验中要注意实验变量的控制。例如:比较过氧化氢酶和Fe^{3+}的催化效率;探索淀粉酶对淀粉和蔗糖的水解作用;探索温度对淀粉酶活性的影响等。

2. 验证性实验

验证某一个理论是否正确的实验。当对研究对象有一定的了解,并形成一定认识或提出某种假说时,就需要用实验来证明其正确与否。因此,验证性实验是把研究对象引向深入的重要环节。验证性实验有两种:一种是实验者验证自己提出的某种设想或假说;另一种是对别人提出的某种理论、假说或成果的验证。如巴斯德于1865就提出了"细菌致病学说",由于没有实验的证明,这始终是一个有争议的理论,直到1880年,科赫通过"细菌感染"的实验才证明了巴斯德的"细菌致病学说"。

中学生物学中有许多验证性实验,这类实验重点是理解实验原理,掌握实验步骤,解释实验结果产生的原因。例如,生物组织中还原糖、脂肪和蛋白质的鉴定;观察植物细胞的有丝分裂;观察植物细胞的质壁分离和复原;叶绿体中色素的提取和分离等。

实际上,在生物学科研究的过程中,探索性实验和验证性实验往往是不可分割的。验证性实验的结论也并非都是已知的,假设本身就不是结论,而是一种预期。在对研究对象的探索过程中,对未知的研究目标,必然要提出假设或猜想,并作出预期,只有通过验证性实验来证明假设的正确与否,才能得出科学的结论。虽然探索性实验是带有尝试性质的,但仍然有一定的目标和方向,只不过验证性实验的目标更具体。

三、定性实验与定量实验

定性实验与定量实验是研究生物变化过程中"质"和"量"的变化发展规律的。如激素浓度的高低对生物体的生长发育及各种代谢所起的作用是不同的。以植物为例,当生长素浓度较低时,促进植物根的生长;当生长素浓度适宜时,更加促进植物生长;而当生长素浓度过高时,则对植物根的生长起到抑制作用(图 8-1)。

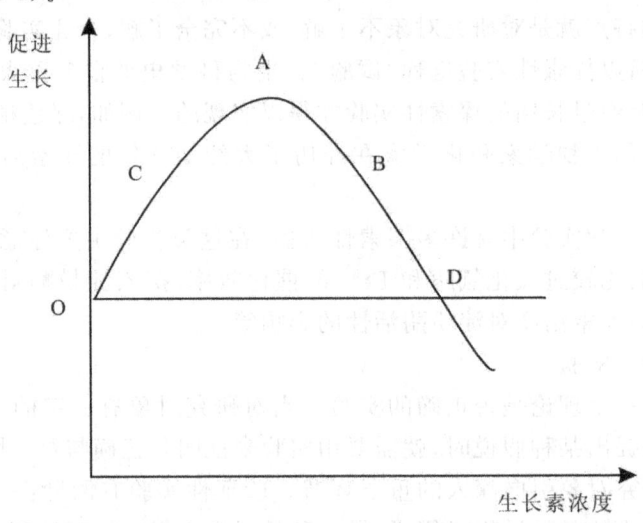

图 8-1 生长素浓度与植物根生长的关系

1. 定性实验

是判断研究对象具有哪些性质,并判断某种物质的成分、结构或者鉴别某种因素是否存在,以及某些因素之间是否存在某种关系的一种实验方法。一般来说,定性实验要解决的是"有与无"、"是与否"的问题,多用于某些探索性实验的初期阶段。定性实验主要是把注意力集中于了解研究对象"质"的特性方面。定性实验是进行定量实验的基础,只有首先确定了某种因素是否存在,以及不同因素间是否有联系,才可能进一步研究某种因素不同"量"的影响。也只有通过定性实验,了解和掌握了研究对象及其相关因素的定性组成及大约含量,才有可能正确运用定量分析的方法进行定量实验。

2. 定量实验

是为了对研究对象的性质、组成及影响因素有更深入的认识,探究其具体数量变化的一种实验方法。定量实验目的是为了揭示各因素之间的数量关系。测量是定量实验的重要手段和方法。定量实验能够从测量到的具体数量上准确地判定研究对象所具有的某种性质及其各种因素之间的数量关系,从而更深入地揭示其生命运动规律。

四、比较实验

比较实验是通过对照或比较来研究和揭示研究对象某种属性或某种原因的一种实验方法。这种实验要设置两个或两个以上的相似组样:一个是对照组,作为比较的标准;另一个是实验组,通过某种实验步骤,在两组之间判定实验组是否具有某种性质或影响。在实际研究中,根据需要又把比较实验分为相对比较实验和对照比较实验。

1. 相对比较实验

在两个或多个相似组样之间进行比较,以确定实验组样之间某种特性上的异同、优劣。比如:对双子叶植物和单子叶植物的各个器官解剖后进行比较观察;显微镜下植物细胞和动物细胞的区别比较实验等等。

2. 对照比较实验

在两个相似组样中进行,其中一个是已经确定其结果的事物,称之为"对照组",让其自然发展,对之不加干涉;另一组是经过人为干预的、需要研究的事物,称其为"实验组"。将实验组中的未知因素同对照组的已知因素进行对照比较,以确定该因素的影响作用。对照比较实验在生物学实验中是被广泛应用的。依据对研究对象的影响与否,又可以将对照比较实验分为"阳性对照"和"空白对照"。

阳性对照,给对照组施以已经被证明是一种有效的处理因素。空白对照,给对照组施以对研究对象没有任何影响的处理因素。空白对照中的"空白"绝不是什么影响因素都不给予,而是针对实验组所要研究的因素给予空白,以突出或纯化所要研究的因素。在对照比较实验中,为了获得可靠的实验结果,应该注意以下两点:第一,除了用于比较的因素外,其他因素必须加以严格控制,并尽量趋于相同;第二,要注意消除实验中的系统误差,这需要采取随机方法抽取样本,并运用数理统计的方法来做出显著性检测。

相对比较实验和对照比较实验虽然都是通过比较的方法进行实验,但两

者的不同在于相对比较实验只是对比较的双方做出差异的鉴别,而对照比较实验需要通过与已知因素的对照来确定未知因素的影响或作用。因此,对照比较实验对相关因素的控制作用即人为干预的作用更大。

五、析因实验

生物科学史中的一些实验,是生物学家针对某些生命现象或生命运动的变化来寻找其原因而进行的,这种实验称为析因实验。析因实验的特点是:结果是已知的,即所表现出的生命现象是客观的、可见的,而影响或造成这种现象或结果的各种因素,特别是主要因素是未知的。通过析因实验对未知原因的探索,常常带来科学上的重大发现或科学理论的建立。

析因实验还可以用于探索性实验中实验现象和结果与预期的不一致,或实验出现了异常现象的情况。在解决实际生活或生产中的具体问题时,也常会用到析因实验。

六、模拟实验

在研究工作中,由于对研究对象不能或不允许进行实际实验,所以为了取得对研究对象的认识,根据已知的事实、经验和一定的科学理论,设计和构想出研究对象的"替代物",通过对替代物的实验,以获取研究对象的信息和资料,这种实验就叫做模拟实验。模拟实验是根据相似性原理,用模型来代替研究对象的。实际存在的研究对象叫"原型",模拟的"替代物"叫"模型"。在实验研究中,实验手段只直接作用于模型,而不直接作用于原型。

模拟实验中的模型大致可分为两大类,一类是理论模型,另一类是实物模型。理论模型包括图像模型、逻辑模型和数学模型;实物模型可分为自然模型和人造模型。自然模型是人们从自然界已有的事物中选择出来代替原型作为研究对象的事物,在生物实验中有着广泛的应用。比如:医学中选择某种动物作为人类的模型进行药物反应实验。人造模型是指人工制造出来的代替原型进行实验的某种装置。人造模型是通过人的控制,人为地制造与原型相似或一致的模型,它可以克服自然模型的局限性,从而使得模拟实验的结果更为精确和科学。总之,作为实物模型应具备这样的几个特点:①与原型有相似关系,即在结构或功能上是相似的。②能被人的感官直接感知。③可用作实验对象。

在中学生物学实验中,也有一些是模拟实验,如:性状分离比的模拟实验;制作DNA双螺旋结构模型;自然选择等课外模拟实验。

七、调查实验

调查实验是指通过调查者根据调查研究的目的,有意识地改变和控制调查研究对象,通过观察、记录来搜集生物资料,认识其本质及其规律的方法。调查实验目的是揭示生命现象之间的因果联系,认识实验对象的本质及其发展规律。

实验调查法具有实践性、动态性的特点。实践性是指调查实验以一定的实践活动为基础,必须通过调查者某种实践活动有计划地改变实验对象所处的环境,并在此基础上揭示生命现象之间的因果联系,认识实验对象的本质和规律。实践性是调查实验的本质特点,动态性是就调查实验对象而言的。由于实践活动的不断进行,实验对象所处生物环境的不断变化,作为实验调查对象的状态也必然发生不断的运动和变化。

中学生物学课程中涉及一些调查类的探究性学习内容,调查的方法可以分为社会调查和文献检索调查。社会调查如:调查类包括人群中的遗传病;环境污染对生物的影响;种群密度的取样调查。文献检索调查如:在"遗传"教学开始前两周,提出文献调查课题,如"孟德尔与遗传学"、"DNA 检测技术与刑侦破案"、"遗传工程与我们的生活"、"克隆生物的产生对社会可能产生的影响"等。

调查实验可以通过对生物学知识发生过程的了解和对生物科学发展历程的把握,形成生物科学的思维方式,培养追求真理的科学精神,实事求是的科学态度,质疑假设、独立思考和探索的科学思维方法。因此,在课堂教学中,可适当选择一些专题,让学生通过对有关资料、知识的查阅,并进行收集、整理、分析、归纳,从而得出相关结论的研究性学习活动,以综述报告的形式展示研究的成果,从而拓展自己的知识结构,获得生物学学习方法、研究方法和生物学思维的训练。

八、演示实验、学生实验、课外实验

长期以来,人们根据中学生物实验教学的形式把实验分为演示实验、学生实验、课外实验。这种分法来源于课堂实践的实验分类,有利于组织和开展生物实验教学活动。演示实验教学技能在本书第九章进行了详细的讨论。

第三节 生物学实验的设计与实施

一、生物学实验的设计

一般来说,当问题提出后,即对实验进行必要的设计,设计对象包括内容设计和过程设计。

(一)设计实验内容

一个生物学实验一般包括以下几个内容:

1. 实验名称:关于一个什么内容的实验;
2. 实验目的:要探究或者验证的某一生物学原理或规律;
3. 实验原理:实验建立在哪些科学原理或规律之上;
4. 实验对象:实验的主要研究对象是什么;
5. 实验条件:完成该实验必备的仪器、设备、药品、试剂等条件;
6. 实验方法与步骤:实验采用的方法及必需的操作程序、步骤;
7. 实验测量与记录:对实验过程及结果应有科学的测量手段与准确的记录方法;
8. 实验结果预测及分析:能够预测可能出现的实验结果并分析导致这种结果的可能原因;
9. 实验结论:对实验结果进行准确的描述,给出一个科学的结论。

(二)设计实验过程

生物学实验过程的设计一般包括取材设计、药品与试剂设计、步骤与操作设计等三个部分。

1. 取材设计

正确取材是实验成功的第一步。有的实验失败的原因,往往是取材不正确,因而实验前,首先要对取材进行设计,做到准确取材。

例如,"观察植物细胞的有丝分裂"的实验,准确切取洋葱根尖生长点部位,是实验成功的关键。有的人制成的装片中往往看不到或看到很少的分裂期细胞,就是由取材部位错误导致的,即没有选准根尖的生长点部位。

"观察植物细胞的质壁分离和复原"实验,取材部位应该是在新鲜的洋葱鳞片叶外表皮的紫色较深处,而在内表皮或紫色很浅的部位处取材,往往观察不到或仅有很少的紫色液泡。

"观察根对矿质元素离子的交换吸附现象"实验,剪取的应当是有活性的根,如果是死、烂、枯萎的根,则观察不到预期的结果。

"叶绿体色素的提取和分离"实验,选取的叶片要肥厚、色浓,而老叶、发黄的叶子则不能选用,否则就无法观察到应有的实验现象。

2. 药品与试剂设计

药品与试剂的量、浓度、纯度等都是影响实验正确结果的重要因素,要逐一设计、检查,不能忽视。

(1) 量的设计

有些实验对药品与试剂的量有一定的要求,如"叶绿体色素的提取和分离"实验,丙酮、层析液的量就要按规定使用:提取 5 g 叶片中的色素,用 2 ml 丙酮是适中的,若丙酮过多,会使色素浓度降低,减少滤纸条上色素的量,使分离效果不明显;若丙酮少了,色素提取又不充分。色素分离时,在向烧杯中倒入层析液时,其量的标准是液面不能超过 1 cm(距烧杯底),否则将没及滤纸条上的滤液细线,色素就迅速溶解到层析液中去了,结果在滤纸条上就得不到相应的色素分离图谱。

(2) 浓度设计

实验中的药品试剂的浓度直接影响实验结果,应当认真设计。首先,在实验前配制药品与试剂时,浓度要配准,否则将会影响学生实验。如蔗糖溶液浓度较高时(高于 30%),会使细胞因发生强烈质壁分离而失水过多,细胞死亡,不能复原。亚甲基蓝溶液在配制时,要求更高,浓度高一点点,就会影响根的活性。其次,有些实验要有足够的浓度梯度,如 2007 全国高考生物卷中要求设计浓度实验,要测定生长素对根的生长最适浓度,不少学生只是设计了两个或三个生长素浓度,正确答案必须设计若干个浓度梯度。

(3) 纯度设计

有的实验对试剂的纯度有较高的要求,如"观察根对矿质元素离子的交换吸附现象"实验,如果蒸馏水中混入杂质阳离子,或用自来水代替,在漂洗时,不仅洗去了浮在根细胞表面的亚甲基蓝阳离子,而且也会把吸附在根细胞面的亚甲基蓝阳离子交换下来,在对比实验中,含杂质阳离子的蒸馏水也会变蓝。

3. 步骤与操作设计

步骤及操作是否正确是影响实验结果的主要因素,故应重点分析设计,注意以下两个方面:

（1）实验步骤完整有序

生物学实验具有很强的完整性，其间的步骤不可随意改变顺序，更不可缺漏。如"观察植物细胞的有丝分裂"的实验，根尖用10%盐酸解离后，若不经漂洗就直接染色，染色效果将极差。因为根尖上附着的盐酸将和碱性染料起中和反应，从而影响着色。制片时，需用镊子尖把根尖敲碎，漏掉这一步，也将直接影响实验结果。

"观察根对矿质元素离子的交换吸附现象"的实验，根经亚甲基蓝染色后，若不用蒸馏水反复冲洗，在后面的对比实验中，蒸馏水也将变蓝。

（2）操作方法正确

每个操作步骤都要认真考虑，保证操作方法正确，否则将影响实验结果。

例如，临时装片制作时，不可将盖玻片直接放在清水滴上，因为这样制成的装片中，气泡较多，严重影响观察。"观察植物细胞的质壁分离和复原"的实验，应用镊子撕取洋葱表皮，不可用刀片削或挖，以致取出的表皮较厚，无法在显微镜下看到单层细胞。

观察植物细胞有丝分裂，如果解离、染色时间不够，漂洗的时间或次数不足；制作洋葱表皮临时装片时，未将清水滴中卷起的表皮平展开来；做质壁分离复原实验时，滴入清水的次数少；做叶绿素提取实验，滤液细线划得不细、不齐等都会对实验结果有一定的影响。

二、生物学实验的实施

（一）实验条件的控制

实验条件指的是在实验过程中与研究对象相互联系并对其状态、性质和变化发生影响的因素的总和。所谓实验条件的控制，就是通过限制、改变实验条件，并运用不同的对比或对照实验探寻获得最佳效果实验条件的科学方法，即创造一个典型环境或特殊条件而进行的控制活动。实验条件的控制是保证实验有效进行的关键，主要有以下几类：

环境条件：生物学环境条件主要包括温度、光照、湿度、空气等。

时空条件：不同的时间和空间对实验对象的影响是不同的。如洋葱根尖的有丝分裂在24小时的分裂程度是不一样的，一般来说，下午2点是有丝分裂的高峰期，此时观察效果最佳；不同植物在不同的海拔高度分布的数量、形态、结构可能不一样。

药品试剂：生物学实验中涉及许多药品或试剂的浓度、pH、染色剂等。

仪器装置：仪器装置也是实验重要条件之一，根据实验研究目的、对象不

第八章 生物学实验教学技能

同,选择的仪器装置就应不同。如:恒温箱是控制温度的重要设备,不同容量的移液管能够保证液体的精确容量。

(二)实验结果的纪录

生物学实验的结果的记录应该科学观察、科学记录,真实反映生命变化的结果,记录可以通过视觉观察、仪器记录等方式进行,如染色剂颜色变化、显微镜检、生长程度记录、电子记录仪等。

第四节 生物学实验设计的一般原则

一、科学性原则

科学研究显然需要科学的方法、过程和结果分析,设计生物学实验的任何一个环节都必须有充分的科学依据。具体表现在实验目的、实验原理要正确。实验原理是实验设计的依据,也是用来检验和修正实验过程中错误的依据,因此它必须是经前人总结或经科学检验得出的科学理论;实验材料和实验手段的选择要恰当,这是保证实验获得预期结果的关键因素;实验方法科学才能得出正确而可靠的实验结果;科学地分析、处理实验结果才可以保证实验的最终成功。总之,整个设计思路和实验方法的确定都不能偏离生物学基本知识和基本原理以及其他学科领域的基本原则。

二、单一变量原则

单一变量原则指的是在实验设计中不论有几个实验变量,都应确定一个实验变量对应观测一个反应变量,应尽可能避免无关变量及额外变量的干扰。遵循单一变量原则,既便于对实验结果进行科学的分析,又增强实验结果的可信度和说服力。

例如,在做"植物的向性运动"时,有重力与单侧光两个实验变量,因为有两个变量,因此要做两次实验,分别确定其中一个变量,然后观察另一变量的变化。如将两棵植物都放在暗处观察重力对植物的向性影响。再如,在验证"温度对酶活性的影响"的实验中,就必须控制 pH 值、底物量和酶量的相等,只改变单一变量——温度,观察不同温度下酶活性的差异。

1. 实验变量与反应变量

实验变量,或称自变量,指实验假设中涉及的给定的研究因素,实验中由

实验者操纵的因素或条件。反应变量，或称因变量，由实验变量所引起产生的变化结果或结论，二者之间是前因后果的关系。实验的目的就在于获得和解释前因与后果。例如：关于"唾液淀粉酶水解淀粉"的实验中，"低温(冰块)、适温(37℃)、高温(沸水)"就是实验变量，而这些变量引起的实验变化结果就是反应变量。该实验旨在获得和解释温度变化(实验变量)与酶的活性(反应变量)的因果关系。

2. 无关变量与额外变量

无关变量是指实验中除实验变量外的影响实验结果与现象的因素或条件。由无关变量引起的变化结果就叫额外变量，它们之间也是前因后果的关系。但它们的存在对实验与反应变量的获得起干扰作用。

例如，"唾液淀粉酶"实验中，除实验变量(温度)外，试管的洁净程度、唾液的新鲜程度、淀粉浓度、温度处理的时间长短等等就属于无关变量。如果无关变量中的任何一个或几个对三组实验不等同或不均衡，就会产生额外变量，影响实验的真实结果。

三、对照性原则

所谓对照实验是指除控制因素外其他条件与被对照实验完全一致的实验。实验中可能存在几个或多个无关变量，必须严格控制，要平衡和消除无关变量对实验结果的影响，对照实验的设计是消除无关变量影响的有效方法。如"植物向性运动"实验，无法确定风向、空气、温度等因素是否对其向性运动存在影响，因此，需要设计对照实验，将无关变量(风向、空气、温度等)在对照组和实验组中保证一致，从而排除其可能的影响，确保实验的可信度和有效性。

一般来说对照实验要注意以下四个方面保持实验组和对照组的一致性：

①生物材料相同。即所用生物材料的数量、质量、长度、体积、来源和生理状况等方面特点要尽量相同或至少大致相同。

②实验器具相同。即试管、烧杯、水槽、广口瓶等器具的大小型号要完全一样。

③实验试剂相同。即试剂的成分、浓度、体积要相同，尤其要注意体积上等量的问题。

④处理方法、实验过程相同。如：保温或冷却、光照或黑暗、搅拌或振荡都要一致。

设置对照组有 4 种方法:

①空白对照。即不给对照组作实验变量的控制处理。例如,在"唾液淀粉酶催化淀粉"的实验中,实验组滴加了唾液淀粉酶液,而对照组只加了等量的蒸馏水,起空白对照作用。空白对照并不等于不作任何处理。

②条件对照。即虽给对照组施以部分实验因素,但不是所研究的实验处理因素。这种对照方法是指不论实验组还是对照组的对象都作不同条件的处理,目的是通过得出两种相对立的结论,以验证实验结论的正确性。例如,在"动物激素饲喂小动物"的实验中,采用等组实验法,甲组为实验组(饲喂甲状激素),乙组为条件对照(饲喂甲状抑制剂);再如,"唾液淀粉酶催化淀粉"实验涉及的温度对淀粉酶活性影响,实验中 0 ℃、100 ℃等温度下的对照也为条件对照。显然,通过条件对照,实验说服力大大提高。

③自身对照。指对照组和实验组都在同一研究对象上进行,不再另外设置对照组。例如,"质壁分离与复原"实验,自身对照简便,但关键要看清楚实验处理前后的现象及变化差异。

④相互对照。不单独设置对照组,而是几个实验相互为对照。这种方法常用于等组实验中。"植物向光性"实验中,利用若干组燕麦胚芽的不同条件处理的实验组之间的对照,说明了生长素与植物生长弯曲的关系。再如"比较过氧化氢酶和 Fe^{3+} 催化效率"实验中,分别用过氧化氢酶和 Fe^{3+} 去催化过氧化氢分解,进行相互对照,以得出酶的高效性结论等。

根据实验目的要求,凡是涉及确定变化因素之间因果关系的实验,一般都需要设计对照组实验。中学阶段所要求的实验设计一般多采用对照的原则,因为科学、合理地设置对照可以使实验方案简洁、明了,使实验结论更有说服力。

四、随机性原则

指被研究的样本是从总体中任意抽取的,一方面可以消除或减少系统误差,使显著性测验有意义,另一方面可以平衡各种实验条件,避免实验结果可能的偏差。

五、可重复性原则

重复、对照、随机是保证实验结果准确的三大原则。任何实验都必须有足够的实验次数才能判断结果的可靠性。设计实验只能进行一次而无法重复就得出"正式结论"是草率的。为了避免实验结果的偶然性,必须对所做实验在

同样条件下进行足够次数的重复，结论才能科学可靠，经得起实践的检验。

六、简便性原则

实验材料容易获取，实验装置简单，实验操作较简便，实验步骤较少，实验时间较短。

七、可行性原则

从原理、实验实施到实验结果的产生，都应当符合生物科学的规律，做到切实可行。

八、安全性原则

实验方案的实施要安全可靠，不会对人或器材造成危害，设计实验时应尽可能避免使用有毒药品和一定危险性的实验操作，实在要用，应当符合使用规程以确保安全。

第五节　中学生物学实验

一、中学生物学实验的目的

生物学是研究生命现象和生命运动规律的科学，实验是研究生命科学的基本方法。实验不仅锻炼学生的实验动手能力，掌握实验的基本技能，培养学生的观察能力、分析问题和解决问题的能力，更能激发学生探索求知的欲望，是培养学生创新精神的切入点和主要渠道。

高中生物《生物课程标准》（实验稿）在课程目标中相关的表述有"能够正确使用一般的实验器具，掌握采集和处理实验材料、进行生物学实验的操作、生物绘图等技能"和"发展科学探究能力，初步学会：客观地观察和描述生物现象、提出问题、确认变量、作出假设和预期、制定实验方案、实施方案、收集证据、利用数学方法处理解释数据、得出结论、表达和交流等"。

新课程理念要求通过生物学实验教学，让学生在获取或巩固科学知识的过程中，理解、掌握和运用观察与实验手段处理问题的基本程序和基本技能；培养学生的观察能力、思维能力和实践操作能力，让学生学会认识未知事物的科学方法，包括现代生物技术的应用；培养学生敢于质疑和探究生命现象及其运动发展规律的品质,培养学生严谨、求实的学习态度和良好的学习习惯,树立不懈的求索精神;激发学生的学习兴趣和学习动机,培养学生的创新精神和创新能力;培养学生的社会意识和合作精神,提高学生的综合素质和形成科学的价值观。

可见,新一轮高中课程改革在培养学生的生物学实验技能方面的目标要求大大提高了,不仅包括以往教学大纲中的基本技能(操作认知和操作技能),而且还包括科学探究的过程技能(思维层面的心智技能),要求培养学生不仅会动手做,而且要像科学家那样思考和研究问题。新课标创造性地将以往隐藏在生物学实验教学中的技能充分挖掘出来,要求在高中阶段大力培养。

二、中学生物学实验的意义

1. 激发学生的学习兴趣

兴趣是人类认识客观世界的一种心理表现,是一个人获得知识、开阔视野、努力学习的一种强有力的内部驱动力。生物实验直观性强,形象生动并有较强的思考性,必然会使学生产生好奇心,引起学生学习的兴趣。实验除了具有真实、直观、形象、生动和易于激发学生的直接兴趣之外,还具有一种目的性操作活动的特点,使学生亲自动手进行实验操作,满足他们的操作愿望。更重要的是,学生在操作过程中通过动手动脑,克服种种困难,最后获得实验成功,由学习成功的喜悦而产生兴趣,并且学习的愿望可转化为热爱生命科学的素质和志向。

2. 提供学生认知的学习情境

学生学习生物学知识的过程符合学生的一般认知规律:由表及里,由感性到理性,由具体到抽象,由理解到应用。运用实验组织教学是提供学生认识材料和学习情境的有效途径。例如,初中生在教师的指导下,进行光合作用产生淀粉的分组实验、观察光合作用产生氧气和需要二氧化碳的演示实验,并对各个实验结果进行分析、推理,在此基础上学生对光合作用的概念、公式、实质的理解就更深刻,对光合作用原理在生产生活中的应用也就更加自如。

3. 用实验培养探究性学习是生物教学的重要任务之一

转变学生学习方式是新课程的基本要求,培养学生掌握探究性学习的能力尤其是生物学教学中的一项重要任务。实验研究的基本过程体现了科学研究的基本过程:问题——假设——实验——结论是科学研究的基本过程。教师应该结合每一个具体实验,帮助学生由了解到理解,最后初步掌握科学研究的基本思路,把这种发现问题、思考问题、解决问题的基本程序内化为学生的思维习惯、学习习惯。

4. 培养学生的初步研究能力和创新能力

对中学生来说，初步研究能力和创新能力主要是指运用所学的知识、技能和已有的经验、能力发现未知的问题，并进行思考和解决的心理品质。探究性实验和学生自行设计实验是培养初步研究能力和创新能力的主要途径。

教师可以给出实验课题，让学生自己设计实验方案和实验方法，自己选择实验材料、仪器、试剂等，鼓励学生用不同的方法设计实验课题。如讲授"小肠结构"时，通过实验得知小肠内表面的皱壁上，有许多小肠绒毛，随后提出"小肠这样的结构对消化和吸收有什么作用？"学生可以自行进一步假设、推理和实验探究，从而开阔学生的思维空间，培养学生创新意识。

5. 培养学生合作学习的能力

合作学习是以小组活动为主体进行的一种教学活动，是一种同伴之间的合作互助活动，是使每个学生切身体会到自己需要学习，更需要向别人学习和在别人的帮助下获得发展的一种行之有效的方法。每一个生物实验，都是培养学生合作学习最好的素材。如调查一个生态系统的活动，由于调查涉及一定的面，记录相当数量的数据，所以需要多人分工合作来完成。因此，调查前必须成立小组，明确小组成员各自的任务。在正式进行调查前，小组成员还要共同讨论、拟定调查计划，确定调查途径、内容等。小组内每个学生都承担了一定的学习任务，分工明确。通过这种活动，培养了学生的合作精神，学生知道不仅要为自己的学习负责，而且要为其所在小组的其他同伴的学习负责，同时也培养了学生有条理地表达自己思维的能力。

综上所述，实验在中学生物教学中为学生提供了认知材料和学习情境，进一步激发了学生的学习兴趣，对科学方法和思想的获得，探究性学习习惯的建立，研究能力和创新能力、合作学习能力的培养，都有十分重要的意义。

然而在现实生物实验教学中，却存在一些错误的实验教学观念。如："做实验不如讲实验、讲实验不如背实验、背实验不如做实验题。"特别是农村中学，由于客观条件限制和主观因素的影响，认为"实验教学费时、费力、费钱，在黑板上讲实验也能让学生通过高考"。于是，生物学实验课往往通过教师"讲实验"和学生背实验原理来完成。且不论这一方法有悖于现代教育理念，2006年全国生物高考理综卷第30题的出现，给老师们敲响了警钟，随着新课程改革的逐渐深入以及高考试题改革发展的趋势，可以预见，不可再"讲实验"和"背实验"了，生物实验是生物学教学的主要内容。详细内容参考"一道生物高考题引出的实验教学反思"调查附文。

附文:一道生物高考题引出的实验教学反思①

生物学是以实验为基础的理科课程,但在不少教师和学生眼里,生物被视为偏向文科的一门课程。有些中学在高考复习与应试中延续着过去陈旧的教学思想,甚至出现"做实验不如讲实验、讲实验不如背实验、背实验不如做实验题"的荒谬做法。特别是农村中学,由于客观条件限制和主观因素的影响,认为"实验教学费时、费力、费钱,在黑板上讲实验也能让学生通过高考"。于是,生物学实验课往往通过教师"讲实验"和学生背实验原理来完成。且不论这一方法有悖于现代教育理念,2006年全国生物高考理综卷第30题的出现,给老师们敲响了警钟,随着新课程改革的逐渐深入以及高考试题改革发展的趋势,可以预见,不可再"讲实验"和"背实验"了。

2006年生物全国高考理综卷第30题是关于植物光合作用和细胞呼吸作用的实验设计和分析推理。该题开放性很强,集多种能力考核于一身,尽管题目已经提供了步骤1和步骤2,指引了实验设计的方向,降低了一定的难度,但从阅卷结果上来看,笔者依然感到触目惊心。笔者共阅7 802份,对其中3 000份答卷作了相关统计记录。

统计对象:采用网络评卷,系统给卷是随机的,所以统计对象也随机。

统计方法:1.阅卷1 000份,初步了解学生答题失分的总体分布情况;

2.确定统计内容,并绘制统计一览表,对此后所阅3 000份答卷进行分类统计;

3.对所获得的数据进行统计分析。

统计内容:针对学生答题出现失分较多的问题进行分类统计,主要围绕生物学实验素质、实验探究能力、知识的联结与迁移能力、综合分析与逻辑判断推理能力、审题及文字表达能力等方面进行分类统计。

4.统计结果及分析:

(1)总体情况

该题满分22分,平均得分(X)2.11,难度系数(P)0.095,属极难题,学生失分惨重。得分分布呈低分化,但高分卷仍然具有一定的数量,这对于高校选择优秀人才具有很好的区分效果。0分卷占58.09%;5分以内的低分卷占79.57%;6~10分占13.05%;11~15分占4.10%;16分以上的高分卷仅占3.28%;其中满分卷占1.13%(如表8-2、图8-2所示)。

---

① 俞如旺.一道生物高考题引出的实验教学反思.中国考试,2007,5

表 8-2 各分值区域分布

得分区域	0分	1~5分	6~10分	11~15分	16~22分	总数
卷数分布(份)	1 743	644	392	123	98	3 000
百分率%	58.09	21.48	13.05	4.10	3.28	100%

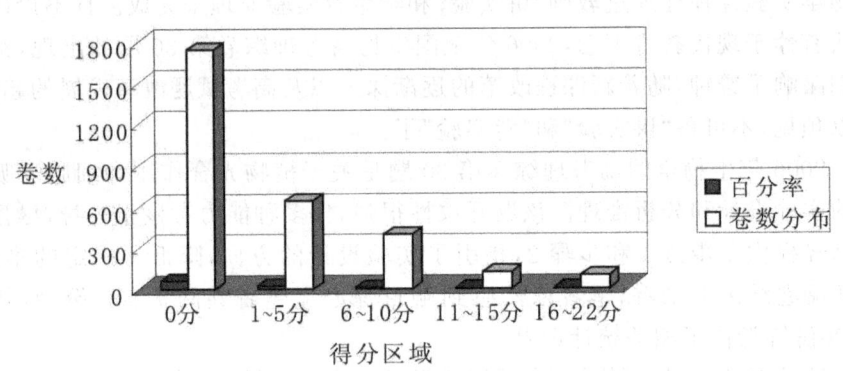

图 8-2

(2) 题目分析

本题的实验目的是验证叶片在光合作用和呼吸作用过程中关于气体的产生和消耗,光合作用与呼吸作用的条件、产物和发生的地点是解决这一问题过程的基础知识,涉及概念、原理及代谢过程多,考查学生的综合能力。主要有以下几个要点:

① 关于光合作用二氧化碳的提供。试题引入了化学课程中关于碳酸氢钠的知识内容,即碳酸氢钠稀溶液可以产生二氧化碳也可吸收二氧化碳。尽管碳酸氢钠稀溶液的化学性质在化学课程中并不算难,而且在不少的高中生物试题中涉及碳酸氢钠稀溶液为光合作用提供二氧化碳,但由于把这一问题放置于在同时考虑叶片光合作用和细胞呼吸作用的情境中时,显然增加了不少难度。当然"抽真空除去气体,敞开试管口"更为本题的二氧化碳来源平添了不少"烟雾"。

② 关于实验现象的判定。试题提供的是"剪取两小块叶片",置于"试管"之中,经过光合作用和呼吸作用,其结果是讨论叶片的上浮、下沉还是气泡的产生,抑或产生了何种气体?需要鉴定这些气体类型吗?涉及一定的物理学知识,使该题再次提升了难度。

③关于实验方案的设计。要求同时分析两组变量。其一,有无二氧化碳;其二,有无光照。排列组合的结果是要同时实验分析四种情况,并准确设定对照组。一般来说中学较少同时考察两组变量,两组变量的同时出现使该题的分析推理变得更为复杂。而且这种排列组合实验是一种有序的过程,即碳酸氢钠中的叶片必须先光照,否则不能形成叶片先升起,然后在黑暗中下沉这一对照结果,这一过程分析瞬间使该题变得难上加难。

④关于语言表达的准确性。答题要点多,头绪杂,具备良好的文字表达能力方能不乱分寸、有条不紊。然而语言文字表达建立在逻辑推理和抽象思维之上,又独立于长期地严谨训练,只有这样,思维的表达才能够主题鲜明、层次清晰、论证充实。

至此我们可以得出这样的结论:题目考察的知识对象是中学生物学的主干知识,知识要求是低的,但运用知识能力的要求极高,涉及实验探究能力、综合分析能力、逻辑思维能力、判断推理能力以及不同学科知识之间的联结,并能在此基础上根据题意构建一个解释方案或一个模型,而且能够对证据进行权衡和对逻辑进行检查,决定哪种解释和模型是最佳的。这与考试大纲关于"具备验证简单生物学事实的能力,并能对实验现象和结果进行解释、分析和处理;具有对一些生物学问题进行初步探究的能力,包括确认变量、作出假设和预期、设计可行的研究方案、处理和解释数据、根据数据作出合理的判断等"相一致。

(3)答题情况汇总与分析

统计即围绕以上题目分析的四个方面展开,并作相应分析。

①实验探究能力薄弱,无法建构实验及分析模型

本题涉及两组变量的实验设计,是否有碳酸氢钠提供的二氧化碳和是否具有光照条件,排列组合的可能方式有四种组合,如表8-3所示:

表8-3 实验方案的四种组合

光照条件+碳酸氢钠稀溶液	黑暗条件+碳酸氢钠稀溶液
光照条件+蒸馏水	黑暗条件+蒸馏水

在实验探究设计的时候,应当依据条件和环境对实验方案进行证据的权衡和逻辑的检查,从中确定一种最佳的实验方案,即标准答案中的实验设计模型,如表8-4所示:

表 8-4　实验设计模型

实验步骤	光照情况	操作	NaHCO₃ 提供 CO₂	预测	分析
步骤 1	光照	A	NaHCO₃ 稀溶液	叶片上浮	光合作用强度大于呼吸作用,细胞间隙 O₂ 增加
		B	蒸馏水	叶片下沉	缺乏 CO₂ 和 O₂ 无法光合作用和呼吸作用
步骤 2	黑暗	C	NaHCO₃ 稀溶液	叶片下沉	呼吸作用消耗 O₂,细胞间隙 O₂ 减少,放出的 CO₂ 溶于 NaHCO₃ 溶液
		D	蒸馏水	叶片下沉	缺乏 O₂ 无法呼吸作用

a. 缺乏实验探究训练,无法准确建构实验模型。有 79.57% 的答卷不能建立基本的实验模型,其中 62.44% 的考生为 0 分,其余最高得分仅为 4 分,反映学生缺乏必要的探究实验设计训练。不过令人吃惊的是占 48.09% 的考生在卷面中出现了"对照"字眼,尽管许多是胡乱"对照",也反映出考生敏感的神经已经"嗅觉"到这是一个对照设计实验,然而绝大多数学生不能准确找到实验变量进行正确设计。将近 70% 的考生是这样表达的:"将 A(或盛有等量蒸馏水)试管放在暗培养箱中一段时间,将 B(或盛有等量 NaHCO₃ 稀溶液)试管放在日光灯下,照光一段时间"。在评卷中,这样表述基本上不能得分,主要原因是考生没有注意到题目中存在两组变量,需要在单一变量原则下进行两次对照实验;有 4.56% 的答卷只进行了光照或黑暗条件下的实验步骤和预测分析,表明学生不能准确确定实验变量,缺乏实验所必要的探究能力训练;有 19.01% 的考生把步骤 1 和 2 颠倒,即先把两试管放置黑暗中,然后放置光照中。殊不知,碳酸氢钠中的叶片必须先光照,否则不能形成叶片先升起,然后在黑暗中下沉这一对照结果,因此造成了严重失分,令人惋惜。

有 3.17% 的考生设计先把试管放置于光照或黑暗中,然后再用真空泵抽取气体;还有少数考生采用同位素标记或计算气体的质量等;也有极个别学生在实验设计上采用了先操作 A、D，再操作 B、C。

b. 实验设计模型的分析推理缺乏综合、全面。高考评卷往往按点给分，在本题中要进行四个预测，四个分析，然而有 6.39% 的答卷在分析中只分析了 $NaHCO_3$ 稀溶液，而没有分析蒸馏水，由于这些学生在设计实验模型时考虑到了蒸馏水，显然是忽视了对蒸馏水的分析作答，推测考生想当然地认为叶片沉于水底，不必分析，白白丢掉一半的分数，甚是可惜；在统计的 3 000 人中只有 38 人（占 1.27%）考虑到了必须在操作 A 中分析光合作用强度大于呼吸作用。

② 少于实验操作，脱离实际严重，实验素质匮乏

有些学生甚至这样设计："用两只干扁气球套住管口，并放在适宜光照和温度下，观察两只小气球的形状变化，结果预测，盛清水的试管气球不变形，盛 $NaHCO_3$ 稀溶液的气球变大"；有 7.81% 的考生要用带火星的木条鉴定试管中的 O_2；有 3.12% 的考生"看"到有气泡从小块的叶片上大量冒出；甚至有考生"观察"到因为叶片的光合作用和呼吸作用使得试管液面提高或降低；个别学生考虑到叶片是否枯萎或腐烂以及通过观察叶片的上升快慢来分析光合作用和呼吸作用的强度。

有一生如此作答："两烟草叶片试管分别放入密闭、透明的大容器中，并放入一只小老鼠，把一个装置放置于阳光下照射，过一段时间发现小老鼠没有死，说明光合作用有氧气放出，就说明光合作用叶片有氧产生也说明光合作用要消耗 CO_2，从而使大容器里的 O_2 与 CO_2 形成循环，故小老鼠不会死去。"

还有一些更为离奇："过几天去观察，两只试管中的叶片逐渐呈绿色，且一只盛有蒸馏水的试管中有白烟生成，另一支有气泡产生"；"拇指堵住试管口，是否感到拇指被吸住"；"用日光灯照射，如能使叶片变绿，并且很茂盛，则光合作用产生的气体被叶片所吸收"。

以上情况显而易见反映出我们的生物学教学脱离了实际操作。实验教学变成教师"讲实验"，学生"背实验"，学生实验素质严重匮乏。

其实，在中学生物学光合作用的教学中，只要让我们的学生做金鱼藻光合作用放出氧气的实验，就可以避免以上错误了。该实验在初一被安排成教师的演示实验，如果有做这个实验一定有以下几个感受：该实验与季节有关，阳光必须充足；实验时间长，往往收集一个试管的氧气需要花上几天甚至一周的时间；为了提高收集速度，烧杯要大；金鱼藻要多。而本题"剪取一小叶片，放置于试管之中，用日光灯照射，一段时间后"，这样的实验，能看得到大量的气体出现，液面提高或降低，小鼠是否存活、带火星的木条是否复燃吗？反映出

课堂实验哪怕是演示实验机会太少,相反"讲实验"、"背实验"太多。

③知识的联结与迁移、运用能力薄弱

有 5.01% 的考生将光合作用和呼吸作用的概念原理与过程作了或多或少的阐述,但仅此而已,不能将知识概念和原理运用于解决问题当中,反映学生死读书、读死书严重,割裂了理论知识与实践运用的联结,也是缺少必要的生物学实验操练的结果;有 67.88% 学生不明白 $NaHCO_3$ 稀溶液在本题中的作用,未对其进行正确分析,但 $NaHCO_3$ 稀溶液既可以释放 CO_2,也可以吸收 CO_2,这一特性在化学课程中并不陌生也不困难,然而竟然有部分考生在实验预测中"看"到有 $NaHCO_3$ 晶体析出;真空泵抽取空气,目的是让水中的叶片细胞间隙无气体,所以叶片下沉,题目已经假设水中溶解的 CO_2 和 O_2 不计,但仍有不少学生不理解真空泵的作用,认为细胞间隙中有气体存在,表明物理学的基本知识不能在生物学中得到迁移运用。

④审题失误、语言表达混乱

似乎人们并不太重视生物学考试的审题和语言表达,可随着开发性试题在生物高考中出现得越来越多的趋势,我们惊讶地发现学生因为审题和语言表达问题而失分相当严重,且具有一定普遍性。

a. 草率审题,失误连连

题目要求考生设计实验步骤,并预测结果,然后对结果进行分析。然而竟然有 8.11% 的考生在答题中对实验现象进行了假设,如:"把两管用相同的日光灯照射,有蒸馏水的为甲管,有 $NaHCO_3$ 的为乙管。一段时间后观察,①若甲组叶片无上浮,乙组上浮。分析:光合作用由气体产生,呼吸作用有 O_2 的消耗;②若甲乙组都上浮。分析:光合作用有气体的产生,呼吸作用无气体的消耗;③若甲乙组都不上浮。分析:光合作用无气体的产生,呼吸作用无气体的消耗。"

题目要求的是预测实验结果,而不是实验结论,然而有部分考生预测结果写成"光合作用和呼吸作用过程中有气体产生和消耗";

题目提供了实验步骤 1 和 2,有 9.23% 的学生推倒给定的实验步骤,另起炉灶。如有学生这样答题:"将两试管清空洗净,剪取两小块相同叶片,分别放入等量盛有 $NaHCO_3$ 溶液的两只试管中……";尽管题目已经交待无氧呼吸不计,却还有 1.5% 的考生在进行无氧呼吸的分析和讨论;

有 3.17% 的考生设计先把试管放置于光照或黑暗中,然后再用真空泵抽取气体;还有少数考生采用同位素标记或计算气体的质量等;

有 31.9% 的考生对实验现象预测的定位发生错误,是液面的升降、气体的产生、叶片的升降速度还是叶片的沉浮。其实只要认真审题是可以在题目中确定预测的实验现象的,因为在给定的步骤 1 和 2 中明确地指出了观察的对象:叶片的上浮或下沉。

b. 语言表达混乱、缺乏条理

有 3.21% 的考生对两试管未作指定,分析中就出现 A、B 管或甲、乙管;有 21.01% 的考生没有在指定位置上按点答题,许多考生只是笼统地整体作答,这与平时没有严谨答题训练有关,似乎只要把问题说清楚了就可以了,许多考生甚至把步骤、预测与分析随意调换顺序。

学生在作答中出现了大量错字、错词、错句,下沉写成"下层",叶肉细胞写成"血肉细胞",把叶片写成"幼苗";文字组织缺乏条理,用词、用句不够规范,语言表达晦涩难懂,如"放在日光灯下暴晒","把两支试管放入 4 个培养箱中培养","把试管分成两份,放在阳光下照射","把试管放入暗培养箱中,并点上蜡烛……"。

卷面杂乱不堪,箭头指向满天飞,值得关注。

⑤教学反思

a. 切实、有效地开展生物实验教学,提高学生实验素质

首先,生物学实验是生物学教学不可或缺的重要组成部分,也是生物科学素养的核心内容。实验教学应该尽量创设条件让学生动手参与,特别是在农村,许多生物实验是有条件和机会的,关键在于上下一心、端正思想。其次,切实有效开展生物学实验,努力提高学生实验素质也是生物新课程教学改革的重点和突破口。教育心理学表明,实践教学可以给学生的学习带来潜在的心理影响。正如学生所说的:"我听过了,我就忘记了;我看过了,我就记住了;我做过了,我就理解了。"新课程改革强调的创新、探究、思维、自主都可在生物实验教学中得到很好地体现和落实。

b. 重视实验探究分析,提高实验设计能力

可能是探究能力的培养对学生确实存在一定的难度或是我们的学生尚未获得探究的经验和必要的能力。现实情况看,生物实验探究的课堂并未让我们的学生真正理解探究学习的内在意义,往往只知其然,不知"探究"所以然。因此大部分考生才会在本题的答卷中出现"对照"的字眼,却不能真正建立实验模型。

老师们应该经常训练学生应用已学过的理论知识,结合实践经验,经过周密的探究分析、逻辑的推理作出科学、合理的实验设计方案,并注意到实验设计的基本方法、要求,从而提高学生的实验设计能力。在进行实验探究课教学

的时候,一方面重视学生动手能力的培养,另一方面也重视学生实验探究思维能力的经验养成。

c. 加强知识的迁移运用训练,跳出学科本位思想

学科教学的教育功能、教学内容及教学方法之间是互相交叉、关联和渗透的,但在学科教学实践中却很少结合、存在严重地脱节,这不仅违背了学生认知事物的规律,制约了学科教学效率,也不利于素质教育的实施,不利于人才的培养。

学科本位的这种局面亟须通过一种更高效能的教学联合予以解决。"学科互补"无论从学科教育功能的多重性,还是教学内容的渗透性和教学方法的互补性都对改革当前学科本位的弊端,推进学科综合,提高学科整体教学效益是非常有意义的。学科综合应引起教育主管部门的足够重视,同时,学科教师也应该努力打破学科本位主义,走向综合课程,以学生的发展为本,注重知识的联结和迁移应用。

d. 重视语言表达能力的培养,注重审题及答题的条理性、准确性

重视文字表达。关键仍在于教师应做到以身作则,通过表率作用让学生养成严谨的语言表达习惯,当然进行必要的学生文字表达能力训练是提高学生语言逻辑能力的快捷途径。

对于开放性试题,良好的审题习惯至关重要,审题就是对题目的意义、范围和要求的审定。审题的过程,就是实验逻辑思维模型确立的过程。这是高考答题的第一步,不能有丝毫的马虎,否则将会"失之毫厘,谬以千里",后果不堪设想。高考的紧张环境,考生极易为了抢时间,匆忙作答,而全然不顾答题的条理性和准确性。其实一个有经验的解题者,总是先从目标去分析思考,从而获取有用信息、指导解题。因为抓住了目标,思维变得具体,推理也就有了目的性和针对性。所以重视目标,从目标出发,也是审题应重视的一个策略。

三、中学生物学实验教学的组织、实施与优化

生物学实验是激发学生学习兴趣、培养学生多种学习能力和严谨科学态度的最佳方法和途径。但是中学生物学实验往往不好组织,有的老师形容上实验课时,实验室就像自由市场,纪律不好,教师难以控制。学生也不能认真地按照要求进行操作、观察和思考。生物实验教学的组织与实施、优化可以从以下几个方面入手:

1. 精心布置环境,创设良好氛围

良好的环境对学生行为的影响是不言而喻的。一个杂乱无章的学习环境

必然会导致学生学习的无序和注意力的涣散,而一个良好的有着浓厚学习氛围的环境则会很快让学生进入实验研究的情境中。所以,精心布置实验室是很有必要的。如有的实验室就布置得比较好:在实验室的墙上挂了几张著名生物科学家的画像以及这些科学家的名言,在实验室的后墙黑板上写了一个大大的"静"字,黑板两侧分别挂着《实验室规章制度》和《中学生守则》,窗台上摆着几盆葱郁茂盛的绿色植物和一个金鱼缸,生物小组的学生在缸里养了几条金鱼,实验室的后面放了一组标本柜,里面摆放了一些动植物标本和学生的作品。实验室的卫生每次都有值日小组的同学打扫干净。在这样一个干净整洁、严肃而又充满生物情趣的生物实验室中,学生多了一份探索生物奥秘的兴趣,少了几分浅尝辄止的浮躁,组织教学就比较容易了。

2. 充分准备,上好第一节实验课

学生的第一次实验课是非常重要的,教师必须给予足够的重视。第一次的生物实验课不管好坏都将给学生留下深刻的印象,对今后学生在实验课上能否养成一个良好的习惯至关重要,教师应做好充分的准备。首先,让学生明确实验目的。课前就告诉学生,生物学是一门实验科学,通过生物实验可以获得许多感性认识和科学实验的方法,实验是探索生物奥秘的金钥匙。必要时可以在上实验课前带领学生参观实验室,一方面免去学生正式上课时对实验室的过分惊奇和新鲜感;另一方面也可以让学生体会到国家、学校、教师们为了同学们的学习,花了许多经费,投入了大量的劳力,培养学生热爱学校、尊敬教师、爱护公物的思想品德,并让学生学习相应的实验室规则,明确实验的意义、目的和责任。这些教育不仅有助于培养学生初步的生物科学素养和生物科学研究能力,同时,也为今后实验课的规范与管理打下了良好的基础。

3. 倡导合作学习,实现自我管理

合作学习是学生进行自主学习的一种常见形式,也是学生进行自我约束的最好形式。小组成员在进行实验时,既有分工,也有协作;既互相依赖,也互相制约。实验课前,教师应该精心编排实验小组,在学生自愿组合的基础上,再根据学生的性格特点等因素进行组合。小组编排讲究组间同质、组内异质。组间同质,即组与组之间在实验能力、学习水平方面没有差异,起点一样;组内异质,即组内成员由各种能力、水平或个性差异的人员组成。组间同质、组内异质可以促进学生有效开展实验活动。每组选定一个小组长,强化组内人员的分工和自我管理,学生学会了自我管理,课堂自然会秩序井然。

4. 认真做好实验课前准备

要求教师在实验课前精心设计实验教学目标,包括知识与技能目标(生物

基础知识、实验基础知识、实验现象、实验操作技能等)、过程与方法目标(观察能力、思维能力、实验研究方法等)、情感态度与价值观目标(学习兴趣、动机、实验态度、习惯等),并将这些目标落实到每一个细节中,使学生在潜移默化中形成良好品质,提高科学素养。

具体要做的准备工作主要有两点:①做好实验的预试工作,将本次实验中学生可能用到的物品准备齐全。对本次实验中可能出现的问题及难点要认真考虑,做到心中有数,并制定好相应的解决措施。②培训实验课学生骨干。在实验过程中,由于实验小组较多,教师在巡回指导时,有时顾了这组顾不了那组,容易导致课堂秩序的混乱,教师可在课前利用课外活动时间培训实验课骨干(如生物课外小组成员或各实验小组的组长),让他们在实验课上帮助教师辅导其他学生的操作和观察,成为老师的小助手。实践证明效果非常好,由于有了这些小帮手的有效示范和指导,学生都能专心实验,课堂纪律自然就好维持了。

学生方面要做的准备工作:教师应课前布置学生预习实验,包括本次实验的目的、方法、步骤及记录、总结等,不论是验证性实验还是探究式实验或是学生自己设计的创新性实验,都要求学生提前制定好详细的实验方案。只有课前做了认真细致的准备,学生对实验过程胸有成竹,做起实验来目的性强,才能活而不乱。

5. 认真做好实验课的结课工作

实验课下课前,教师不能因时间关系,草草收场,应该做好实验的结课工作。主要有两个方面:①帮助、指导学生进行实验小结,启发学生自我评价。实验结束前,用3~4分钟时间进行必要的总结,可以由教师也可以由学生来完成。例如,教师将本次实验中出现的普遍问题进行扼要地概括,旨在提高学生实验的理性认识。也可以让一些实验认真、观察细致、操作熟练、正确掌握了实验技能、实验成功的同学简单谈谈收获、体会,并作自我评价,从而引导全班同学都能开展实验小结和自我评价工作。②保持实验室卫生。引导学生养成实验结束后整理实验室的习惯。包括清理实验仪器,把仪器放回原位,清洁实验桌(台)凳,打扫实验室卫生等。

第六节　生物学实验教学技能评价记录表

课题：　　　　　　　　　　　　　　　　　　　　　执教：

评价项目	好	中	差	权重
1. 实验设计合理，符合生物学原理、方法和规律	☐	☐	☐	0.15
2. 实验器材、药品、试剂准备充分，配置准确	☐	☐	☐	0.10
3. 学生有足够的时间进行实验，时间紧凑，容量适宜	☐	☐	☐	0.10
4. 实验板书简明扼要，设计科学，有效辅助学生实验	☐	☐	☐	0.10
5. 课前讲解重点突出，善于启发学生思维	☐	☐	☐	
6. 学生独立实验程度高，教师指导起到画龙点睛作用	☐	☐	☐	0.10
7. 实验小组分工明确，协调配合	☐	☐	☐	0.10
8. 实验课堂纪律维持好	☐	☐	☐	
9. 学生能正确收集和分析、处理实验结果和数据	☐	☐	☐	0.10
10. 实验完毕，学生自觉、有序地整理实验器材	☐	☐	☐	0.05

对整段微格教学片断的评价：

思考与练习

1. 什么是生物学实验，有哪些组成要素？
2. 生物学实验的类型有哪些？请简要说明。
3. 如何进行实验过程的设计？请根据一具体教学实验课题进行说明。
4. 设计生物学实验有哪些原则？你是如何理解单一变量原则的？当实验中出现两个以上变量时，这一原则有效吗？应如何设计？
5. 根据实际，谈谈如何上好第一节实验课，应做哪些必要准备。

第九章 演示实验教学技能

第一节 演示实验概述

一、什么是演示实验

生物教学中常常需要通过实验来阐明生物学概念、原理和规律。但有的实验操作较复杂,并有一定难度;有的实验受教学时间和实验设备的限制,不可能全部由学生自己动手做,这时就需要通过教师以演示的方式进行。

演示实验可以有狭义和广义的理解。狭义上,是指生物教师在课堂上进行有关生物学实验的操作,配合讲授课或课堂讨论,让学生观察并掌握知识内容、实验操作能力的一种直观教学手段;广义上,我们把生物教师向学生展示与所学内容相关的活的生物、标本等直接的直观教具,进行示范性的实验,以及展示挂图、模型、录像等间接的直观教具,并指导学生进行观察、分析、归纳以促进学生获得知识、理解知识、培养能力以及情感体验的教学手段,统称为演示实验,若从方法论角度,也可称为演示教学法。

从以上定义可以看出,演示教学法包含了狭义上的演示实验,演示实验在生物教学中具有重要的作用,是一项重要的教学技能。因为演示课堂实验和演示直观教具在原理、方法和要求上是一致的,所以在这里,我们讨论和研究的是广义上的理解。

二、演示实验的特点

1. 灵活性

一般演示实验的设备比较简单,操作方便,可塑性强。教师可根据教学需要改进、增加演示实验,或调整演示实验的教学进程,以达到更好的教学效果。

如在教学过程中可以采用边演示、边讲述或是边演示、边谈话的方法进行，也可以先演示后讲解，或是先讲解后演示；可以演示实验的全部过程，也可以演示其中的一部分。有些演示实验需要较长时间，因而在课堂上只能演示其中的一部分，可以依据教学需要只演示实验的开始几个步骤，或只演示实验的最终结果。

2. 短时性

课堂演示实验对时间要求比较高，实验应尽可能在预定的教学时间内完成，而且占用时间一般不能太长。生物实验过程有时可能需要等待，这种等待不应放在课堂演示时间中，因为太长的等待既浪费课堂时间，又会消退学生的兴趣。教师可以事先做好同一个实验的不同时间段现象，分别演示，能让学生观察到完整的实验过程，以加深学生对实验内容的理解。

3. 简洁性

演示实验不包含复杂的操作过程、复杂的实验操作技巧和设备仪器，也不要求学生有复杂的知识背景。演示实验的目的往往是用来验证生物学理论知识或探究新知识。由于课堂教学的时间以及环境的限制，演示实验在设计上必须要精巧，演示结果要一目了然。有些老师把学生分组实验简单地搬到课堂上作为演示实验是不适当的。

4. 直观性

演示实验不同于普通的实验课教学。多数情况下，演示实验由教师在课堂上操作完成。因此不论是在演示实验方案的设计，还是进行演示实验操作，都应考虑到保证全班同学能够观察到演示实验操作的全过程，同时实验的结果应该清晰、明了，体现演示实验的直观性。

三、演示实验的作用

演示实验是最直观、最有效的教学手段之一，做好演示实验是生物课堂教学成功的关键，演示实验在生物课堂教学中具有重要的作用，主要体现在以下几点：

1. 集中注意，激发兴趣

在教学过程中，演示实验以特有的直观凝聚学生的注意力。学生在观察演示的过程中，充分调动视觉、听觉，思维也得到启发，课后能保持联想，加强记忆。演示实验还可以活跃课堂气氛，吸引学生的学习兴趣，让学生以轻松愉快的心情来认识多姿多彩的生物世界，增强学生对生命科学的好奇心和探究欲望，形成持续的学习兴趣。兴趣是一种特殊的意识倾向，是求知欲的源泉，思维的动力,更是树立信心的保证。例如,在解答"鱼为什么吞水"的现象时,教师在鱼嘴边滴一滴墨水,让学生观察水是被吞进肚里还是从鳃盖出来。由此说明鱼吞水的目的。形象生动的演示结果,让学生产生强烈的认识冲动,摆脱被动学习的心理状态,有利于学生迅速掌握知识,培养思维能力。

2. 促进理解,巩固掌握

俗话说:百闻不如一见。科学研究表明,人们从语言形式获得的知识大约能记忆15%,而同时运用视觉、听觉则可接受知识的65%左右。教师在授课过程中,有时如果只用口头表达,学生的理性认识仍会缺乏准确的、立体的、动态感性认识的支持,结果不易形成正确的生物学概念。若结合辅助教学的挂图、幻灯、实验等真实、鲜明、生动的感性材料去传授生物学的知识,能使知识具体化、形象化,并且有助于学生将具体现象与抽象思维结合起来,运用"去粗取精、去伪存真、由此及彼、由表及里"的分析办法,通过演示实验,加深对生物概念、原理的理解,从感性认识上升到理性认识,使学生尽快深入教材实质并迅速巩固在记忆中。例如,在讲述血红蛋白特性时,教师可用一块新鲜的猪血来演示说明。猪血放置盘中,暴露在空气中的部分表面呈鲜红色,与盘接触的一面因缺氧而呈暗红色,学生在观察中不仅很快掌握了血红蛋白的特性,还能更好地理解动、静脉血的概念。

3. 端正态度,规范操作

良好的科学态度教育不仅能使学生对生物和生物学知识有正确的理解和掌握,而且为形成科学世界观奠定良好基础。教师在演示实验教学中本着严肃认真的科学态度,规范正确地进行实验操作和演示,学生在观察教师的实验表演和示范操作的同时,在潜移默化中逐渐形成认真、科学、严谨的操作技能和方法。

4. 创设情境,培养能力

演示实验能把学生在日常生活中看到的现象,通过教师演示实验的方式再现出来,形成生物教学特定的知识情境,激发学生产生良好的情绪和学习动机。让学生在观察现象中,感悟生命科学的原理,进行思维活动,从而促进思维,获得知识,发展观察力、想像力和思维力。

第二节 演示实验教学技能设计

演示实验是生物教学的重要环节,直接关系到学生对生物学知识的学习

第九章 演示实验教学技能

和掌握。根据课程的需要,正确选择、优化设计演示实验,以期达到最佳教学效果。

一、演示内容设计

(一)演示实验

演示实验是在全班学生眼皮底下由教师操作完成,实现非常典型的示范作用,也是教师人格魅力养成的重要方面。因此,演示实验必须顺利、成功,课前周密设计是保证演示实验成功的关键。

1. 演示物品应放在具有一定高度的演示桌上

演示实验是做给学生看的,实验的操作过程、实验现象必须使全班学生都能清楚地看见。课前应做好预测和准备,可用箱子加高或用专门的木架平台提高演示的高度。

2. 演示材料应有足够的大小,保证学生看得清楚

如过小,例如水螅的运动,应使用投影器放大或分组演示,事先就把实验器具放置在实物投影仪上。

3. 复杂的实验应先画好图解

例如演示"光合作用需要光和叶绿素"时,可在投影片上画上演示的过程,投影在屏幕上:遮光→光照→几小时→取叶→酒精脱去叶绿素→加碘→遮光部分不变蓝,这样学生能更清楚地看到实验的过程,理解实验的实质,增强演示的直观效果。

4. 引导学生观察实验的详细过程并记下实验现象

演示时,教师首先要注意消除容易分散学生注意力的因素,演示桌上只能放与演示有关的材料和用具,不必要的东西应收起来。其次,教师应不断地利用讲解和谈话的方式组织学生进行观察。例如,演示前要向学生阐明实验的目的,演示实验的主要过程和关键步骤。演示中问学生"看到了什么?""怎样解释看到的现象?"演示结束后启发学生作出结论等。再次,教师要注意实验操作的精确性。为使学生观察好演示实验,教师必须正确地操作,把关键的地方交待清楚,消除学生不必要的疑问。例如,演示"种子含有水分"这一实验时,教师应事先交待种子和试管是干的,以免实验完毕,试管内壁上出现水珠时,学生产生"是不是教师在实验前把种子泡湿了"、"是不是试管本身带有水"等疑虑。

(二)演示实物

在生物教学过程中,有些实物材料(包括活的生物体、标本、切片等)难以获得,不能一一分发给学生观察,为使学生具体感知所讲授对象的有关构造和习性,以便获得知识和巩固知识,可以由教师演示实物,演示实物的方法主要有以下几种:

1. 在课桌间巡回演示

把演示材料拿在手中,巡回全班,可以边走边提示学生观察的方法,并询问学生是否看见。如演示"鸽子的外部形态特征"。

2. 配合教具演示实物

先进行初步的演示,如讲授"葫芦藓"时,先演示葫芦藓的标本,然后指出:"这种植物个体很小,肉眼不易看清,让我们用放大的挂图来观察吧。"这样可以增强学生对葫芦藓的真实感。

3. 橱窗中的演示

为巩固课堂所学知识,验证挂图、模型的真实性,下课后可把实物放在标本室或楼道的橱窗里,让学生仔细观察,并在下次上课时,用提问的方式检查学生的观察质量。

4. 个别观察

有些实物个体太小(如培养皿中的菌落),或者演示时间有限,或者原本就是一个学生比较熟悉的实物(如糖分子在水中的扩散),可以让个别学生进行观察,并让这些学生把看到的实物现象告知全班同学。一方面,可以同样起到演示实物的效果,另一方面也可检查和锻炼学生对实验的观察能力和思维能力。

(三)演示挂图

挂图是生物课堂教学中最基本的教具,演示挂图能帮助学生认识生命现象、规律及生命个体之间复杂的关系。随着信息技术的不断进步,丰富的生物数码图片可以通过网络或光盘轻松地大量获取,许多学校教室里都配备了数码投影仪,教师可将生物图片通过投影仪播放出来,比演示挂图更加灵活和清晰,效果更好。传统挂图和投影仪播放形式虽然有些不一样,但其使用方法和原理是一致的。演示挂图时注意以下几点:

1. 演示挂图的时间要恰当

一般情况,挂图不要在上课之前给学生观看,以免讲新课需要注意挂图时,缺乏新鲜感,反而不能引起学生的注意。

2. 教师要对学生视图进行指导

让学生看挂图时,先要对挂图作总的说明,如挂图和实物的比例、纵切还是横切等。演示挂图要边讲边用教鞭指图给学生看,这对帮助学生理解和巩固知识有很大的作用。指图的位置要准确,注意点、线、面的区别。用教鞭指示"点"要指示在"点"旁不动;指示"线"要沿着特定去向画出线条;指示"面"则要沿着它的轮廓边缘画一周,把"面"围出来。例如,指草履虫的核时,可指在核的边缘不动;指家兔的动、静脉时,教鞭应沿血流方向划线;指菜豆种子的子叶时,先用教鞭沿着子叶的边缘轮廓圈一遍,然后停在子叶上不动。切勿指图含混不清、摇摆不定。

3.要根据需要使用辅助示意图

挂图中一些细小部分,坐在远处的学生可能不易看清。例如"根尖的纵切面"挂图虽很大,但其中的细胞,特别是生长点的细胞,学生难以看清,此时教师可在讲授中临时在黑板上绘局部图,或拿出已绘好的图加以配合,帮助学生理解生长点细胞的特点。

(四)演示模型

模型也是生物课堂教学中常用的教具,它能把实物放大或缩小,为学生建立立体概念,还能反映生物体或其局部的运动原理。演示模型通常有以下几种方法:

1.结合讲课进行展示。当数量多、模型小时可分发给学生;当数量少、模型大时可在课桌间巡回演示或边讲边用。利用模型教学时,应向学生指出它和实物的比例及它的颜色是实物的颜色还是表示色等等。

2.课后展示。在课上学生不易看清的模型,可课后展示,让学生自由观察,帮助学生理解教学内容。

3.利用模型进行课堂复习。为使学生重视模型,提高观察模型的质量,教师在课堂复习提问时,可让学生指着模型来回答,不仅能考察学生的知识水平和表达交流的能力,也会促进全体学生重视今后教师演示的模型,帮助学生理解、记忆,从而提高教学质量。

二、演示过程设计

(一)验证式演示实验——先授课后实验

验证性的演示实验一般在讲授新知识后进行,用来巩固和验证所讲的知识,以达到加深理解、强化记忆的目的。此类实验教学是推理判断在前,实验论证在后,是一种从一般到特殊的认识过程。例如,讲授"呼吸作用要释放能量"时,教师可先列举一些生活实例,如将手伸入刚收取的潮湿谷子中,会感觉有一定的温度等,激发学生思考、讨论呼吸作用可能释放能量。在学生思考、讨论并获得一定知识的基础上教师再通过演示实验,加以验证。实验中,教师事先用甲、乙两个保温瓶分别装有等量的萌发种子和煮熟后冷却至室温的种子,各插入一支温度计,密封三四个小时后,让学生观察甲、乙两个保温瓶内温度的变化。学生会发现装有萌发种子的保温瓶的温度比装煮熟种子的保温瓶里的温度高。这说明萌发种子进行呼吸时产生热量。通过这些现象,使学生从感性认识上升到理性认识。

(二)同步式演示实验——边授课边实验

教师一边做演示实验,一边进行新知识的讲授。例如,在"眼球的结构"的教学过程中,教师一边拆装眼球结构模型,将眼球结构模型分步拆开,指导学生观察。识别眼球壁的三层结构由外到内依次是:外膜(角膜与巩膜)、中膜(虹膜与脉络膜)、内膜(视网膜),取出眼球的内容物:晶状体、玻璃体。如此真实、生动地由外及里地展现眼球的形态结构,可很好地启发、引导学生观察、思维,总结归纳出眼球的结构。

教师也可根据实际情况,分步骤实施教学要点的授课。在分步骤中,一般先提论点,再演示验证该论点。例如教师讲授"种子的成分"时,首先向学生说明:"种子是由许多成分组成的,其中之一就是水,下面我做一个实验加以证明。"接着,教师把干燥的小麦种子放在试管中,摇动数次,使学生听到种子撞击管壁的声音,但没有看到种子贴在管壁上的现象,以便说明种子的表面并没有水,里面也是干的。接着把试管倾斜在酒精灯上慢慢加热。过了一定时间,试管上部的内管壁出现水珠,停止加热。教师指导学生观察并启发学生思考,得出结论:"水从种子里蒸发出来,在上部冷的管壁上已凝成水珠,证明水是种子的成分之一。"接着,教师再指出:"种子的另一些成分中还有无机物,下面再做一个实验进行证明"……一直到把种子的全部成分讲授完为止。最后指出不仅小麦种子如此,一切种子都有这些成分,不过含量不同而已。

(三)探索式演示实验——先实验后讲授

上课时教师说明总课题后,不提任何结论便开始进行演示实验,在实验进行中教师引导学生观察实验现象,实验完成后,指导学生结合相关知识讨论和思考,得出结论。例如,在"种子萌发时吸收氧气"教学中,教师先进行演示实验,在甲、乙两个玻璃瓶中分别装有等量的萌发种子和煮熟后冷却至室温的种子,让学生观察蜡烛在甲、乙两瓶中的燃烧情况。将会看到燃烧的蜡烛放进装有活的种子的瓶里,立即熄灭;放进装有煮熟后种子的瓶里,能继续燃烧。激发学生提出疑问并思考和讨论,得出萌发种子呼吸时吸收氧气,使蜡烛熄灭的结论。通过演示实验,一方面使学生轻松地掌握活的细胞在进行呼吸作用时吸收氧气的知识,另一方面引导学生自己得出结论,锻炼了学生探索知识、分析问题和解决问题的能力。

三、演示人员设计

一般来说,演示实验由教师独立完成,教师应以正确的实验操作和端正的实验态度做好规定的实验,在学生面前起模范的作用。当然有些实验如果步骤简单,趣味性强,则可以邀请学生共同完成。例如"运用简易装置模拟胸腔容积变化使肺体积的变化"的实验,教师可在简单地介绍完装置后让学生进行具体操作。这样一方面缩短了师生的距离,另一方面有学生的参与,实验结果变得更可信。再如,糖分子在水中扩散,可以让学生上台尝一下糖水,再让学生告诉全班结果怎样。但是,有些实验可能会浪费时间、破坏材料,就不必组织学生去做。例如,证明"呼吸时放出二氧化碳"的实验,用玻璃管向石灰水里吹气,澄清的石灰水马上变得浑浊。这类实验如果都叫学生做,教学时间会明显加长。

第三节 演示实验教学技能的运用

一、演示实验教学的方法

(一)演示内容的确定

有许多生物学实验是需要较长时间才能完成的,不能迅速地让学生看到实验的全部变化过程。因此教师可根据教学内容,选取实验中最有利于教学的一部分进行演示。可以演示实验中的一部分,也可以只演示实验所需的装置。如演示"光合作用需要光"这一实验,可让学生提前完成植株的"饥饿"以及用遮光器对叶片的遮光处理等步骤,在课上教师只需做"检验遮光叶与非遮光叶中是否存在淀粉"的演示实验。

(二)展示方法

1. 直接展示

将一些现象明显的实验直接展示给学生,如"渗透作用"演示实验中,蔗糖溶液是无色透明的,加入红墨水增大反差可使结果更加醒目。直接演示要尽可能使学生用多种感官感知事物,不仅让学生看到,而且让学生听到、嗅到、摸到,从而丰富学生的感性认识,增强演示的效果,如让学生动手摸心室壁和心房壁的厚薄。

2.间接展示

对于效果不明显或者不易直接观察的实验,可以借助间接展示的方法。

(1)转换法:把不易观察到的现象转换成容易观察的现象,间接显示原来的实验效果。例如,验证植物光合作用产生氧气,可用带火星的木条的复燃来验证。

(2)模拟法:主要用于无法直接做实验说明的问题,或者由于现象发生的时间太短,无法形成整体效果的实验。如:模拟生态系统的组成。

(3)暂留法:把变化过程中某瞬时的状态保留下来,称之为暂留。这种方法主要用于显示停留时间短、稍纵即逝的生物现象;或者难以立即读取数据的现象。如"观察卵裂"等生物变化的过程可用定时摄像机拍摄下来,展示给学生看。当然某些演示实验现象保留时间短,不易保证全体学生都看到时,除了做好组织教学,及时提示学生把握关键时机注意观察外,还要在可能的情况下争取重复演示几遍,为学生创造观察的机会。

3.增强展示

(1)放大法:对于微小或反应不明显的实验现象,可以通过使用实物投影仪进行实时放大。例如"菜豆种子的解剖"以及"水螅、蕨类孢子囊弹射孢子"等演示实验。如果没有实物投影仪,也可用摄像机摄像,并把图像信号通过 s 端子传输到电视机或投影仪上,效果非常好。

(2)对比法:设计对比、对照实验本身就是生物实验的重要原则,可以同类对照,也可以自身对照。例如,各种消化酶的作用,天竺葵叶片光合作用有淀粉的生成等实验。

(3)衬托法:有的演示实验为了突出现实实验现象,应在演示材料的后面加上衬幕,使演示物与背景的色彩反差加大,使之轮廓和颜色清晰。如演示"光合作用释放二氧化碳",应在装石灰水的试管后面衬以白纸,让学生更容易识别"澄清"或"浑浊"。

4.配合展示

(1)实物配合:演示实物可以让学生具体感知所演示实物的有关构造和习性,以便更加形象地获得知识或巩固知识。教师可把演示实验的材料拿在手中,在课桌间巡回演示。如演示花的结构、鲫鱼、青蛙的外部形态特征等。

(2)挂图配合:有些实验没法展现,或者实验结果比较模糊、不够清楚形象的,可采用挂图辅助展示。

(3)模型配合:如果在一些演示实验中需更好地反映生物体或其局部的运动原理,可采用模型辅助演示。

演示所用的教具多种多样,同一种对象可能有实物、模型、挂图,教学中如何排列应用,值得考虑。教师应根据实际教学需要加以科学排列和选择,最大限度地发挥这些教具的作用。如讲授人的心脏结构,最好演示猪或牛等大型哺乳动物的心脏实物或人的心脏模型(可装拆的),演示挂图的效果较差。但讲授心动周期时,演示心动周期的挂图或者黑板画的效果就更好,心脏标本、模型则不起作用。教具的选择和排列方式要遵循系统化原则,一般有两种方式:一是把教具组成横的系统,即在讲授某一知识的同时使用几种教具,如教师在讲授"双子叶植物种子的结构"时,一方面让学生观察菜豆种子的结构,另一方面演示菜豆种子结构的挂图或黑板画,几种教具取长补短地说明同一个内容,利于提高教学效果;二是把教具组成纵的系统,即把教具分配在教学过程的不同环节中来说明同一个内容。如讲授"根的结构"时,演示它的挂图,课堂小结巩固时让学生观察它的模型,实验课时在显微镜下观察它的切片标本,从而达到帮助学生理解和强化的目的。

二、演示实验教学的优化

教师对每个演示实验都要认真考虑该实验的目的,通过实验得出什么结论,培养学生哪些方面的实验技能,以及实验的重点、关键,主要现象是什么,哪些部分要引起学生注意。实验前教师对这些问题均要深思熟虑。根据中学生的实验需求,结合实际教学中的实验状况,可以从以下几点对生物演示实验进行优化:

(一)巧设情景,激发兴趣

实验前设置问题情境使学生明确观察目的,实验目的是为了解决问题,而问题只有在一定的情境中,才会使学生产生主动解决的愿望。生物问题情境的创设可以是故事、游戏或现实生活中的一些事件,亦可以是实验本身。当然,问题情境并不是问题本身,它只是使学生处于问题的模糊状态,而教师就是要使学生从这种状态中摆脱出来,指导他们对问题情境加以分析、推理和实验。如在演示"测量反应时间"的实验中,先将学生分成人数相等的两组,站成两纵列,手臂放在身体两侧,一手掌向后张开。当"开始"的指令发出时,每列最末者把一物件(如钥匙)以最快速度递至前一人的手掌,依次向前,直至递到最前面的学生并举手示意结束为止。由专人记录起止时间,看哪组或哪人反应最快。然后,结合"反应——反射——反射弧"去理解这个实验。

(二)授之以法,开拓思路

在生物演示实验中,教师要认真做好实验的解说工作,要紧密结合教材,突出实验重点,向学生指明要观察的内容和现象。教师的解说要准确、生动、形象、言简意赅,富有启发性。讲解演示实验时应逐渐教给学生如何根据实验的基本原理和目的,制定实验方案,选择最佳的实验材料,配置相应的实验器具,如何进行数据资料的整理、分析、得出结论,减少实验的盲目性。久而久之,学生就能得到较系统的实验研究基本方法。

例如,在观察"血液组成"的实验时,要让学生同时观察未加入抗凝血剂的血液,明白抗凝剂的作用和采用对照实验的好处。为了让学生更好地了解血液各组成部分所占容积的比例,可将试管换成量筒,并说明"静置一段时间"是指大约12小时左右。又如金鱼藻放出氧气的实验,装置晒太阳的时间越多越好,一般都要达到3~5天的时间,而且带火星的木条似乎反应并不明显,说明产生的氧气量很少,使学生对实验的步骤有科学性的认识。

教材中演示实验不是很多,而且有的实验材料、效果有不尽如人意之处。教师在演示实验设计的时候让学生参与实验的改进,培养他们的创造性思维。如在讲述"尿的形成"时,有位教师便在课前带领兴趣小组成员制作演示教具,既授之以法,又打开学生思路。有一位学生还据此制作了一个用气球囊内陷外包一团露出两条红线的毛线团,不仅显示出肾小囊的双层结构还演示说明了肾单位构造,一举两得。

(三)巧妙引导,提高能力

1. 有目的

观察是人们探索自然的起点。从某种意义讲,观察是进行发明创造的基础。在演示过程中精心设计和安排,激发学生学习兴趣,明确观察目的,排除次要事物的干扰,把学生注意力集中到实验的主要方面。例如,在观察猪心结构时,学生如果只是被心脏的形状所吸引,兴趣也只会停留在表面上。教师要通过提问来转移学生的注意力:"心脏的四个腔壁厚薄相同吗?""左、右心室与什么血管相连?"通过这一系列的提问达到教学目的。

2. 善引导

学生能否自主地对演示实验过程和现象进行较为确切的描述和归纳,是对演示实验效果的最好评价,良好的演示实验应该是在学生充分细致地观察和理解的前提下的实验。学生在观察后,必然会对过程给予自己的理解和判断。应该说,教师此时起着组织者的作用,即组织学生对观察的现象或结果进行陈述或发表见解。如在讲解生物的拟态概念时,教师挂出"枯叶蝶拟态图",图中枯叶蝶的背面观部分,事前已用纸盖住。教师指图向学生提问:"图中植物的枝上有什么?"学生会说:"枯叶。"老师再请学生仔细观察图中的几片"枯叶"有什么差异。这时,学生的注意力全都集中在图上,观察一会后,教师请学

第九章　演示实验教学技能

生回答。当学生的答案被老师否定后,激起学生更有兴趣地认真观察图。如果学生观察到图中"枯叶"有差异,教师便可请学生进一步指图说明差异之处。然后,将盖住枯叶蝶背面观图的纸揭去,指明这片"枯叶"原来并不是什么叶,而是一只美丽的蝶。此时,教室里往往会哗然,学生迫切地想知道原因。教师在这个时候再讲解拟态的概念,恰到好处,学生获得深刻的印象,同时又培养了学生敏锐的观察力。

3. 巧启发

教师在教学中可适当采用引导—观察—思考—迁移的探索路径进行引导,学生主动发现,乐趣也将会越来越大。如演示"光合作用产物"的实验过程中,除了引导学生仔细观察实验过程,还可进行启发式的提问:"为什么这个实验要在光照下进行?""实验为什么采用水生植物?""你还有什么其他方法来收集气体吗?""通过这个实验你得出了什么结论?"并在思考的基础上进行知识迁移。这一步是培养学生对知识再加工的过程,是发展学生创造性思维的关键一环,即在上面观察分析的基础上进一步思考:"植物中的有机物来自光合作用,那么农民种田时可采用什么方法提高产量?"如此一来,教师的演示过程就会转化为学生主动探索发展的过程,引导学生进行这一认识过程的飞跃,从而培养学生的思维能力。通过演示实验,培养学生的能力,树立辩证唯物主义的世界观,这也是生物教师进行演示实验的立足点之一。

三、运用演示实验技能的原则

生物学,是一门实验性很强的学科,许多概念、原理和规律都是在实验和实践中得来的。因此,在生物课教学中,教师要经常做演示实验,用实物、模型、教具的演示来引入新知识,如此具体形象,可吸引学生的注意力,激发学生学习新知识的兴趣和欲望,在运用生物演示实验要注意以下几个原则:

(一)充分准备

充分准备是演示实验成功的保证。演示实验作为一种教学手段,是教师备课的重要内容。有的教师轻视演示实验的课前准备工作,结果造成演示失败或出现意想不到的情况,以致在课堂上手忙脚乱,"强行"让学生接受结论,教学效果不好。课前的准备包括实验方案的确定,课前实验练习,及实验器材的准备和对一些突发事件的处理等。

1. 确定方案

确定实验方案应根据以下三个原则:

(1)符合教学目的。选择演示实验应服从教学目的,要以突出教学重点和难点为目标。如在"光合作用"一节中与教学内容有关的演示就很多,有的用于说明光合作用过程有二氧化碳的参与,有的用于说明光合作用过程中氧气的产生,有的用来说明光合作用过程需要光的参与,用于光合作用演示实验的材料种类千差万别。因此必须从教学的实际出发,根据教学重难点,根据演示实验的设计和实际条件,对材料进行合理的选择。

(2)效果最佳。应选择效果、结果最佳的实验方案。为使实验现象更明显,更容易观察或者使实验设计更加合理,教师可以对现有的实验做些必要的改进。如"植物进行呼吸作用"的实验之一"种子呼吸吸收氧",实验装置是甲、乙两个广口瓶,分别装着萌发的种子和等量的未萌发的干种子,瓶口用橡胶或软木塞塞口,一般实验室较难找到合适的塞子,但实验成功的关键是装置的密封性。通过改进,利用生物学实验室的小号动物浸制标本瓶,因其瓶塞是磨砂玻璃塞,涂上凡士林密封效果很好,成功率高。

(3)装置简单。演示实验仪器的结构要简单,使用方便,性能稳定,教师容易装配,可以节约准备时间。否则在课堂上准备时间过长,让学生等待,无事可做,结果会使学生的精神状态从兴奋到抑制,容易挫伤学生学习的积极性。

如,"渗透作用演示实验",为了保证演示实验的质量和时间,可以对其进行改进设计,设计方法如下:

【案例一】"渗透作用演示实验"改进[①]

(1)实验材料的选用

许多教师在半透膜的选用上一般用鸡蛋卵壳膜,但需要用一定浓度的盐酸浸泡 4~5 天,在制备上不是十分方便。这里选用鱼鳔,取材容易、操作方便,节约实验的开支。

(2)实验设计方案

①选取一破损的胶头滴管,去掉胶头并裁取(如图 9-1、图 9-2),在广口端套上鱼鳔的前室并用细线扎紧,另外一端套上乳胶管。最后,用吸管吸取加有红墨水的 30% 的蔗糖溶液适量,套上 0.5 ml 的移液管。

②按图 9-3 所示,装配好所有的实验装置。

③适当调整移液管中液面的高低,并标记液面的起始位置。

点评:通过改进,不仅实验装置的准备简单,实验现象明显,而且整个实验所需要的时间为 6~8 分钟,便于课堂的演示。

---

① 赵社斌、周红英.渗透作用演示实验的改进.生物学教学,2004,2

第九章　演示实验教学技能

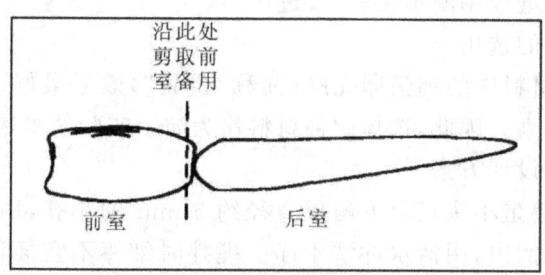

图9-1

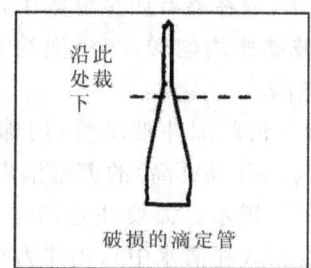

图9-2

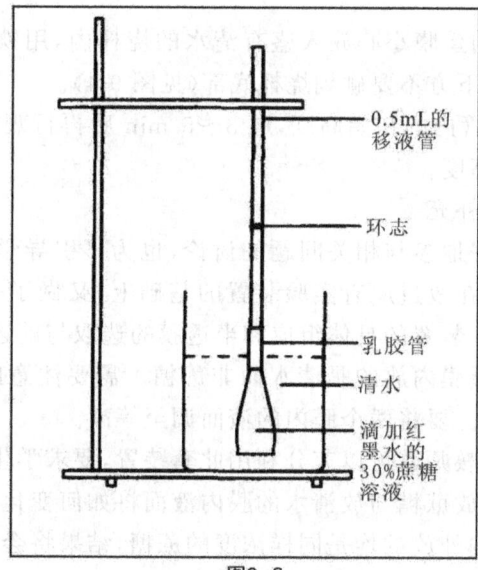

图9-3

【案例二】"渗透作用演示实验"改进[①]

(1) 实验材料的选用

选用生物性材料中的鸡蛋卵壳膜(简称"蛋膜")效果最好。而且,鸡蛋来源很广,成本也不高。因此,选择此种材料作为演示实验的半透膜。

(2) 实验操作设计方案

①用镊子在鸡蛋小头正上方凿成直径约 5 mm 的小孔,用细棒搅拌蛋白和蛋黄,然后全部倒出,用清水冲洗干净。搅拌时细棒不宜插得太深,且用力要均匀,以免损坏蛋膜。

②将鸡蛋大头的一端朝下,放在盛有质量分数 15% 盐酸和体积分数 95% 酒精混合液的小烧杯中,用玻璃棒均匀转动,浸泡约 5 min,去除掉蛋壳。然后用清水冲洗,洗净残余的盐酸。

③在蛋膜上方孔洞处插入长颈漏斗玻璃管,用棉线将膜与玻璃管扎紧。从漏斗口处将质量浓度 0.3 g/ml(或更高)的蔗糖溶液倒入蛋膜内,为了标识方便,可在液面上方滴加数滴红墨水。需要注意的是,在加注蔗糖溶液时,要分几次慢慢加入(最好是将蛋膜放在清水中),用浮力支撑,否则会因为一次加入的溶液量太大而冲破蛋膜。在加入的过程中,可用手指捏挤蛋膜内的液体。将空气排除。

④把装有溶液的蛋膜小心放入盛有清水的烧杯内,用铁架台和试管夹等器械固定,注意蛋膜下方不要碰到烧杯底部(见图 9-4)。

⑤先观察玻璃管内的初始高度,过 3~5 min 后再行观察,2 次观察的差值即为液面上升的高度。

(3) 实验装置的补充

为了让学生更好地参与相关问题的讨论,也为了引导学生探究实验设计的基本原理与要素,在改进原有实验装置的基础上,又做了一些补充,增加了相关的空白对照组。装置的具体组成和半透膜的选取与前述一致。只不过这一对照实验装置在蛋膜内放的是清水而非蔗糖。需要注意的是,选择的两个膜,大小要基本相同。要将两个膜内的液面调至等高。

这样,在教学时教师就可以充分利用此套装置,要求学生讨论如下问题:

①一段时间后,放蔗糖与放清水的膜内液面将如何变化?为什么?

②如果在蛋膜内外放的均是同样浓度的蔗糖,结果将会如何?

③如果将蔗糖与清水位置颠倒,将会有什么现象?

[①] 陈维. 对"渗透现象"演示实验的改进. 生物学通报,2006,9

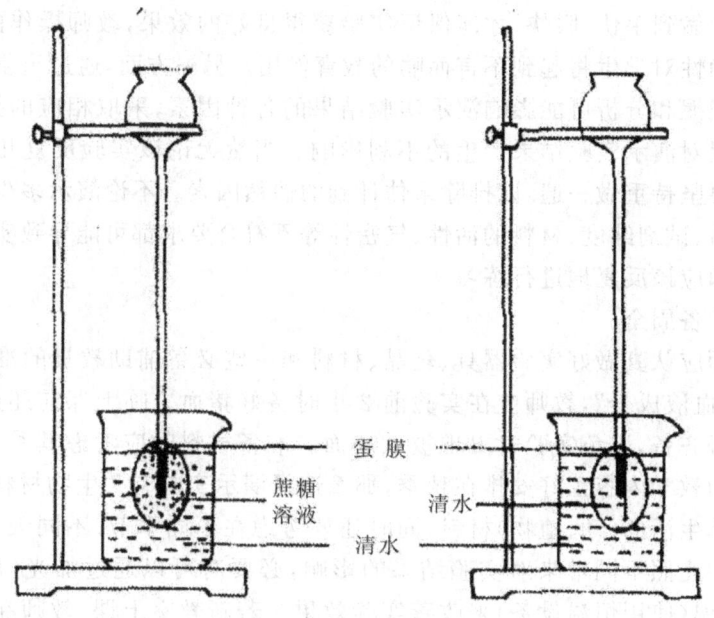

图 9-4

④如果将蛋膜换成是纱布,两个膜内的液面将发生什么变化？为什么？
⑤上述装置中为什么要在另一个半透膜中放入清水？
⑥两套装置的相同点和不同点是什么？

点评：利用这套演示装置,教师不仅可以由浅入深地层层引导学生探究出渗透作用发生的条件和原理,而且通过对照实验还可以让学生自主构建"常量与变量"、"自变量与因变量"、"实验组与对照组"等实验设计的相关要素。当学生初步理解了这些原理和基本要素之后,教师还可以引导学生进行进一步的探究。如：教师可以提出如下探究性实验问题："现有 A、B 两种蔗糖溶液,但不知它们之间的浓度大小关系,你能利用刚才的装置设计出一种方法进行鉴别吗？"；"如果给你一个坐标轴,用时间表示横坐标,纵坐标表示卵膜吸水后膨胀的体积,你可以表示吗？"通过这些问题,使学生学以致用,将探究深入下去。

2.反复练习

做演示实验前,教师要进行多次演示。一方面,反复操作,直到熟练的地步,对于在实验中可能出现的故障做到心中有数并能及时排除,掌握演示时间,注重与教学进度紧密配合。如进行"肌肉收缩特性"的演示实验时,教师的操作必须做到手快、眼快,才能保证实验获得良好的效果,教师操作的熟练程度和准确性对学生将起到不言而喻的教育作用。另一方面,通过重复实验,能更好地把握和分析可能影响演示实验结果的各种因素,采取相应的措施减少各种因素对演示实验结果产生的不利影响。当然无论该实验反复几遍,在上课前都要坚持重做一遍,以排除未估计到的偶然因素。不论演示多少遍,如仪器的清洁、试剂纯度、材料的活性、气密性等不符合要求都可能导致实验失败,因此教师应该反复地进行练习。

3. 准备周全

教师应认真做好实验器具、药品、材料和一些必备辅助教具的准备工作,如观察"血液成分",教师应在实验前2小时备好猪血。临上课前还必须逐项检查是否齐备,避免实验时出现被动局面。准备材料时应考虑其季节性。例如有关的教学内容正好安排在秋季,那么选择演示实验有关生物材料时,必须考虑秋季生活的(动、植物)材料,同时还要考虑在不同季节、不同天气情况下由温度和光照不同带来对实验结果的影响,必要时可以通过加光(用灯光照射)或增温(使用恒温设备)来改善实验效果。若新教室上课,教师在实验前,要对教室的情况作周密了解,如电源位置,室内采光程度,实验桌的高低大小,有无必需的窗帘等,发现问题要及时解决,以免给演示实验造成麻烦。

(二)科学示范

教师的一举一动都会给学生留下深刻的印象,起到潜移默化的作用。由于学生好模仿,因此教师演示不仅要规范,还要熟练,有条不紊,从容不迫,以严谨的科学态度去影响学生,养成严谨求实的良好实验习惯。由此可见成功率高的教师,其演示实验不仅是用来启发学生思维,解决疑难问题的一种重要方式,而且是培养学生操作技能的标准示范。

1. 规范设计和操作

演示实验设计要正确无误,操作步骤要合理,时间安排要恰当。在设计演示实验时,要不断地改进实验仪器、实验材料和实验方法,使效果更加明显。对演示过程中可能出现的问题要做充分估计,对可能影响演示实验结果的各种因素都要进行分析,采取相应的措施减少各种因素对演示实验结果产生的不利影响。

演示过程中,教师必须严格规范地操作。操作规范是指教师在使用仪器、连接和装配仪器及演示现象时动作要准确、标准,使学生在观看教师的演示后能了解正确的实验操作方法,如左眼看显微镜筒,右眼画图;试管加热应倾斜,管口不对人;盖玻片应一边先接触载玻片中的水滴,然后慢慢放下;点燃酒精灯后火柴不能随手乱扔,要放在专门的废物杯中。

做完实验后,教师要将实验器具撤下,并安全地放到一边,切忌自始至终将实验器具放在讲台(桌)上,以免在后面的教学活动中分散学生的注意力。

2. 用语准确

教师在介绍实验仪器、阐述实验过程和总结实验结论时,一方面要注意语言的准确表达,注意实验仪器名称和过程的规范。对于学生第一次见到的仪器,教师还必须向学生清楚有条理地介绍仪器的主要部件和基本性能及使用注意事项。另一方面要把关键的实验步骤讲解清楚,注意使讲述语言与演示操作协调配合,消除学生观察中产生的疑问。教师语言要有启发性、指导性,根据学生情况和授课内容设置一些悬念,将学生的注意力集中在重要的观察内容上,减少学生在观察上的盲目性,积极引导学生去获得感性认识。同时,教师应该及时把学生在观察中所得到的感性认识总结提高,使之形成概念和理论。

3. 正视失败

在操作过程中出现的意外情况一定要认真科学地对待,认真分析其原因,不要急于下结论。培养学生实事求是的科学态度,引导学生自己思考找出失败的原因。找出原因后,重新演示。教师对科学一丝不苟、认真负责的态度,正是极好的言传身教。

(三)确保实验安全

在实验教学中,如果发生重大实验事故,不仅导致教师和学生人身伤害,而且会给学校教学秩序带来影响。全国曾发生过多起教学事故,使用酒精灯等实验都有出现事故的可能性。因此,教师在演示实验时必须注意实验安全,尤其是在高温、高压,大电流的情况下,或者是接触易燃、易爆物质时,应格外小心仔细,并采取必要的安全措施。

(四)演示及时、直观有效

演示实验要配合讲授的知识,及时出现,及时收起。演示桌上只能放置与实验有关的材料和用具,暂时不用的材料和用具应放在学生视野之外,以免分散学生的注意力。同时,实验过程和结果应该直观有效,有利全班学生清楚地观察。一般来说,注意以下几个基本要求:①演示物要有足够的尺寸,如果实物很小,要将其投影放大或者巡回让学生观察;②演示桌要有适当的高度,如果桌子不够高,可以垫高;演示物品所放的位置要居中,要照顾到全班;③光线足够,可适时衬以适当的背景;④教师在演示时要注意站立的位置,不要遮挡学生的视线,影响学生观察。

生物微格教学

第四节 演示实验教学技能评价记录表

课题: **执教:**

评价项目	好	中	差	权重
1. 演示的目的性与本课题内容密切结合	☐	☐	☐	0.10
2. 演示现象明显,能吸引全班学生的注意力	☐	☐	☐	0.20
3. 能启发学生思维,指明学生观察的方向和顺序	☐	☐	☐	0.15
4. 操作演示动作规范,具有示范性	☐	☐	☐	0.15
5. 演示程序清楚,关键步骤能重复	☐	☐	☐	0.05
6. 演示与讲解等其他技能结合好	☐	☐	☐	0.10
7. 演示开始时能将仪器交待清楚	☐	☐	☐	0.05
8. 仪器装置较简单,易操作	☐	☐	☐	0.10
9. 演示能确保安全可靠	☐	☐	☐	0.05
10. 对演示结果能实事求是地解释	☐	☐	☐	0.05

对整段微格教学片断的评价:

思考与练习

1. 什么是演示实验,具有什么特点?

2. 选一段优秀教师演示实验的教学录像,说出在演示过程中,教师是如何指导学生观察分析的。

3. 选取一段教学内容,谈谈如何优化演示实验教学,并进行微格教学设计和片段教学实践。在演示教学之前,应首先说明以下几个问题:

(1) 你应用了几种教学媒体,如何排序出现?依据是什么?

(2) 说明演示的条件和过程,准备让学生观察什么、如何观察。如果是实验演示,请说明仪器的名称、操作过程及实验将产生的现象和结果。

(3) 请注意演示的过程,按要求进行演示。

第十章 导入技能

第一节 导入技能概述

一、什么是导入技能

所谓导入,简单地说就是引导进入。教学活动中的导入技能就是指教师有效应用各种特定手段,引起学生学习的动机,激发学生产生学习兴趣,集中学生学习的注意力,使学生明确学习目的,从而引导学生以积极的态度投入教学进程的一种教学活动方式。

心理学研究表明:人们感知事物时,往往会由局部特征逐步泛化到其他一系列特征,从而形成对事物的完整印象。这种现象称之为晕轮效应。导入技能实际上就是为了在新学科、新课题、新知识的学习之前,使学生产生晕轮效应,产生学习的兴趣,引起注意,并把这种兴趣和注意泛化到整个教学活动过程当中,以取得良好的教学效果。因此在教学过程中无论是面临新学科的教学,进入新的教学单元,或是开始一节新课,进入新的教学段落,都离不开导入技能的应用。导入是教学过程的起始环节,是教学活动的开端,精心设计导入是教师有效进行教学的必要准备工作。

可见,导入是教师引导学生参与学习的过程和手段,它是课堂教学的必要环节,也是教师必备的一项教学技能。恰当的导入利于营造良好的教学情境,集中学生的注意力,激发学习兴趣,启迪学生的积极思维,唤起求知欲,它的目的是将学习者的注意力吸引到特定的教学任务和程序之中。导入技能是课堂教学的重要组成部分,是教师进行课堂教学必备的一项基本技能。都说"好的开始就是成功的一半",导入的成功与否关系到后面教学时学生的学习状态,关系到整个课堂的教学质量。

"万事开头难",难就难在上课开始时,学生心理准备不够充分,没有做好应有的学习准备,或是尚未从课间活动中转到新课中来,或是还沉浸在上节课的学习氛围中,不能产生应有的学习积极性和主动性。此时,如果能够灵活地运用导入技能,就可以沟通师生间的情感,鼓励学生产生学习动机,产生求知欲和自主学习的兴趣。

导入技能强调兴趣的引入,瑞士心理学家皮亚杰(J. Piaget)认为:"一切有成效的工作必须以某种兴趣为先决条件。"浓厚的兴趣能调动学生的学习积极性,启迪智力潜能并使之处于最活跃的状态。兴趣是认识某种事物或进行某种活动的心理倾向和动力,对鼓舞学生获取知识、发展智力都是十分有用的。浓厚的学习兴趣和强烈的求知欲望,能激发学生愉快而主动地进行学习。学生如果有了求知欲望和学习兴趣,便会产生一种废寝忘食的学习积极性和百折不挠的意志力。如果教师在导入过程中就针对学生的年龄特点和心理特征,精心设计好导入方法,就会使学生全神贯注,精神振奋,兴趣盎然,积极主动地去接受新知识。教师的讲课内容就像涓涓的小溪流入学生的心田,就会拨动学生的心弦,吸引他们的注意力,使他们鼓起学习的风帆,从而取得理想的教学效果。

在中学生物教学中,创设和谐的教学氛围,构建良好的教学情境,使教学内容紧扣学生心弦,激发学生求知动力,使其自觉地学习,是提高课堂效率的重要手段。生物教师对新课内容的巧妙导入,对于培养学生的学习兴趣,激发学生的能动性,进而创设和谐的教学情境,有着十分重要的意义。

二、导入技能的作用

运用导入技能的目的在于吸引学生的注意力,激发学生兴趣,进行师生间的情感沟通;刺激学生产生自主学习的愿望、目的或意图;帮助学生积极主动建构新知识与已有知识的联系,为学生营造良好的学习环境、学习氛围,让学生轻松、愉快、顺利地进入新知识学习阶段。

1.激发兴趣,产生学习动机

爱因斯坦说:"兴趣是最好的老师。"浓厚的学习兴趣和强烈的求知欲望,能激发学生愉快而主动地进行学习。教师在上课刚开始时,就要唤醒学生的求知欲,使他们意识到学习要达到的目标,对新课题学习的重要性、必要性有所了解,从而激发内部学习动机。

2.引起注意,迅速集中思维

在上课刚开始的时候,学生由于受到上节课的干扰或课间活动的影响,学

习心理准备难免不充分,此时教师应提供必要的信息,给予适当的刺激,引起和集中学生的注意,迅速地集中思维,使学生进入学习准备状态,为学习新课题做好心理准备。

3.铺设桥梁,衔接新知与旧知

生物学科的知识逻辑性很强,新知识都是以旧知识为基础发展而来的。教师在讲授新知识之前,如果首先组织学生复习原有的旧知识,引导学生从新旧知识的密切联系中发现新旧知识的不同点及其内在联系,从而自然导入新课,使学生明确学习目的和任务,而且也能激发学生的兴趣。

4.沟通感情,创设学习情境

在导入活动中,教师跟学生如有共同的语言,利用学生感兴趣的事情、话题创设情境,容易拉近与学生的距离。通过学生的反应来调整教学进度,对高度集中、认真参与等表现给予鼓励,使学生产生进一步投入对新知识学习的欲望。

导入技能一般应用于教学过程的起始阶段(或导入阶段),也可以运用在对某种新知识、新开学科或课程进行中段落之间的导入过程。如果导入技能运用得当,就是一种教学艺术,会产生先入为主、先声夺人的艺术效果,学生会在"艺术"的感染下迅速进入预定的教学活动轨道,形成良好的教学氛围。

三、导入技能的组成

为了实现导入技能的功能,应该正确理解和把握好导入技能的组成,即构成导入技能的要素,导入技能可以分为以下几个部分:

1.集中注意

在导入的开始阶段,教师要以简明的语言或其他的行为方式进行组织教学,给学生一个信号:上课了。帮助学生集中注意力,并迅速进入准备学习的状态。

2.引起兴趣

学生学习的动机直接推动学生的内在动力。当一个人对学习产生兴趣时,便会积极主动且心情愉快地投入到学习活动中去,因此,引起兴趣是导入的重要一环。

3.激发思维

当学生产生浓厚的兴趣后,就要通过问题、情境、矛盾或现象等诱发学生的思维,使学生的思维尽快启动和活跃起来,从而造成一种教学需要的"愤、悱"状态,这是导入的关键,也是导入的难点,因此可称为导入的中心环节。

4. 明确目的

当学生的积极性被调动起来、思维处于活跃状态时,教师要适时地讲明学习的目的和意义,从而激发起学习动机,持久地保持注意力,并自觉地控制和调节自己的学习活动。

5. 进入课题

在一个完整的导入过程的结尾阶段,教师应该通过语言或其他的行为方式,使学生明确导入阶段的结束和新课学习的开始。

一个完整的导入过程由以上五方面构成。在具体操作过程中必须灵活运用,不能机械照搬。有时这五步界限并不明显,甚至互相交融;有时导入并不需要这样完整的五步,因此在导入过程中必须具体情况具体分析,做到科学性和艺术性、规范性和灵活性的统一。

第二节 导入技能的设计

教学没有固定的模式,也无所谓最好的模式。教学中,由于教学内容的差异以及课的类型、教学目标各不相同,导入的方法也没有固定的章法可循,完全因教学的气氛、对象、目标不同而不同。同一教学内容可以设计不同的导语,以达到最好的效果。教师要敢于想像,敢于创新,采用灵活多样的方式导入新课。通过导入,能把学生的注意力吸引到特定的教学任务和程序当中,这就是一个成功的导入。这里提供几个导入的设计类型供大家参考。

一、直接导入

直接导入是最简单和最常用的一种方法。教师通过口头讲述、讲解等手段直接阐明教学目的要求,交代重点教学内容和程序的直接导入方法。可分为开门见山和复习旧知识导入两种方式。

1. 开门见山

就是将教学目的和要求和盘托出,言简意赅地直接点明要旨、突出中心,让学生心中有数。

例如,"今天我们要学习第二章《生物圈是所有生物的家》,地球上所有的生物共有一个家,这就是生物圈。生物在生物圈中生存、繁衍,而且相互间发生复杂的关系。我们也是生物圈的成员,应该了解这个家,爱护这个家"。

开门见山,直接点题的导入,可以使学生迅速进入主题,节省教学时间。

但是如果这种导入把握不好,容易平铺直叙,过于平淡,难以让学生在短时间内集中注意力,还可能造成"导而不入"的情况,效果不尽如人意,因此也应作巧妙设计。

例如,在讲"人的生殖和发育"时,可这样导入新课:"今天我们学习大家预习得最好的一章(笑声)。这说明大家对自己身心健康的关心和重视。从本课开始,就让我们以科学的态度来学习关于自身的科学。"

中学生出于好奇心和神秘感,早就偷偷看过了这一章。这是情理中的事。老师掌握学生这一心理状态,用"预习得最好"几个字巧妙抖落出学生的这个秘密,谐趣产生了,再辅之以正面肯定和正确的引导,恰到好处地排除因腼腆给学生带来的心理障碍。

2.复习旧知识导入

教师在组织学生学习新内容之前,注意联系学生头脑中与当前学习有关的知识经验,并以此为基础导入新课,这样既巩固了所学的旧知识,又为学习新知识铺设了道路,有利于知识的转移。

此法的特点是从复习旧知识入手,引出新知识,引导学生发现新问题,明确学习目标。生物学科的知识逻辑性很强,新知识都是以旧知识为基础发展而来的。教师引导学生从新旧知识的联系中发现新旧知识的不同点,合乎逻辑地提出即将研究的问题,从而自然地导入新课。

例如,在"细胞分化形成组织"的教学中,教师就可组织学生从复习细胞分裂入手,既巩固了细胞分裂的知识,又加深了对细胞分化的认识,使学生能够区别细胞的分裂和分化,从而为人和动物的基本组织的学习做好了准备。

讲授光合作用时,因为光合作用是植物体用无机物合成有机物的生理过程,教师可以从前面讲授过的矿质代谢入手导入新课。首先教师引导学生复习矿质代谢的有关知识,在此基础上,教师指出:"绿色植物的生命活动不仅需要水分和各种无机盐,也需要各种有机物,而现在研究发现绿色植物不需要从外界吸收有机物。那么,绿色植物体内的有机物是怎么来的呢?"学生此时就会思考:"原来,绿色植物可以利用从外界吸收的各种无机物来制造有机物,这就是我们这节课要学习的问题——光合作用。"从而引入新课学习。

这种导入方法能够使学生从已知领域自然地进入未知领域,不仅使学生回顾了旧知识,又获取了新的知识。需要注意的是,这里所讲的旧知识不一定是指前一节课的知识,而是指与新知识有联系的知识内容。

二、直观导入

根据学生思维发展规律和学生好奇、好看的心理特点,引导学生观看直观教具,调动学生的多种感官,引起学生的兴趣,集中学生的注意力,使他们很快的进入学习状态的导入方式。

1. 教具导入

在讲授新课时,灵活地运用挂图、标本等直观教具,不仅使学生对所学知识印象深刻,而且能更好地吸引学生的注意力,激发学生的求知欲。学生对于直观教具非常感兴趣,一个模型、一幅挂图、一张投影片都能引起学生们的惊叹,而对实物、标本更是情有独钟。

例如,在学习"空中飞行的动物"时,展示猫头鹰、野鸭、鹤、啄木鸟等标本。当实物标本摆放在讲台时,学生的眼中流露出无比的惊叹,迫不及待地想了解它们。借此教师引导学生对比这几种鸟的生活习性、外部形态,然后讲解:"尽管所有鸟都具有鸟的共同特征,但是随着生活习性的不同,鸟的外部形态也发生了相应的改变,这就形成了自然界中多种多样的鸟。尽管鸟的外形各异,但都具有适于飞行的特点,大家想想,鸟有哪些适于飞行的特点呢?"由此导入新课。

2. 多媒体导入

掌握好现代教育技术手段对于生物教学是很有用的,讲课前播放一些投影、幻灯、电影、录像等多媒体信息,呈现出逼真的画面。展示媒体材料,学生有身临其境的感觉,有助于学生加深印象,迅速地集中注意力,为学生形成正确的认识打下基础。

如在学习"开花和结果"时,可让学生先观看花盛开的过程的视频,让学生产生兴趣,集中注意力,同时对于本节课的目标有所了解。在讲哺乳动物时可先让学生听录制好的虎啸、狗吠、猫叫等声音,或观看有关动物行为的录像,让学生从动物的鸣叫声中,培养热爱动物的情感以及学习生物学知识的兴趣。

3. 实验导入

教师尽量利用精心设计的演示实验、学生实验或课外活动实验导入新课,可以使学生先有感性认识,对所学内容产生兴趣,或者指出一些现象让学生自己去观察分析,归纳总结,从而得出正确结论,而得出的结论也就是本节课所要讲的内容,自然地引出所要讲授的新课题。

例如,在学习心脏的结构时,就可以先让学生观察心脏的模型,再观察心脏的挂图,进而引入新课学习心脏的结构。

在学习食物的消化和吸收时,首先演示淀粉和葡萄糖透过透析袋的差异。学生在观察到袋内外的颜色不一样时,产生求知欲望,为以后的学习内容设置了悬念。

在讲授绿色植物的水分代谢时,教师可以在课前预先布置学生做一个实验,让学生在课前完成,如让学生每人用两个相同大小的土豆,在上面各挖一个相同大小的洞,在一个洞里盛入盐水,在另一个洞里盛入等量的清水,进行观察。上课时,先让学生讲述自己观察到的现象,并说出自己的分析结果,从而引入水分代谢的新课题。

生物教学的任务不仅是向学生进行知识的传授,更重要的是对学生进行能力的培养。通过课前的动手操作,不仅引起学生兴趣,而且能够让学生开动脑筋,思考相关内容,为本节课的学习打下了一定的基础。

4. 创设情境导入

情境导入是指教师通过形象直观的画面和生动有趣的语言为学生创设一定的生物学意境,使学生展开丰富的想像,产生身临其境的感觉,从而唤起学生情感上的共鸣,使学生情不自禁地进入学习情境的一种导入方法。

例如,在讲述"生存斗争"时,不能机械地讲课本中生存斗争的概念,而是教师首先出示一幅有各种动物、植物的风景图画,然后再用生动的语言加以描述。在此基础上和学生一起分析其中的各种生物之间以及它们与生活环境之间存在的密切联系,由此提出在这个环境中存在生存斗争的自然现象。通过这种方式使学生觉得自己仿佛已经融进了生机勃勃的大自然,从而激发了他们认识大自然、热爱大自然的热情,同时也避免了学生在学习抽象概念时可能产生的抵触情绪。

情境导入以"情"为纽带,给学生以情感的体验和潜移默化的影响,起到"随风潜入夜,润物细无声"的效果。此外,情境导入还能陶冶情操,净化学生的心灵,提高学生的审美情趣和素养。

直观导入具有生动形象、具体感性的特点,在吸引学生注意力、培养学习兴趣、发展学生想像力和观察力、帮助学生理解抽象知识、加深学生的印象等方面都有重要的作用。在直观导入的同时,教师应该适时地提问或叙述,以指明学生思考的方向,顺利进入新课程的学习。

三、置疑导入

这种方法是根据学生的心理特点和新旧知识的内在联系,教师提出富有挑战性的问题使学生顿生疑虑,引起学生回忆、联想、思考,从而产生学习和探究欲望的一种导入方法。问题导入的形式多种多样,可以由教师提问,也可以由学生提问;可以单刀直入提出问题,也可以从侧面提出疑问。

例如,在学习"生命的起源"时,教师应首先让学生充分讨论地球上生命是怎样发生的。教师在综合学生的许多问题后,可以整理如下:

(1)生命是由神创造的吗?
(2)生命是自然发生的吗?
(3)生命来源于生命吗?
(4)生命是来源于外星球吗?
(5)生命是来源于化学进化的吗?
(6)生命来源是未知的吗?
(7)生命应该来源于多种可能吗?

随着问题的逐个解决,课堂气氛活跃起来,自然而然就达到教学目的。

教师可以用肯定的方式提出问题,也可以用否定的方式提出问题。应用否定的方式,有意识地将学生"引入歧途",创设两难情境,这种方法叫作否定导入。否定导入有时能收到出奇制胜的效果。

例如,讲"减数分裂"时,教师可以这样来导入新课:

"我们前面学习有丝分裂时已经知道,每种生物体细胞中的染色体数目是恒定的,如人的体细胞中有 23 对 46 条染色体,可是,我们又知道生物在生殖时,后代的产生是由精子和卵子结合成受精卵后再发育成新的个体。那么,如果精子和卵子是通过有丝分裂产生的话,它们各含有多少染色体呢?(学生回答 23 对或 46 条)那么,由它们结合成的受精卵所发育成的下一代的体细胞中有多少个染色体呢?(学生得出 46 对或 92 条的结论)"这显然是不可能的。最后教师引导学生分析为什么会得出这样一个错误的结论,从而引出"减数分裂"这一新课题。

否定导入能够让学生立即产生疑问,从而加强了探索的欲望,但是此方法运用时要避免给学生无关的刺激,造成对错误答案的强化。

四、悬念导入

悬念导入是指在教学中,创设带有悬念性的问题,给学生造成一种神秘感,从而激起学生的好奇心和求知欲的一种导入方法。悬念可激发学生的好奇心,启迪思维,使学生集中精力听课,围绕问题思考,主动获取新知识,往往能收到事半功倍的效果。

例如,"流动的组织——血液"一节可以如此导入:

"病人到医院看病,医生往往会先让病人做一个血常规检查,当医生在血常规检查报告单上看到 WBC(白细胞)指标偏高时,医生就会说病人体内可能有炎症,需要服用消炎药。这是为什么呢?通过今天我们新的一节'流动的组织——血液'的学习,就可以找到其中的答案。"

创设悬念要恰当适度,应结合教学内容及学生的心理承受能力而设置,不悬则无念可思,太悬则望而不思。只有巧妙而适度的创设悬念,才能使学生积极动脑、动手、动口,去思、去探、去说,从而进入良好的学习情境。

五、逻辑推理导入

教师引导学生在已有知识的基础上进行逻辑推理来引入新课题。进行逻辑推理,将学生思维不断引向深入的过程中,可使学生在明确知识内在联系的基础上获得知识,思维能力得到更大的提高。

例如,要讲授"遗传的物质基础"时,导言可以这样设计:

"同学们知道,生命是物质的,那么,各种生命活动的现象也应由物质来体现。生物的遗传和变异是生命的基本特征之一,也应该有它的物质基础。那么,遗传和变异的遗传物质的基础是什么呢?这就是我们今天将要学习的新知识——遗传的物质基础。"

六、谈话导入

这种方法是教师根据教材的内容和学生的实际情况,提出一系列的问题,引导学生结合自己已有的知识、经验或观察有关的教具、标本、模型、实物等进行积极思维,并在此基础上得出的结论来学习新知识。

在讲授"动物的新陈代谢"部分时,可以用谈话的方式:

"绿色植物在进行新陈代谢时需要从外界吸收哪些营养物质呢?以前我们学过生理卫生,人体又需要从外界吸收哪些营养物质?人和动物与绿色植物相比,从外界所吸收的营养物质有什么显著的区别?(学生回答略)"

这样引导学生逐步深入,最后指出:由于动物与绿色植物在新陈代谢上存在着明显的差异,今天我们再来学习动物的新陈代谢。由此导入新的课题。

在谈话时,教师提问应该逐步深入,问题具有启发性,层层相扣,但又不至于太难,让学生能够有思维上的启发,从而以最好的状态进入新课的学习。

七、习题导入

教师可以设置一些练习,让学生在课前训练,注意练习中要包含上节课所学的知识,也要穿插一些今天所要学习的内容。这样,在师生共同解题时,学生就可以发现自己所欠缺的知识点,上课时便会集中精力听讲,教师也可以有针对性地引出新课内容。

八、趣味导入

趣味导入是根据学生的心理特征,选择有趣的事或学生喜闻乐见的形式来导入新课,其作用是吸引学生的注意力,激发学生的兴趣,使学生产生一种良好的情绪,通过有趣的方式使学生在乐中学。要保证导言的趣味性,教师应做到以下几点:语言风趣,引证生动,方式新颖,热情开朗,而且教师要善于调控自己的情感,时刻保持愉悦的心情,一走进教室就要进入角色,情绪饱满地投入到教学中。

1. 新闻或故事导入

新闻或故事导入是指教师利用中学生爱听故事、爱听趣闻轶事的心理,通过讲述与教学内容有关的具有科学性、哲理性的新闻、故事、寓言、传说等,激发学生兴趣,启迪学生思维,创造情境引出新课,使学生自觉进入新知识学习的一种导入方法。利用新闻故事或典故引入新课,不但加深了学生对知识的理解,增强了知识间的横向联系,而且能激发学生的学习兴趣,培养学生分析问题和想象问题的能力。

采用新闻故事导入时,教师要注意导入的效果不仅与新闻故事本身的趣味性有关,还与讲故事的方式有关。故事可以深入地讲,讲得越是动人、动听就越容易使学生进入教学情境。

例如,可以这样导入新课:

讲环境保护,可以引载新闻:"2011年5月16日,甘肃玉门市遭特强沙尘暴袭击。平均风力在8级以上,局部地区最低能见度为50米,整个城市被沙尘笼罩。

"有人爬上树捉下了两条鱼,大家信吗?(学生怀疑、摇头)谁能用一个成语来概括它?对,是缘木求鱼,这个成语原来是用来讽刺那些不懂自然规律的人干的蠢事,但在印尼、加蓬和我国的一些地方,确实存在一种会爬树的鱼,那就是弹涂鱼。鱼的生活环境、生活习性、生活方式是多种多样的,今天我们先来学习淡水鱼类。"

在讲"伴性遗传"时,可先讲由英国维多利亚女王开始的皇家病——血友病,或者讲第一个发现色盲病的科学家道尔顿,同时他也是第一个被发现的色盲病患者等故事。在时间允许的范围内,可以详细地展开讲,越是有声有色就越能达到激发学生兴趣的目的。

在讲"性状遗传有一定的规律性"时,教师可引入一个幽默的故事:大文豪萧伯纳才华横溢,但人长得瘦,谈不上英俊潇洒。有位漂亮的电影演员,非常爱慕萧伯纳的才华,并以书信方式向他求婚,其中写到:"亲爱的萧伯纳先生,如果我们结为夫妇,生下的孩子会像你那样聪明,像我这样漂亮,那我们是世界上最幸福的人。"萧伯纳回信:"尊敬的女士,这万万不能,假如孩子像我这样丑,像你那样笨,那我们不就是世界上最不幸的人吗?"在学生大笑的同时,使学生受到了很大的启发,为更深刻地领会性状遗传的规律性奏鸣了序曲。

2. 经验导入

经验导入是指教师以学生已有的生活、学习经验作为切入点,将要学习的教学内容与学生的亲身经历联系起来,引导学生学习新知识的一种导入方法。采用这种导入方法导入新课可以使学生感到一种亲切感和实用感,越是学生关心的内容,越是能够引起学生的学习兴趣。

例如,在讲述人体的血管和心脏时,可以让学生观察自己手臂上的"青筋",用手触摸自己胸前的心跳来引入新课。在讲述呼吸作用时,可以通过让学生分析为什么陆生植物长期被水淹后会死亡的现象来导入新课。

学生在精彩的课堂生活之外,还有丰富的课余生活,他们把自己所有的生活经验也带进了课堂,融入了学习中。学生们的经验是一笔巨大的教学资源,教师应该充分利用这笔资源。由于经验导入使用的材料都是一些发生在学生身边的事,学生听起来备感亲切,能够有效地进入学习情境。同时,经验导入也有利于加强书本知识和实际生活的联系,能够提高学生运用所学知识解决实际问题的能力。

3. 游戏导入

活动游戏导入是指教师通过组织学生做与教学内容密切相关的活动或游戏,激发学生的学习兴趣,活跃课堂气氛,使学生在既紧张又兴奋的状态下不知不觉地进入学习情境的一种导入方法。

例如,"测量反应时间"的实验,就可以以游戏的方式进行。方法有两个:其一,学生分成人数相等的两组,站成两纵行,手臂放在身体两侧。当教师说"开始"时,每行最末者用手触摸前一个人的手,依次向前,直至触及最前面学生的手为止。由教师记录起止时间,并算出每人的反应时间。其二,学生两人一组,每人手拿一把尺子并让它垂直下落,另一人在尺子下落过程中要用手抓住它。计算尺子被抓住时已下落的距离。

寓知识于游戏之中,游戏式导入效果直观,还能让学生人人动手参与,使他们在和谐愉快的课堂气氛中感到学习不是一种负担，而是一种乐趣，从而促进了课堂教学效率的提高。但是应用此方法时，要努力激发学生的兴趣和积极性，严格控制游戏过程，注意安全，加强管理力度，制止起哄、捣乱、擅自行动，防止游戏"流产"或流于形式。

俗话说"教无定法"，导入的方法是多种多样的，除了以上所列举的导入方法外，还有很多其他方法。在实际的教学过程中，教师应根据教材及学生的特点灵活处理。总之，任何一种导入方式都要围绕一个目标，那就是努力去创造一个愉悦、宽松、和谐的教学氛围，激发学生的学习兴趣，唤起学生的学习主动性和创造性，让学生做到愿学、善学、乐学。

4. 谜语导入

用谜语导入可以增强学生的学习兴趣，也会加深其对知识的记忆。例如，讲授我国的珍稀动物大熊猫时，就有如下的谜语引入"像熊不是熊，像猫不是猫，只居我中华，可惜数量少"；讲光合作用时有谜语"一盏电灯照两家"；讲眼睛时可用谜语"有座房子两头尖，它能装入万万千。若问房子有多大，一粒沙子容不下。"等等。

第三节　导入技能的运用

一、导入技能的方法选择

一要依据学生的认知水平、生活阅历；二要考虑教材的内容、特点和要求；三要考虑教师自身文化素质情况。同时，因为学生的年龄、认知结构等有差异，所以要根据不同年级、不同学生，选择不同的导入方法。一般来说，初中的学生因为思维有一定的局限性，所以在设计导入时最好以具体、形象为主，直观性强一些，这样可以以最短的时间激发学生的求知欲。例如，可以采用唱歌导入、讲故事导入、游戏导入等。

中年级课堂教学的导入应在低年级的基础上，适当增加一些方法，如直观导入、设置悬念导入、谈话导入、趣味导入、经验导入等。

高年级的学生，由于他们的知识阅历都比较丰富了，有了一定的知识基础，他们对于一些简单的事物都能很快的接受和理解，所以在设计导入时可以更理性一些。如新闻导入、置疑导入、逻辑推理导入、实验导入等。

无论采取哪种导入方式都不能脱离教学实际，都要在认真钻研了教材、了解了学生的实际情况后再做决定。只有采用最好的、学生最容易接受的导入方式,才能取得事半功倍的效果。

二、运用导入技能的要求

从上述实例所见,导入技能是极具艺术性和创造性的,它是各种课堂交流基本技能的综合运用,直接影响学生的学习情绪和效果。但是,透过灵活多变的导入形式,也不难发现导入技能有着大体相似的结构。在设计和实施中,应尽量符合下列要求。

1. 目的性

导入采用什么方式和类型,要服从于教学任务和目的,要围绕教学和训练的重点,不能喧宾夺主,只顾追求形式新颖而不顾内容。导入的目的性与针对性要强,要有助于学生初步明白将学什么,怎样学,为什么要学。针对教学内容的特点与学生实际因材施教,不搞千篇一律,不追求形式上的"花哨"。

2. 启发性

导入要有利于引起注意、激发动机、启迪智慧,能激起学生奇想。活跃他们的思维,调动他们的求知欲,尽量做到"导而弗牵、开而弗达"、"引而不发"。尽量以生动、具体的事例和实验为依托,引入新知识、新概念。设问与讲述要求能做到激其情,引其疑,发人深思。用例应"当其时"、"适其时"。因此导入语必须具备沟通、引趣、设疑、激情,富于启发性。

3. 关联性

导入要具有关联性。要善于以旧拓新、温故知新。导入的内容要与新课的重点紧密相关,能揭示新旧知识之间的联系。方法服从于内容,导入语要与新课内容相匹配,尽量避免大而无当,海阔天空。

4. 艺术性

导入要有情趣、有新意。有一定艺术魅力,能引人入胜,让人倾心向往,产生探究的欲望和认识的兴趣。导入的魅力在很大程度上依赖于教师生动形象的语言和炽烈的感情。要注意锤炼"开口语",精心设计课始的教学活动,重视含蓄感情,一走上课堂就能进入"角色"。注重选词、造句,努力选取最佳导入的方式方法。因此在导入时一定要合理取材,控制好时间,用简洁的语言,力求做到恰到好处,适可而止,力避漫无边际,喧宾夺主。

5. 机智性

课堂是一个动态的、充满变化的环境,教学技能也是一种开放性技能。因此,要善于根据课堂的心理气氛、学生的即时状态以及教学任务和内容的改

变,运用教学机智,调整教学的行为方式。

6. 时效性

导言好比是一场戏的序幕,是引入学习的前奏曲,因此,它的时间概念很强。一般三两分钟就转入正题。最多不能超过 5 分钟,否则就从根本上违背了导入的宗旨了。导入的时间要适宜。过短,难以达到"创设佳境,激发兴趣"之目的;过长,难免喧宾夺主,分散学生的注意力。因此,必须要求教师认真筛选。提炼导入语的内容,精心组织导入各环节之间的层次,使学生尽快进入学习情境。

总之,导入方法的运用要因人而异,要因教学内容而异。灵活掌握导入技能就像要灵活运用写作手段一样,引人入胜是最基本目的。只要是在此基础上形成的导入方式,都将不失为一个好的教学方法。

三、运用导入技能应该注意的几个问题

1. 强调直观性和趣味性,不能方法单调,枯燥无味

在引入新课时,应该要灵活多变地运用各种引入方法。固定的、单一的方法导入使学生感到枯燥、呆板,激发不起学习的兴趣。导入的直观性,可为学生理解科学的概念和原理奠定必要的感性基础;导入的趣味性则能调动学生学习知识的积极性。

2. 明确目的性和针对性,不能喧宾夺主

导入的根本目的就是要使学生明白要学什么,怎样学和为什么学,因此只有针对教学内容、课题特点和学生实际,采用合适的导入方法,才能取得应有的效果。新课引入时不能信口开河,夸夸其谈,占用大量的时间,以致冲击了正课的讲述。新课引入只能起到"引子"的作用,起到激发兴趣、提出问题、导入正课的作用,占用时间过长,就会喧宾夺主,影响正课的讲解。所以在引入时一定要合理取材,具有目的性和针对性,并且控制时间,恰到好处,适可而止。

3. 注意新旧知识的联系和启发性,不能离题万里

导入要揭示新旧知识的关节点,发挥承上启下的作用,使学生温故而知新,实现从已知到新知的过渡,要善于设置和提出问题,激起学生认识活动的内部矛盾,启发学生由疑到思,主动地进入学习进程。引入新课时所选用的材料必须紧密配合所要讲述的课题,不能脱离正课主题,更不能与正课有矛盾或冲突。脱离教学目标的引入不但没有起到帮助学生理解新知识的作用,反而干扰了学生对新授课的理解,给学生的学习造成了障碍。

第十章　导入技能

4. 多做演示,防止失误

各种引入新课的方法都应在课前做好充分的准备,特别是实验或游戏的引入新课方法就更是如此。若准备不充分,导致在课堂上演示失败,或出现相反的效果,都是对正课的教学有弊无利的。因此,用实验方法引入时必须十分谨慎,在备课时要做充分的准备,在确保成功的条件下才能到课堂上去做。

四、导入技能教学案例分析

微格教学设计				
年级		学校		
日期		主讲人		
训练重点	导入技能教案			
课题	开花和传粉的导入			
学生特点	对新鲜事物、多媒体资料好奇,学生在日常生活中对开花现象是有一些感性认识的,但对于其概念以及接下来的生理活动可能并不一定了解			
教学目标	引起学生兴趣,激发学生动机,把全体学生都吸引到学习任务上来。让学生了解开花的概念			
学习任务	明白开花的概念			
教学策略	根据学生的日常经验,以多媒体结合提问,让学生了解开花			
教学媒体	多媒体录像			
教学过程				
分配时间	授课行为 (讲解或提问的内容)	应掌握的授课技巧	学习行为 (预想的回答等)	备注说明
0	上课! 同学们好!	组织教学	起立! 老师好!	学生明白上课开始
0.5	用多媒体录像播出形态各异、丰富多彩的花的图片	多媒体应用	高兴地看着漂亮的花	集中学生的注意力
1.0	同学们还有见过哪些漂亮的花呢?	一般提问	紫荆花、三角梅、桃花、菊花……	引起学生共鸣,产生兴趣,较快进入课堂

2.0	看来同学们都是生活中的细心人。上节课我们已经学过了花的结构,有谁能够告诉我美丽的花包括哪几个部分呢?	提问复习旧知识	高兴…… 进行回顾花瓣、雄蕊、雌蕊……	通过回忆旧知识来引导学生进入新课。为下面教学内容奠定一定的结构基础,便于学生学习
3.0	很好!看来同学们都有复习。花是植物体的重要器官,植物生长到一定的时候,都要开花。这样才有我们看到的美丽的花。那什么叫开花?	导入性提问	寻找书本上开花的概念:开花是……	引起学生的疑问找出答案明白开花时花的各部分都已发育成熟,花被展开,花蕊显露出来 为下一步教学做准备
3.5	那植物开花后又要进行哪些生理活动呢?这就是我们今天要学习的内容。	设置悬念引出课题	好奇…… 充满学习的乐趣	明确学习的内容

点评:采用多媒体录像播出形态各异、丰富多彩花的图片,目的是把学生带入到一个充满诗情画意的花的世界中,通过创建的情景来引起学生学习的兴趣,激发学习的动力。"同学们还有见过哪些漂亮的花呢?"又把学生的思维调动起来,充分发挥学生的想像力,结合生活、结合实践,生物教学就有了立足点。

其实,在新课程生物教材中所配套的光盘里有许多此类素材,老师们往往容易忽视光盘的存在,这些素材与教学内容紧密相连,充分应用好这些素材,教学可以起到事半功倍的效果。

第四节　导入技能评价记录表

课题：　　　　　　　　　　　　　　　　　　执教：

评价项目	好	中	差	权重
1. 目的明确,能将学生导入课题情景	□	□	□	0.20
2. 导入吸引了全班学生的注意力和学习积极性	□	□	□	0.15
3. 导入方法选择适当、引入自然、衔接恰当,具有教学智慧	□	□	□	0.15
4. 导入用的演示效果好	□	□	□	0.10
5. 导入具有启发性、艺术性	□	□	□	0.10
6. 导入的新旧知识联系紧密	□	□	□	0.10
7. 教师的教态自然,语言清晰	□	□	□	0.05
8. 导入时间掌握紧凑、得当	□	□	□	0.10
9. 导入面向全班学生	□	□	□	0.05

对整段微格教学片断的评价：

○ 思考与练习

1. 导入有什么作用？

2. 导入技能是由哪些步骤组成的？

3. 如何根据教学内容来设计导入技能？

4. 选一段导入技能的录像,说出该导入属于哪种方式,在导入过程中,教师是如何体现导入技能要求的。

5. 选择一个教学片段内容,设计5～10分钟的微格课程,对导入技能进行实践。在教学实践之前,首先说明以下几个问题：

(1) 为什么选择这种或这几种教学媒体,要达到什么教学目的？

(2) 说明导入的设计思想,预计导入的过程。

(3) 请结合导入的要求和评价标准,按要求进行演示。

第十一章 强化技能

第一节 强化技能概述

一、什么是强化技能

强化,是心理学中的重要概念。它是对正建立的条件反射的强调、重复、加强,使其巩固。这是强化概念的第一层含义,相当于智力因素,更深的定义是指向动机和需要,其含义则延伸至非智力因素领域,诸如在学习中,老师和家长们的认可、赞许、批评、斥责等都是在正强化或负强化学生的某种学习行为。两者的生理机制都是对大脑中建立的暂时的神经联系的强化。强化是塑造行为和保持行为强度不可缺少的关键因素。强化技能是教师在教学中的一系列促进和增强学生反应和保持学习效果的行为方式。

强化技能是对一类教学行为的概括。这类教学行为的行为方式特点是:教师根据心理学家斯金纳提出的"操作性条件反射"的心理学原理,对学生的反应采取各种肯定或奖励的做法,或采取引导学生进行自我检验的方法,使教学材料的刺激与所希望的学生反应之间建立起稳固的联系,起到帮助学生消除不良的行为,形成正确的行为和促进学生思维发展的作用。

操作性条件反射理论是由美国著名心理学家斯金纳(Skinner)于1953年提出来的。该理论认为:学习是一种反应概率上的变化,而强化是增强反应概率的手段。如果一个操作行为或自发反应出现之后,有强化物或强化刺激相尾随,则该反应出现的概率就增加;经由条件作用强化了的反应,如果出现后不再有强化刺激尾随,该反应出现的概率就会减弱,直至不再出现。这里能起到强化作用的具体事物或与有关反应具有密切联系的刺激或结果则称为强化物。

第十一章　强化技能

操作性条件反射理论的基本思想归结到一点就是强化会加强刺激与反应之间的联结。联结学习或刺激与反应之间的学习,在很大程度上取决于对强化物的安排。当学生对教学材料的刺激做出了正确的反应,教师就给予肯定或奖励(即强化),学生就会在以后的学习中重复那些受到奖励的反应,中止那些没有受到奖励的反应,这种强化也叫做正强化。正强化包括奖金、对成绩的认可、表扬、安排担任挑战性的工作、给予学习和成长的机会等。另一方面,教师用批评、处罚等方式除去某些不利影响,并帮助学生作出正确的反应,这种强化叫做负强化。负强化的方法包括批评、处分等,有时不给予奖励或少给奖励也是一种负强化。但是正强化比负强化更有效,所以在强化手段的运用上更强调正强化,必要时对坏的行为给予惩罚,做到奖惩结合。

二、强化技能的作用

对于教学活动来说,强化是进一步学习的重要因素,通过强化技能,可以引起学生的注意,激发其学习兴趣;唤醒学生的学习动机,明确学习目的;促进学生积极主动参与活动,活跃教师与学生的双向活动等。因此,如果教师能够在课堂教学中采用恰当的强化手段和措施,这对于增强课堂教学效果和提高教学质量都有重要的作用。

(一)在课堂组织方面

1. 集中学生注意力

学生不会长时间地把注意力集中在某一件事上,精力容易涣散,初中的学生表现得更加明显。对于这种情况,教师不必大声责骂,大吼大叫,有失教师风度。应该巧妙地运用强化技能,通过眼光的接触、手势、身体的接近等方式就可以有效地制止这些不良行为。

例如,定期"监控"全班,即眼光"扫描"全班学生。这样能有效地对学生出现的问题做出反应,把出现的大部分问题都解决在萌芽状态。对认真听讲的学生予以表扬或对精神不集中的学生给予一定的批评等强化方式的运用,能促使学生把注意力集中到教学活动上,防止和减少非教学因素所造成的干扰,提高学生注意的持久性。

2. 促进学生积极性和主动性

课堂教学是一种师生间双向交流的活动。应该避免出现"教师上演独角戏,学生上课不配合"的情况。教师的教是为了学生的学,学生是学习的主人。在课堂调控中,教师要善于通过强化技能开启学生心灵,诱发学生思考,开发学生智能,让学生积极主动地投入到教学活动中。

教师是学生学习情绪的主导者。在课堂上，教师对主动参与教学活动、认真学习的学生给予表扬，不仅能使他们本人更主动地参与教学活动，还能带动更多的学生尝试主动投入到教学活动中来。学生的主动参与，不仅活跃了课堂教学气氛，而且学生可以通过参与教学过程，积极主动地去感受获取知识的快乐，发挥聪明才智，锻炼自身技能。

（二）在学生学习方面

1. 帮助学生养成良好的行为习惯

教育不仅要让学生掌握课堂知识，同时也要有或多或少的情感体验，不仅要注意培养和发展学生智力因素，还要培养和发展学生的非智力因素。帮助学生形成良好的行为习惯，对于将来工作、学习都非常有帮助，以学生的健康成长为主，教育真正地做到育人。

"操作条件反射学说"的创始人斯金纳认为，强化是塑造行为的重要手段，要保持行为的强度就要进行强化。实践证明，运用强化技能塑造学生的行为是行之有效的。教师在帮助学生形成良好的行为习惯，如遵守纪律、独立思考、自主学习、劳逸结合等，对做得好的或有进步的学生经常采用各种赞赏的方式，对学生形成并巩固正确的行为，能够起到很好的促进作用。

2. 牢固掌握课堂知识

在学生的学习方面，教师提出问题或布置其他学习任务后，当学生做出的正确反应（如回答或操作正确、思维敏捷、见解独特等）符合甚至超过教师的期望时，教师采取适当的强化方式承认学生的努力和成绩，例如，"××同学做得真快，而且做得很好，能把你的方法写在黑板上，为我们讲解一下解题的思路吗？"这样的表扬不仅能促使学生在心理上得到满足，而且通过学生间的相互交流心得、思想体会，促进其他学生的创造性思维，提高学生学习的质量，对所学的知识进行巩固，从而牢固掌握课堂的知识。

（三）情感培养方面

教师要认真地研究学生，通过课堂交流、课下谈心或聊天、书面交流等形式，了解学生的内心世界，明白学生之间的个体差异，充分认识到学生的情感特点，了解他们的心理需求。从学生的心理特点出发，进行适合于学生心理特点的强化教育，可以达到事半功倍的效果。

例如，承认学生的努力和成绩，能够促使学生将正确的行为巩固下来，使学生在心理上得到满足，这是沟通师生间联系的一个重要方面。在情感上沟通师生间的关系，会使学生对教师产生好感，产生信任甚至依赖的情感。学生认为教师关心他、理解他、重视他、信任他，这些都会对学生产生极大的鼓励作

第十一章 强化技能

用,对他们当前和今后的学习,都会产生深远的影响。和好学生相比,后进生更需要鼓励,如果老师能够适时给予帮助、鼓励,他们在成功之后,一辈子都会感激这位老师的。教师要多与学生接触、交往,建立融洽的师生关系,充分认识到学生的情感世界,才能更好地运用强化技能。

三、强化技能的构成要素

在各种教学技能中,强化技能被称为巩固技能,大教育家孔子曾经说过:"学而时习之,不亦乐乎。"可见,强化技能历来是教育者在从事教学过程中不可忽视的教学技能之一,其应用可以分为以下几个部分。

1. 提供机会

教师运用强化技能是为了"使教学材料的刺激与所希望的学生反应之间建立稳固的联系"。在课堂教学中,教师要向学生传递清晰的信息,构建交流讨论的平台,可采取提问、让学生做习题或者上台演示、操作等方式,让学生充分地表达自己的思想,给学生做出反应的机会。

而且教师还要给学生一定的思考时间,一位好的教师能准确地判断学生是否已充分交流完他们所能想到和理解的一切,从而果断地决定在何时介入。当学生表达不太清楚时,教师要考虑到学生的心理活动,可进一步询问他想要说什么或做什么,让学生充分表达自己的意图。切不可一旦学生在课堂上回答不出问题,老师就让大家来帮助,于是乎,课堂上"小手林立",而被帮助者往往显得很无奈,这对被帮助者的发展是很不利的。

2. 做出判断

当学生对于老师所给的问题或任务做出反应后,教师应该谨慎而迅速地做出准确的判断:这种反应是不是所期望的。要善于观察,在学生的心理活动(如需要、情感、冲突与困惑)发生变化时,对其变化产生的原因与发展趋势做出准确的判断与预测,进而帮助学生做出有效的反应。

教师要善于抓住学生反应中的每一个闪光点(有价值的因素)并予以强化,只有这样才能调动不同水平学生的积极性。当教师对学生的反应一时不能做出准确的判断时,不可武断下结论,以免"冤枉"学生,打击学生学习的积极性。当作出错误判断后,应当大方地道歉,而不是恼羞成怒、不分青红皂白,甚至顺着自己的性子批评指责学生。

3. 表明态度

这一部分是教师在应用强化技能时的外显行为。教师在对学生的反应做出判断后,要明确地表明自己的态度,可以采用表扬、批评或其他的活动方式,对学生的正确反应进行强化,不能认为"这是应该的"而对正确的反应无动于衷。评价标准因人而异,学生的表现不求完美,只要有进步,就应该给予肯定。

教师的态度应当明确,要使学生知道肯定的是其哪些行为,不能笼统地说"嗯,这个做得不错⋯⋯"让学生摸不着头脑,"我到底是哪里不错了?"从而不能对正确的行为进行强化。教师在进行强化时,尽量面向全体学生,必要时指向个别。

4. 提供线索

学生做出反应后,必须要让学生知道其反应是否正确或需要改进,教师可以直接以某种方式表明。当教师认为有必要也有可能让学生对自身做出的反应进行自我强化时,要给学生提供线索,引导学生认识自我、分析自我、反省自我,让他们对自己的反应进行检验或判断。对正确的反应进行巩固,对错误的反应进行剔除。提供线索的方式依具体情况而定,可采用提问、提示、实践验证等不同方式。比如,找学生谈话,让犯错误的学生谈自己的想法,找出问题的症结在什么地方,才能有目的地对学生进行批评教育。

第二节 强化技能的设计

强化技能的方法很多。教师在教学中运用的诸如赞赏、批评的语言,鼓励和称赞的目光,会心舒坦的微笑,以及其他利用面部表情、活动等方式,为学生创设了学习环境,调动了学生的学习情绪,从"要我学"转变为"我要学",真正地体现学生的学习主体地位。从教师实际应用强化技能的具体形式看,强化技能主要有以下几种类型。

一、语言强化

语言是人类进行交际的工具。教师用语言评论的方式对学生的反应和行为表明自己的判断和态度,或者引导其他学生给予鼓励。

苏霍姆林斯基说过:"教师的语言——是一种什么也代替不了的影响学生心灵的工具。"语言是教师向学生传递信息的主要载体。因此,语言强化是使用最多、最普遍的强化方式。对学生在听课、回答问题、解答习题、进行实验等学习活动中的正确反应和行为,都可以用语言进行强化,它包括口头语言强化和书面语言强化。

（一）口头语言强化

口头语言强化指教师对学生在课堂上的反应和表现以口头语言的形式做出针对性的确认、表扬或批评以达到强化的目的。

1. 表扬

人总是喜欢表扬，需要鼓励，学生也一样。表扬的话绝不能吝啬，该出口时就出口。课堂口头表扬因其直接、快捷等特点，已成为课堂教学中使用频率最高、对学生影响最大的过程性激励方式，也是教师的沟通艺术。如学生回答问题之后，教师评价"非常好"、"太棒了"、"这是一个非常好的想法"、"回答得很有见地"、"看来你读书时是用心思考的"等，这都能起到激励该生的作用，增强其学习信心，培养其学习的兴趣。

2. 鼓励

鼓励与表扬不一样，表扬是教师做出的一种价值判断，而鼓励的目的则是为了激发学生去开始或继续完成与学习目标相关的学习活动或学习任务，让学生有目标地一点点进步。"相对来说，你的方向是正确的"、"继续努力"、"还差一点就行了"、"很好，再想想，就快接近正确答案了"等等诸如此类的话语是教师经常用到的。

3. 批评

指教师对学生的学习行为或结果进行否定，如对上课不注意听讲的同学，对不完成作业的同学，对不遵守纪律的同学等等。教师提出批评意见，指出缺点毛病，无疑会起到抑制、纠正错误行为的作用，同样具有强化效果，使之以后不犯或少犯类似错误。但是批评时要考虑到学生的自尊心，尽量不在全班同学面前点名批评某某同学，可以点事不点名，表明批评是对事不对人，这样既保全了被批评学生的面子，也起到教育其本人，同时教育大家的作用。

注意表扬和批评不可滥用，过于频繁的强化可能会出现负面效果。批评与表扬和鼓励应该适当地结合。教师在批评时要说明原因，指出改正的方向，让学生用积极的态度思考批评的问题。当其能认识到错误，有悔意时，教师不需继续批评，而应给予关心和改正错误的机会。当学生改掉了错误的行为习惯时，教师要善于发现学生的闪光点，及时加以赞许，恰当地给予表扬，批评转化为表扬，达到了强化其行为的最佳效果。

（二）书面语言强化

书面语言强化是通过教师在学生的作业或试卷上所写的批语，而对学生的学习行为产生强化作用的一种方式。书面表扬是一种延时的表扬，是口头表扬的有效补充。书面表扬在某种程度上起到了很好的激励作用，可以促进

学生学习的积极性。

例如，学生在黑板上演算、书写后，教师及时写出评语或在作业本上写评语，做标记等。如一个对作业从不认真的学生，经过教育后，有所改进，不但字迹工整了，错误率也下降了，教师在学生的作业本上写出恰当的批语："文字较工整，错误较少，大有进步，如果下功夫一定会有更大的进步！"经过反复的鼓励强化，这个学生对作业的态度便会有改变，比笼统地写"好"、"有进步"更有强化作用。如果只写一个"阅"字，则对学生没有强化作用。

另外，对于一些情感细腻的学生，口头语言的表扬和表情的表扬不一定能触及他们的内心深处。对此，教师可采用书面式表扬。例如，可以用小纸条写上表扬他们的话，在合适的时候送给他们，也可以在批改作业时给他们写下热情洋溢的语言，让他们在"我与老师最亲密"的体验中受到激励。

二、动作强化

一个成功的教师在课堂中不仅会利用语言手段，而且还会利用非语言因素的身体动作或面部表情、姿势和眼神（又称体态语）等来强化教学的行为。一个教师的教学魅力，往往可以通过他的体态语言对学生的表现表示自己的态度和情感，促进教师和学生的双向情感交流，使教学信息得以顺利传授。一个会意的微笑，一种审视的目光，都可以把教师的情感正确地传达给课堂里的每一个学生。

1. 微笑

很难想象冷若冰霜或板着面孔的教师，其课堂气氛能够活跃、教学效果能够理想。相反，表情丰富的教师，师生之间易于产生情感共鸣，学生主动参与学习的意识强烈、热爱学习的兴趣浓厚，如此教学效果自然较好。

教师以甜蜜的微笑面对学生，能给学生一种宽松的师生交往人际环境，能使学生感受到教师的理解、关心、宽容和激励。教师的微笑是腼腆学生的兴奋剂，使他们得到更多的鼓励，敢于去表达自己；教师的微笑是外向好动学生的镇静剂，使他们得到及时的提醒，意识到自己的言行需要控制和自律。

2. 手势

如拍手、鼓掌、举手等，对学生的表现给予强烈的鼓励和支持，还能吸引学生的注意力。手势的效果在于是否用得恰当、适时、准确。所以教师讲课时手势应该随着教学整体发展而适度变化，并与语言、表情、身姿等有机配合，准确无误，以加强表达效果，并激发学生的听课热情。

但手势次数不应过于频繁，幅度也不能过大。切忌不停地挥舞或胡乱地

第十一章　强化技能

摆动,扭扭捏捏,也不要将手插入衣兜或按住讲桌不动。手舞足蹈会令人感到轻浮不稳重,过于死板又会使学生感到压抑,还可能会加强学生的无关刺激。另外,还应注意各种消极的手势,如用中指指人,用黑板擦不停地敲击桌子,玩弄粉笔或衣扣等。

3. 目视

眼睛为心灵之窗。教学的高层次是心灵的交流与和谐。教师的眼神要使学生感到亲切中有严肃、肯定中有期待、否定中有鼓励、容忍中有警告。

目视是对学生的表现表示关注或提醒。教师讲课时,应以敏锐而亲切的目光有意识地关注每一个学生,使他们感到没有被冷落。当然,整个目光还要随着教学内容的进行、学生的情绪等自然地变化。对听课认真、思想活跃、回答问题正确无误的学生投去赞许的目光并伴有点头动作;对精力不集中、做小动作的学生可投去制止的目光并伴有摇头动作;当学生做某一演示或回答问题时,教师的目视表示关注和鼓励;当学生不专心时,教师的目视则可以提醒他注意。

教师要始终保持明朗透彻、神采奕奕。教师切忌眼神暗淡无光、昏昏欲睡;切忌双目紧盯着天花板、望着讲义或窗外,与学生没有目光的交流;切忌视角频繁更换、飘忽不定,以免给学生心不在焉的感觉,造成对教学活动的干扰。

4. 站立位置变化

教师在课堂上的位置,走动接近学生的程度,如走到学生身边站住,倾听其回答问题等都会产生积极的强化效果。如果学生不认真听课,大可不必浪费时间来批评,这样易伤孩子自尊心,这时,教师可以貌似不经意地移步到该学生附近,引起其注意,给以暗示性批评,可迅速达到强化的目的;对于出现正确反应的时候,也可以用拍拍肩膀、轻轻摸一摸头等动作表示鼓励和赞赏。他们的心情也会充满喜悦感,激起求知欲,对学习更加有兴趣(对年龄小的学生更有效)。

但是,教师不能在教室内频繁走动,以免分散学生的注意力。教师的脚步不宜过快,也不能过慢。在学生讨论激烈的时候也不宜随便接近学生,这样容易造成学生正确反应的中止。同异性学生交谈时,距离不宜太近,更不要随便拍打学生,以免引起反感。

5. 沉默

当课堂上有学生做出有违课堂纪律的事情,或学生对某一问题进行激烈讨论的时候,学生在准备回答问题时,教师以沉默的方式作壁上观,喧闹中突然出现的寂静,可以紧紧抓住学生的注意力,在许多情况下这可以成为一种强

有力的课堂强化和控制手段,起到"此时无声胜有声"的效果。一般来说,停顿的时间以三秒左右为宜,这样的停顿足以引起学生的注意。停顿时间过长,反而会导致学生注意力涣散。

有研究表明,在言语行为的全部效果中,体态语占55%。在课堂教学中,教师的动作强化伴随语言强化同时出现时往往能获得更好的强化效果,这是由于学生能够更强烈地感受到老师的鼓励和肯定。

6.点头或摇头

对学生的表现给予肯定或否定。学生答题时,教师可以点头表示赞成学生的行为或见解,反之则摇头表示否定。不论表示肯定还是否定,教师的表情应和蔼、亲切,应富有感情,这样易于产生情感共鸣,激发学生参与课堂的意识和热爱学习的兴趣。

三、标志强化

教师对学生的成绩或行为给予象征性的奖赏物(图章、红花或批语等),如在其作业、板书后写上简短的批语,也可以奖励一些小物品,激发学生保持某种正确的行为,如遵守纪律、认真作业、上课等,以表示鼓励和肯定,使他们的心理得到极大的满足。年龄越小,效果越好。因为年龄小的学生总认为,从老师那里获得物品是一件无比荣耀的事情。

例如,在练习中,书写工整、正确率高或比上一次有进步,在作业本上盖一朵小红花或写一个"优"字作为奖励,并加上适当的、鼓励的批语,使学生的心理因素得到优化,激发其学习兴趣,增强学习的积极性和上进心。

强化字面意义有增援、支援、加强、加固的含义,专指对某些符合教学要求的行为进行促进或加强,使其与相应的刺激建立稳固的联系。教师运用一些醒目的符号、彩色对比、加彩色圆点、曲线等各种标志引起注意来强化教学活动的行为,促进或强化了学生认识中的尝试活动,虽不能算作教学中的强化技能,但是起到了强调作用,符合加强学习活动的一般意义,能够促进教学活动。例如:

在讲评重点、关键内容的板书中加入标志符号,如打"√"、"×"或"?"、"!"来突出强调问题,或加彩色圆点,彩色曲线等,都可以引起学生的注意;

在演示实验等教学活动中引导学生观察时,可以用简笔画的形式,用不同颜色的粉笔勾画出事物的外形,在观察的重点处加标志、加说明等,引起学生的兴趣,强化实验的目的;

在讲"血液循环系统"时,许多教师在图中用"红色"表示"动脉血","蓝色"

第十一章 强化技能

表示"静脉血",这样教师便运用色彩的对比进行容易混淆的知识点教学。

四、活动强化

活动强化是以特殊的个别的活动作为奖赏物,对在教学活动中有贡献的学生进行奖赏和鼓励,例如部分地代替教师工作,帮助教师检查学生的练习等。

1. 动手操作

动手操作既能丰富感性知识,又能满足学生好奇、好动的心理,提高他们的学习兴趣。课堂的演示实验,除了教师操作之外,也可以有目的地请一些同学上台来试一试。这样既表达教师对学生正确行为的奖赏,也体现教师对学生的信任,强化其正确行为。如教师做课堂演示实验,请一两个学生上台帮忙协作。

2. 做"小老师"

在教学活动中,可以请一些学生当"小老师",年龄越小,踊跃的程度越高。让他们向全班阐述自己的见解或把自己的解答写在黑板上,能在课堂上提供自我表现的机会,可以有效地调动学生的潜能,提高学生的学习积极性。

3. 竞赛

适当地展开竞赛活动能激发学生的学习积极性,它是教学强化的活动形式之一。竞赛是培养学生刻苦学习、攀登科学高峰的一个途径,是促进教学工作、提高学生水平的方法。例如,通过开展"校园植物调查实验"的竞赛活动,来帮助学生开阔思路,提高能力,扩展课堂上所学的知识。再如,开展课堂抢答竞赛等活动。

但是竞赛最终总是要分出胜负的,容易让学生产生一种攀比的心理,而一部分学生可能经常体验失败的痛苦,从而对学习产生厌倦的情感体验。有些老师总是说"我们比比看谁做得最快",导致学生过于注重结果,于是草草完事,使得竞赛仅流于形式,学生并没有真正地获得知识。所以竞赛活动选取恰当才能很好地强化学生的学习,提高学生积极学习的劲头。

另外,练习和测验是加强或巩固学生对知识技能的掌握程度的,与对学生的正确反应进行鼓励是两回事,虽不是强化技能中的强化的意义,但是通过各种学生间的相互作用的活动,鼓励学生参与教学活动,进而达到强化的目的。

①布置课堂练习。讲完新课后,设计有针对性的习题,教师组织学生进行练习,使学生在有实际意义的情境中反复操练,教师从中肯定学生的积极行为,促使自我学习运用新知识达到强化目的。

②测验考试。教师经常对学生进行测验、考试,这不但能够检查学生学习成绩,同时也能让学生在学习过程中保持一种紧迫感,也是对所学知识的一种强化。

除了以上列举的集中类型外,还有很多其他强化技能。教师不经意的举手投足都有可能成为强化物,故教师的教态应适宜、大方。强化物不一定始终由教师支配,有时可以让小组、同伴或其他人来给出,学生自己也可以给自己强化。

此外,强化的效果也是因人而异的,有些学生把强化作为唯一的学习动力,有些学生则把强化看作外来之物;有些学生强化越多学习劲头越大,有些学生强化多了反而不再努力了,如此等等。因此,不同学生在教学过程的不同阶段,需要不同类型的强化,甚至不同数量的强化。不管怎么说,强化在教与学过程中起的作用,是一致公认的,关键看教师所使用的强化类型、频率是否恰当和必要。

第三节　强化技能的运用

教师在运用强化技能时,使用的方法要合适、得当。尊重学生,理解学生,从学生的角度出发,要使学生获得愉快的情感体验,乐于接受教师的建议,从而形成正确的行为。因此,作为教师,不论是奖赏或者惩罚,都要明确当下的行为方式是否有利于强化学生形成正确的反应,是否有利于学生的身心健康和智力发展,是否有利于对教学内容的巩固和知识的内化。

一、运用强化技能的技巧

(一)注意强化的准确与可信

1. 判断正确,选择强化点

对于学生的反应,教师应该进行迅速、准确的判断。然后再决定对学生行为的整体或某一个侧面,进行什么形式的强化。教师对强化点的选择要明确,务必要使学生知道强化的是哪些行为,从而保证教师的意图能被学生正确地理解,避免产生误解。如果学生不知道教师夸奖的是什么,强化就失去了目标,也就失去了意义,有时甚至会产生负作用。教师通过强化,要将学生的注意引到学习任务上来,激发学习乐趣,使学生主动参与教学活动,从而帮助学生明确正确的学习行为,使学生正确的行为得到巩固和加强。

第十一章 强化技能

但是,教师对学生的行为一时不能做出准确判断的情况在生物课中还是经常发生的。随着网络的发展,教师已经不是学生获得知识的唯一途径。其他途径如从电视上看到的一些动物、植物等的奇闻轶事等非常识性的东西。教师不宜从自己的主观臆断出发,做武断的评论。这样容易挫伤学生的积极性,也会降低教师的威信。教师应该让学生充分发表自己的意见和见解,从积极参与教学活动、敢于发表自己的见解等角度进行强化。

2. 选择合适强化物

教师不但要选准强化点,而且强化物的应用也要准确。比如请学生解答问题,学生回答得准确、迅速、简练、完整,而且该学生在各方面都表现很优秀。教师就可以在对学生的答案进行肯定的同时,对该生的学习态度、日常表现给予全面肯定,进行强化。教师可以采取语言强化的方式,说:"××同学学习向来刻苦认真。你们看他回答得多好啊!大家都应该向他学习。"当学生的回答或操作不完全正确时,教师应抓住其合理部分进行正面强化,适时地引导其往正确方向发展,而不能给予打击。如学生在解答问题时,虽然回答错了,但是思考问题的方法、步骤是正确的,教师可以首先指出错误和错误原因,然后对其解题的思维过程进行正面强化,同时指出努力方向。

(二)注意强化的恰当与适度

1. 方式恰当

强化的方式要与学生的反应相适应,还要注意与学生的年龄特点相适应。对学生口头表述的答案,教师可采取语言强化、动作强化;对学生的书面答案,如作业、实验报告等可以用语言强化,也可以用标志强化;对学生的动手操作可以用语言强化、活动强化等。强化的方式与学生行为的方式相适应,尽量多变,不要太枯燥单一,让学生感到自然,不生硬,易于接受。

2. 适应学生的年龄特点

对于不同年龄的学生,采用的强化方式也应该有所区别。如初一的学生情感外露、自然、毫无掩饰;而高年级的学生则多了一些含蓄和深沉,自尊心和虚荣心也多了。对此,教师应该采用不同的强化方法。如低年级学生回答问题之后,教师鼓掌或发动全班学生鼓掌,或给予其小物品作为奖励,效果可能会更好。而在高年级,不适当地采用全班同学鼓掌表扬,奖励一些小物品等做法显得过于幼稚,会使作答的学生难堪,结果反而适得其反。

3. 适度强化

过分的强化有时会产生副作用。例如,对于一个脑子不是十分聪明、学习成绩一直不好且自卑心较强的学生,在没有什么突出表现时,说他"十分聪明,反应迅速,学习成绩出众",他会认为这样的表扬是虚伪的。不恰当地赞扬、过高的评价会使答题的学生感觉是一种讽刺。但是,如果这个同学有独到见解地回答了一个问题或是较好地完成了一种操作活动,超出了教师的期望,教师可以说:"××同学回答得有自己独特的见解,他的回答让老师受到了启发,所以说只要开动脑筋,认真学习,××同学一定会是很出色的。"这样的强化,有可能树立起这个同学的自信心,使他产生一个极大的转变。

另外,采用接近强化时,过分频繁地走动、靠近学生,也会分散学生的注意力;采用接触强化时,若不慎重,可能会使学生产生反感;采用标志强化时,在黑板上画得太乱,会使学生眼花缭乱。这些教学行为都不利于强化学生正确的行为。

4. 避免消极的强化

学生在回答问题的时候,经常不完整或是只有一部分回答正确。即使是这样,学生仍然应该得到表扬。教师要承认学生付出的汗水,循循善诱,鼓励他们继续朝着正确的方向前进,这对于教师来说是极为重要的。在这种情况下教师可以给予部分强化,也就是对于那些正确的方面进行肯定性的表扬,同时设置坡度,让他们逐渐进步,运用以下的评语对教师和学生都是很有帮助的。如:"好的,你的想法是对的"、"你已经回答出了问题的一些方面"、"再进一步思考,答案就出来了"、"你还有什么地方没有考虑周到"。教师使用这样的方法就可以避免采用消极强化(如:贬义的词语,消极性的动作,或是讽刺和批评),而主要对学生的努力给予肯定的答复。

负强化的惩罚不等于体罚,体罚会给学生的身心造成伤害,应当避免。诸如一个学生因作业马虎而被老师罚站了三个小时等变相体罚现象都是不利于学生的身心发展的。《中小学教师职业道德规范》中详细规定:不得体罚或变相体罚学生。体罚学生是一种违法行为,侵犯了学生的健康权、身体权、人身自由权等权利。

(三)教师态度要真诚

强化过程是师生之间心灵的交流。学生能从老师的强化中体验到教师期望他们迅速成长的殷切心情;体会到教师为自己取得优异成绩而无比的骄傲和自豪。这种情感会深深打动学生,让师生之间产生共鸣,使学生产生一种"亲其师,信其道,乐其学"的感觉。这种强化的效果是最佳的。但是,只有教师的真诚才能产生这样的效果,即使是批评,甚至是使用处罚等负强化的方式,学生也能从中感受到教师的殷切期望,让学生体地、心悦诚服接受批评教育,从而产生积极的强化作用;如果教师的态度不真诚,学生得不到心灵和情感的感应,会认为教师的强化是虚假的、挖苦的,会产生反感,甚至出现逆反的心理。

从心理学上分析,教学过程中教师对学生的积极态度,其核心是对学生的暗含期待。教师的暗含期待,是指教师用各种方式对学生进行暗示,表示出对学生的亲切关怀、高度信任和鼓励。学生感受到来自教师的这种心理感应,会受到巨大的鼓舞,产生强大的自信力,并转化为克服困难的动力,把它付诸实践,取得学习的成功。教师的暗含期待效应,在心理学上称作"罗森塔尔"效应,也称作"皮格马利翁"效应。所有的教师都应当充分利用"罗森塔尔"效应的原理,对学生施加影响,激发学生的潜能,使学生取得教师所期待的进步。

(四)把握时机

教师把握好强化的时机也是十分重要的,应根据具体情况采用即时强化和延后强化。课堂中的短小提问或一个操作过程,用即时强化效果最好;比较抽象的问题、比较复杂的推理过程等,应等待学生充分思考,大多数同学已经能够理解了之后再进行强化,这样的强化才会对大多数同学产生效力。对于高年级学生来说,在没有听完其他学生的回答以前,不要急于对前面学生的正确回答给予表扬,这样可以不打断课堂讨论,尊重学生意见,对学生开阔思路、集思广益是很有益处的。对于值得表扬的发言,完全可以放在讨论之后给予肯定和赞扬。

(五)注意强化的多样性和个别性

1. 强化的多样性

强化的方式多种多样,可以单独使用,也可以配合使用。在一节课中,语言、动作、标志、活动等强化方式交替使用,使学生始终保持一种新鲜感,这样才能达到预期的强化目的。即使是使用同一种强化方法,在反复使用时也要有所变化。

2. 强化的个别性

教师要承认学生之间的个别差异。有一些腼腆的学生可能会对口头表扬感到难堪,而对写在作业本上的鼓励性评语产生良好的反应。有些学生比较喜欢在全班面前表达自己的想法,而有些则喜欢私下表达。因此,教师要确立对学生行之有效的强化方式,还要考虑到班上学生的年龄和能力特点,这样才能达到最好的强化效果。

(六)要注意引发学生间的相互激励

教师可以采用让学生互相鼓励或表扬的强化方式,使教学过程中实施的彼此强化得到发展。例如,让一组学生正面评论另一组学生所做的努力;让大家为某同学精辟的阐述鼓掌;由班委会成员表扬学生进步者、互帮互学者等等。所以,学生的正确行为习惯、学习的动力、成绩的提高,并不是完全依赖于教师直接给出的强化。

二、运用强化技能的原则

1. 目标强化

课堂教学必须有明确的教学目标,只有教学目标明确,教师才能充分发挥其主导作用。根据条件反射说的"塑造"理论,教师在运用强化技能时不仅要做到教学目标明确,而且要使教学目标具体化(包括知识和方法,智力和能力,重点和难点以及思想品德等方面的内容)。要进行教学目标的有效强化,就必须明确应该强化什么,从哪些方面进行强化,运用哪些强化技能,这样才能达到调动学生学习的积极性、控制和调解学生学习的最佳状态的目的。

在课堂教学中,教师不必对学生所有的反应都给予强化,对教学影响不大的行为可以忽略不计,如同桌之间偶尔低语两句、相互做个鬼脸等。而应当对与达到教学目标有密切关系的正确反应予以强化。比如,有些知识点很容易犯某种错误,有的教师就反复强调,让学生记住不要犯此类错误,其实无形中可能就是帮学生强化知识点的错误之处。

2. 情感强化

强化是为了塑造学生的行为,而一个人改变自身的行为常常会感到痛苦,所以,教师在运用强化技能塑造学生行为时,教师的态度应该是客观的、真诚的,这样才能对学生的情感产生积极的影响,使学生产生愉快的情绪体验,乐于接受教师的建议,从而顺利地形成正确的行为。为此,教师应首先做到实事求是、准确合理、恰如其分;其次,强化要融入师爱,一旦学生感受到这份情感,就会努力奋进,塑造自己良好的行为。"多用情,少用气",对待犯错误的学生,要以情感人,亲切和蔼,心平气和,让学生体面地接受批评,而不应怒气冲天、训斥指责,或者有意冷淡疏远,容易让学生产生叛逆的心理,不利于学生的心理成长;最后,强化要让学生体验到成功的乐趣,体验到学习的愉快,从而增强信心,产生强大的精神力量,推动其不断进步。

3. 恰当性和针对性

强化实际上是刺激某种需求,然后通过满足这一需求使强化对象产生更强烈需求的一种手段。所以运用强化技能应自然、恰到好处。运用时要有区别和变化,由于学生在年龄、性别、性格等方面的差异,学生个人对强化方式的喜好是不同的,教师应针对学生的特点,有区别、灵活地采取不同的强化方式。

如过分频繁地走动和接触学生易引起高年级学生的反感。有些强化活动如帮助老师、做谜语题,对年龄小的学生可能更合适。因此,必须对不同年龄的学生提供相应的、有力的强化刺激和事物。强化只有恰当才能起到应有的作用,不恰当的强化,如过分夸大学生反应的正确程度,教师的语言、表情过分戏剧化等,都会使学生感到别扭,甚至被学生认为是虚假的而适得其反。

因此,教师应研究学生,了解他们的心理需求,以便进行适合于学生心理特征的强化。同时应该看到,每一个学生的心理特征都具有某种个人色彩,同一个学生在不同的时期心理状态也不相同。因此,教师在给予强化时不能用单一的、简单的方法对待它,只有做到因人、因事而异,恰当、可靠,才能起到强化技能的目的,使强化更具有针对性,否则强化不但没有作用,还可能带来不良的后果。

4. 时效性与定比率强化

把握好强化的时机,对提高强化的有效性也是很重要的。对所期望的行为一旦出现应即时强化,这样可给学生留下较深刻的印象。对于学习行为或纪律较差的学生,要注意他们微小的进步,一旦出现进步都及时给予强化,这样不仅有利于目标的实现,而且通过不断的激励可以增强信心。同时强化的实效性还体现在应用定比率强化程序强化行为。操作性条件反射说的"强化程序"理论告诉我们,强化程序影响机体的反应速度,定比率强化程序的反应速度最快。也就是说,获得间歇性强化的反应比获得连续强化的反应在停止强化后保持的时间要长。当某种希望的行为出现且已稳定的时候,教师就应逐渐减少强化的次数,并延迟强化,直到强化只在任意时间间隔里偶尔出现为止。保持一种已经形成的行为,这种强化比经常强化更有效。因此,教师在教学过程中应尽量运用定比率强化程序,特别是在教学的重点、难点处。

5. 鼓励为主,兼带惩罚的多样性强化

在进行强化时,还应注意方式的多样性。如果反复使用单一的强化物,对学生的激励作用就会减弱,容易失去应有的作用。强化的针对性决定了强化的多样性,教学对象不同,教学内容不同,决定强化的方式也是不同的。

操作性条件反射的"消退"原则告诉我们,正强化和负强化并不对立,也就是说正强化增强行为,惩罚并不一定削弱行为。只有奖励没有惩罚的教育也是不完整的,惩罚有时效果更佳。当然,学生应以鼓励为主,多鼓励意味着获取更多的正强化机会。因此,在实际教育教学中,"多鼓励,少批评",发现学生的闪光点,培养学生的自尊心、自信心,通过发扬优点来克服缺点。对于那些反应缓慢的学生更应该热情鼓励,充分肯定其点滴的进步,并适当地控制强化

的节奏。强化的多样性还表现在强化的形式上多样,如:学生的成绩不仅可以用高分来奖励,也可以用口头表扬、公开承认(把好的作业张贴出来作为大家学习的榜样)、象征奖励(五星、笑脸、小红旗)、额外的特权或活动选择、物质奖励(点心、奖状)等来奖励。这样,被强化的行为就会重复发生,没有得到强化的行为就会消退。

总之,强化方法的运用要因人而异,要因教学内容而异。灵活掌握强化技能,那些能够对学生的反应采取恰当地肯定或奖励,能够使教学材料的刺激与所希望的学生反应之间建立起稳固的联系,能够起到帮助学生形成正确的行为和促进学生思维发展作用的做法,都是很好的强化手段。实践证明,教师在课堂教学中如果能够艺术地把握强化技巧,就能激发学生积极的求知欲望和注意中心,强化他们对知识的理解和记忆,培养学生观察、记忆、思维、归纳、推理和创新等能力,学生的学习兴趣、学习能力和学习成绩就能得到明显的提高,教师就能顺利地落实教学内容,实现教学目标。

第四节　强化技能评价记录表

课题:　　　　　　　　　　　　　　　　　　　　　　　执教:

评价项目	好	中	差	权重
1.教师采用的强化目的明确	☐	☐	☐	0.10
2.强化引起了学生的注意力	☐	☐	☐	0.15
3.强化促进了学生参与教学活动	☐	☐	☐	0.20
4.强化运用时机适当	☐	☐	☐	0.10
5.教师运用强化时情感热情、真诚	☐	☐	☐	0.15
6.强化方式多样性	☐	☐	☐	0.10
7.强化自然、恰当	☐	☐	☐	0.10
8.正面强化为主,鼓励学生进步	☐	☐	☐	0.10

对整段微格教学片断的评价:

思考与练习

1. 请综述强化技能的涵义,它的心理学根据是什么?
2. 强化技能有哪些应用技巧?
3. 教师应用强化技能的原则有哪些?
4. 阐述奖励和惩罚的关系,以及如何在实际教学中灵活应用。
5. 针对学生回答问题的正确和错误,请分别列出10种对学生回答问题后进行强化的不同强化语。
6. 请用心理学观点分析下述强化失败的原因。

例:李老师大学毕业分配到学校之后,他十分注意学习老教师的做法。刚好分配做他"师傅"的是一位富有教学经验的张教师,这位老教师课上得很好,深受学生好评,但有一个特点,当学生犯错误、学习不认真或不能正确解答问题时,这位老师会严厉斥责。尽管如此,学生们仍然非常爱戴他,喜欢上他的课。李老师看在眼里,学在心里,上课时也经常严厉斥责学生,可是他慢慢发现,学生越来越不爱上他的课了。请分析其中可能的原因,李老师该怎么做?

第十二章 结束技能

第一节 结束技能概述

一堂好课,应该注重教学结构的安排,不仅要有引人入胜的开端,环环相扣的中间,还需要有耐人寻味的结尾,草草收场就会使整节课黯然失色。教师应该合理安排课堂教学的结束阶段,精心地设计一个"言有尽而意无穷"的课堂结束语,做到善始善终,给课堂教学画上完整的句号。

一、什么是结束技能

结束技能是教师完成课堂教学活动或一项教学任务时,有目的、有计划地通过重复强调、概括总结、实践活动等方式,以精炼的语言对知识进行归纳总结,使学生对所学的知识和技能进行及时的、系统化的巩固和应用,并转化、升华,使新知识稳固地纳入学生的认知结构中形成完整的知识结构,并为以后的教学做好过渡所采用的一类教学行为。

结束技能常用于一节课的结尾,在课堂教学中任何相对独立的教学阶段也都可以应用到,小到讲授某个概念、某个新问题的完结,大到一个单元或一章教学任务的终了。

结束技能的恰当使用,对学生理解学科的基本结构作用很大。在新知识教学完结前,明确地进行概括总结要点,浓缩出关键的知识信息并加以系统化,不仅起到画龙点睛的作用,而且有利于学生掌握和记忆本课的知识要点。同时,有目的地把概括的新知识与学生原有的相关知识联系起来,使学生的认知结构得以充实和完善,也能够促进学生逐步形成和把握学科的知识结构,让学生体会到掌握新知识后的愉悦感。也可设置悬念,促使学生的思维活动深入展开,诱发学生继续学习的积极性。另外,运用这项技能还能及时反馈教与

第十二章 结束技能

学的效果,教师通过把握教学目标达成的情况,调节教学进程。因此,结束技能也是调控教学过程的重要技能。

二、结束技能的作用

一堂课艺术性地收场可鼓起学生思维之翼,使他们对教学内容遐想连篇、深思求解,或有所启迪而渐悟其理。从信息及其加工的角度看,结束技能是帮助学生对新知识学习中获得的信息进行提炼、筛选、简化,有重点地记忆、储存,并通过与原有知识信息的联系来促进知识的结构化和迁移运用,使新知识有效地纳入学生的认识结构中的过程。完善、精要的结尾,可以使课堂教学锦上添花,余味无穷。

1. 加深印象,增强记忆

在一堂课的结束阶段,将本节课的中心内容加以总结归纳,提纲挈领地加以强调、梳理或浓缩,如同聚光灯一样帮助学生收拢纷繁的思绪,清理思路,梳成"辫子",使学生对所学到的新知识、新技能了然于胸,理解得更加清晰、准确,抓住重难点,变瞬时记忆为长时记忆,记忆得更加牢固。

2. 知识系统,承上启下

生物学科的知识具有严密的逻辑性和系统性,它们各成系统,每个系统内既有纵向联系,又有横向联系,系统之间又相互联系,前后连贯。新知识与旧知识之间必然有内在的联系。在课堂结束阶段,通过总结、归纳能帮助学生将所学知识结构化、系统化,形成知识网络。同时,通过对旧知识的巩固,也可以为后面新知识的吸收提供基础,有利于学生更牢固灵活地掌握生物学知识。

3. 指导实践,培养能力

俗话说"熟能生巧",在新课结束后,教师可以适当地、有针对地布置一些课堂练习或开展具体的课外实践活动。通过实践,对相关知识的理解和运用,学生能够自己总结归纳出一些重点与规律,从而发现自身学习中的不足之处。通过引导,让学生掌握的知识与技能发生正向迁移,这对于提高学生对知识的运用能力、分析解决问题的能力都是大有裨益的。

4. 质疑问难,发展智力

课堂的时间是有限的,生物知识源于生活。教师可以充分利用学生的兴趣、好奇心,提供机会培养学生创造性思维,让他们在课余时间钻研自己感兴趣的知识。在结束阶段可以紧密地结合教材,提出一些技能训练,或人们关心的,或有争议性的问题,让学生课后观察思考和探讨。通过不同的途径获得知识,既可以开阔学生知识的视野,又发展了其自学能力,更培养了学生的思维能力、想像力和观察力，提高学生的整体素质。

5. 及时反馈，承前启后

在课堂结束阶段，教师可以设计一些随堂练习、实验操作、回答问题、改错评价、进行小结等活动，检查本节课的教学效果，了解学生学习中的困难和对知识掌握的程度。有的时候一部分教学内容需要几个课时才能完成，这就要求教师充分地进行教学设计，恰当地运用结束技能，既要对本节课的内容进行总结概括，又要及时地得到教学反馈信息，为下一节课或下一部分的教学内容进行改进或调整做好准备。

另外，新颖的结束技能会使课堂气氛活跃，促进师生情感交流，有助于师生活动的顺利进行。

三、结束技能的构成要素

导入是"起调"，结束是"终曲"，完美的教学必须做到善始善终。课堂教学的结尾，要根据本节课的教学内容，如同农民收割庄稼一样，将学生分散的知识集中起来，进行系统总结，帮助学生理清思路，由感性认识上升到理性认识。所以，结束技能和导入技能一样，也是课堂必不可少的一个环节，是衡量教师教学艺术水平的重要标志之一。按照构成要素，结束技能可以分为以下几个部分：

1. 给出信号

在刚要进入教学结束阶段时，教师通过结束性的语言，例如："好！×××的内容，我们今天就先学到这里，接下来我们来总结一下"，或者通过概括教学任务和对照教学主要内容的进展情况，给学生一个信号：教学活动已经进入总结的阶段。帮助学生将思绪集中到教学活动的结束部分，为学生主动参与总结提供了一个心理准备，对整个教学内容进行简单地回忆，整理认识的思路。

2. 提示要点

在课堂教学结束部分，指出本节课教学内容的重点、难点、关键点，进行归纳、概括，对本节课的知识点进行梳理，使课堂教授的知识条理性清晰、逻辑性强、重点分明。在教学活动中，教师可以独自进行总结，也可以进行互动，带领学生总结，从而使学生获得概括生物学知识的能力。最后概括本节课的教学要点，明确结论。在必要的时候，教师可以进一步地进行说明，进行巩固和强化。

3. 检验学习结果

学生是学习的主体，离开了学生的积极主动参与，教学就没有意义。一堂课下来，学生的掌握情况如何，教师应该做到心中有数。在教学结束的部分，教师可以通过组织学生进行练习，或者提出问题等方法来检验学生本堂课的学习效果，及时获得教学反馈信息。采用的检验方式多样，但是注意要循序渐进，既要达到检验的目的，同时还要让学生体会到获取知识的愉悦感，体会学习所带来的快乐。

4. 应用巩固

在课堂结束的时候，巧妙地进行设计和组织，可以以提问、练习、小测等方式创设情境，让学生感受到问题的存在，发现自身的薄弱部分。在解决问题时不是简单地告诉学生答案，而是引导学生把所学知识应用到新的情境中去，自己去发现、探究，索取解决的办法。通过解决实际的问题，学生加深了对新知识、新技能的理解、掌握和巩固，并且能够进一步激发学生的思维，更好地提高课堂教学效果。

5. 拓展延伸

生物课堂教学的结束不应是简单的重复罗列。在结束时不仅要总结归纳本节课所学的知识，把前后知识联系起来，帮助学生理清易混淆的知识和概念，使学生掌握巩固的系统化知识，而且要与其他学科、生活现象等联系起来，在生物学科与其他学科之间建立起一条广泛的知识信息纽带，形成完善的知识结构体系，既有利于求同，使知识深化，又有利于求异，促进思维向多方向展开。

第二节 结束技能的设计

结束技能的类型主要有两种形式，即认知型结束和开放型结束。认知型结束又称封闭型结束，其目的是巩固学生所学的知识，把学生的注意力集中到课程的要点上。开放型结束就是把所学的知识向其他方向延伸，以拓宽学生的知识面，引起更浓厚的研究兴趣，或把前后知识联系起来，使学生的知识系统化。在实际教学中具体采用什么方法，要根据教学内容的性质和要求来决定。

1. 总结归纳法

总结归纳法是指在教授内容结束后，教师用准确简练的语言，提纲挈领地把整节课的主要内容加以归纳总结，理清知识脉络，突出重点、难点，归纳出一般规律、系统的知识结构的方法。这种结束技能可以在一节课的结束时用，也可以在几节有联系的课结束时用，可以由教师来归纳总结。

例如，在"尿的形成和排出"学完之后，教师总结归纳以下几点：两个作用（滤过作用和重吸收作用），两次毛细血管网的形成，三个比较（血浆与原尿、原尿与尿液、肾动脉中的血液与肾静脉中的血液），一种疾病（肾小球炎），三点意义。然后，引导学生对每一个知识点进行具体展开。

在组合模型或生物挂图的基础上，帮助学生搭建 DNA 分子结构的知识体系时归纳为："一种结构（DNA 分子具一种独特的双螺旋结构），两条单链（两条脱氧核苷酸长链），三种物质（磷酸、碱基和脱氧核糖），四种单位（腺嘌呤脱氧核苷酸 A、鸟嘌呤脱氧核苷酸 G、胸腺嘧啶脱氧核苷酸 T、胞嘧啶脱氧核苷酸），五种元素（C、H、O、N、P）。"

也可以由学生来总结，教师补充，通过师生间的互动来共同来完成。学生总结，教师补充的方式有三个好处：一是可提高学生的归纳总结能力；二是可提高学生语言的组织和表达能力；三是可集中学生注意力，避免走神。如让学生来解说图式，可以将挂图、模式图、概念图等贴在黑板上，让学生上讲台用教鞭结合挂图总结本节课的内容。这种方式最能检查教与学的效果，最能反映学生的学习能力。

例如，在学完"光合作用"一节时，将叶绿体结构模式图和光合作用过程图解同时出示在黑板上。让学生指图说明光合作用的光反应阶段和暗反应阶段进行的场所、所需条件、物质变化和能量变化过程等内容。通过这种直观的方式，学生将生物体的结构与生理功能有机地结合起来，利用理解生命活动的整体性和有序性，使学生识图能力和口头表达能力都得到提高。

这样既能理清学生纷乱的思绪，知识由零碎、分散变为集中，使学生的知识结构更加条理化、完善化，构建形成知识网络，又能点明教学内容的重难点，使学生的学习有所侧重，具有画龙点睛之功效。

2. 比较异同法

比较法是指教师在课堂结束阶段采用比较、辨析、讨论等方法来结束课堂的方式。生物这门学科有一个特点，有很多内容具有很大的联系及相似性，在课堂总结中，适当地将新学习的知识和旧知识进行比较，找出不同点和联系，并理解背后的本质原因，使学生区别相近内容时得心应手，对本质原因也理清了，理解记忆也就更简单了。

教师可以引导学生将易混淆且难辨的概念或对立概念，进行分析比较，找出它们各自的本质特性,明确它们之间的内在联系和异同点。使学生对内容的理解更加准确深刻,记忆更加牢固、清晰。

例如,对新旧对比的应用。教师在讲授新课"减数分裂"以后,联系前边所讲的"有丝分裂",提出"减数分裂与一般的有丝分裂有什么不同呢?"然后,总结如表 12-1 所示:

表 12-1 有丝分裂与减数分裂比较

有丝分裂	减数分裂
分裂后形成的是体细胞	分裂后形成的是性细胞
染色体复制一次,细胞分裂一次	染色体复制一次,细胞分裂两次
分裂后的染色体数目不变	分裂后染色体的数目减少一半

像这样在刚接受新知识后,马上比较与旧知识的不同点,由于新知识印象深刻,并且用表格的形式呈现出来,给学生以直观深刻的印象,有助于学生记忆,省时省事且能收到较好的教学效果。

3. 首尾呼应法

首尾呼应法是指课堂教学结束与起始相呼应,是整个教学过程前后照应的方法。起始照应的内容包括开头学生设置的悬念、问题、困难、假设等,是悬念则释消,是问题则解决,是困难则克服,是假设则证实或证伪。

例如,教师在讲授"三大营养物质代谢"一课,导入时问:"我们从食物中摄入的糖类、脂肪及蛋白质是如何代谢的?"在总结时便可以围绕此问题进行复习,整堂课的脉络就非常清晰明了。

在"细胞的能量'通货'——ATP"中解释完 ATP 分子中具有高能磷酸键后,就可以说:"我们已经知道了 ATP 分子中具有高能磷酸键,现在我们来解决刚开始提出的问题,也就是课本的旁栏'本节聚焦'部分,谁能够来回答为什么说 ATP 是细胞的能量'通货'呢?"

生物课堂的教学若采用首尾呼应的方法,可使教学表现出更强的逻辑性,让学生豁然开朗,顿开茅塞,同时还使其产生一种"思路遥遥、惊回起点"的喜悦感,有助于增强学生进一步学习的兴趣。

4. 悬念启下法

教师选择本节课的知识点作为下一节课的铺垫和伏笔,激发学生进一步学习的兴趣,便于下一节课的教学活动顺利进行。在课堂结束时,教师选择时机设计悬念,是引发学生探究欲望的一种方法。好的悬念设计能诱发学生的

求知欲,也能激发学生的想象能力,使学生急于知道下文,从而自发地预习下一部分内容,为下一节课的教学活动做了充分的准备。

例如,教师在教授"DNA 是主要的遗传物质"结束时,就说:"通过刚才的学习,我们知道了 DNA 是主要的遗传物质,那么 DNA 为何能起遗传作用呢?这与它的结构和功能特点密切相关,到底有什么关系呢?我们将在下一节课详细学习。"

又如,在讲完"叶的光合作用"后,教师归纳总结了本节课的主要内容,然后就给学生讲了一个故事:"从前有一个人去菜窖里取白菜,一下去就没有上来。后来又下去一个人,同样也没有上来。第三个人拿着点着的蜡烛顺着梯子下窖,才到一半时,蜡烛就灭了,他就大喊大叫:'有鬼!'请同学们想想,这究竟是怎么回事?如果要想知道答案,我们下节课来讨论'叶的呼吸作用',到时大家就会明白了。"这一悬念引起了学生的好奇,于是许多同学都很自觉地预习下一节内容。因此作为一个老师,要仔细分析上下两节内容之间的联系,在总结中设置富有启发性的悬念,激发学生的学习兴趣。

在结束过程中,对下一节课要学的内容应该是点到即止,以免有画蛇添足之感,更不该在学生的追问下就把悬念解开。课堂在扣人心弦的疑问中戛然而止,教师打出"欲知后事如何,且听下回分解"的招牌,引发学生产生继续探究的强烈愿望,为后续教学奠定良好的基础。

5. 练习评估法

练习评估法是指教师在课堂结束时通过有针对性地提问或进行小测验等的形式对学过的知识进行检测,并给予相应的评价。其作用是一方面可以趁热打铁,使教学内容在学生大脑中形成记忆;另一方面也可帮助学生进一步理解和巩固所学的知识和技能,并能应用之。测验之后教师适当的评价给学生一种成就感,进一步激发学生的学习热情。

练习可以由教师采用"口头提问"的形式进行,这主要是针对某一具体问题的问答,题量不宜多。如"人体内的脂肪主要是来自食物中的脂肪吗?"另一种形式是采用书面的形式进行,并且可以利用教材中的习题,也可采用试卷或投影的形式进行,这样学生有较多的空间可以进行思考,尤其是难度较大的题目更需要以书面的形式出现。在学生练习的过程中,教师可以巡回观察学生的解题过程,适当地给予指导,使他们保持良好的学习状态,提高课堂练习中的思维质量和解题效果。避免"走马观花"或默不作声,或像监考那样"高高在上",这样发现不了问题,也不利于启发学生的思维。

但是练习的内容应该是大部分学生都感到适应,能够接受的,而且也是课

堂所涉及的核心内容,是具有强化巩固新知识的作用,这样才有利于学生通过练习来理解和掌握所学的知识,形成技能和技巧,发展智力,培养能力。

另外,课堂练习是学生学习情况的一种快速反馈,也是师生进行情感交流的双边活动,通过练习的训练和评价引起师生共鸣,刺激学生的思维不断起伏向前,使学生的思维在灵活性、深刻性、发散性、创造性等方面得到发展,有利于把学生培养成富于思考、勇于实践、敢于创新的跨世纪人才。

6. 妙设歌诀法

巩固练习或布置作业,是生物课堂常用的"收尾"方法,但是久而久之,学生会感到厌倦。如果教师设计出富有哲理性、新颖性的歌诀、谜语,则能激发学生的学习兴趣,提高学生的记忆效果。

例如,教师在讲授完"有丝分裂"后,对有丝分裂的过程就编了一个口诀"仁膜消失现两体,赤道板上排整齐,一分为二向两极,两消两现出新壁",在对每句口诀仔细说明之后,学生很快就会对有丝分裂全过程有了很清楚的认识,这个知识点就很快被消化了。

教师还可以编出歌诀帮助学生攻下难以记忆的知识内容,或激起学生学习的兴趣以及进一步探索的学习热情。比如记忆十二对脑神经的时候可以编出"一嗅、二视、三动眼、四滑、五车、六外展、七面八听九舌咽,第十迷走十一副,十二舌下要记全"。又如记忆人体必需从食物中摄取的八种必需氨基酸的时候,可以编出"一两色素本来淡些"分别谐音指代"异亮氨酸、亮氨酸、色氨酸、苏氨酸、苯丙氨酸、赖氨酸、蛋氨酸、缬氨酸"。

教师把零散的知识整理后编成歌诀进行总结,不仅朗朗上口,便于记忆,而且这样有趣的"收尾"可以使学生产生一种新鲜感,会即刻激发学生探求每句歌诀所蕴含的知识内容的兴趣。

7. 拓展延伸法

拓展延伸是指教师总结归纳所学知识后,把课尾当作课堂内外的纽带,与其他科目或以后将要学到的内容或生活实际联系起来,把知识向其他方面延伸或扩展的结束方法。以拓宽学生的知识面,激发学生学习、研究新知识的兴趣,给学生想象的空间。

例如,在"消化与吸收"一节结束后,学生了解到吸收的营养成分是运送给细胞的,这时,就可以这样结尾:"你们常吃牛肉、猪肉,但为什么你们身上没有长出牛肉、猪肉?人体又是怎样利用吸收来的营养成分的?这些营养成分在人体内发生了什么变化?"这样学生的学习欲望就被诱发出来了,并告知学生这些问题我们将在下一章中得到解决,学生为了探根究底就会提前预习下一章的内容,也就会把两章内容联系起来考虑和认识,形成知识网络。

又如,在讲到"叶的蒸腾作用"时,教材提到:温带地区,冬季寒冷,大部分树木的叶子脱落,以减少蒸腾作用,保持体内水分。这是树木度过寒冷或干旱季节的一种适应。教师接着讲:"你们回家后作个调查,落到地面的叶子,是背面朝上的多,还是正面向上的多。结合叶的结构及光合作用,就可以解释你所调查的现象。"

像这样进行课内指导课外,开辟第二课堂,联系生活实际,引导学生去观察、研究、思考,既有利于加深对所学的知识的理解,又能把学到的知识与生物学科技术在社会生产、生活中的应用结合起来,理论联系实际,培养学生分析问题、解决问题的能力,也有利于开阔学生的视野,激发浓厚的学习兴趣。

8. 串联式结束法

在几节或几章的内容学完之后,将所学的知识与和本节课有联系的新知识进行串联、整理、归类,比较牵线,由浅入深,使前后知识贯通,融为一体,使学生所学的知识系统化、网络化。

例如,学完"脑与脑神经"后,联系灰质、白质、神经中枢的概念,比较脊髓、大脑、小脑、脑干的结构,掌握其中灰质与白质的分布、功能,使学生了解中枢神经的结构原来是相似的。

又如,在学习"细胞分裂过程",开始只要弄清两次分裂起止、染色体行为、数目的变化,有丝分裂各期图像的主要变化。在学习完有丝分裂、无丝分裂、减数分裂后,再回过头总结对比染色体行为、染色体、染色单体、DNA 数目之间的不同之处,联系遗传三大定律关系进行区别对比总结。

这样及时回头串联,一方面使学生的知识在大脑中形成系统的网络知识结构,另一方面减轻了学生的记忆负担,加深了印象,增强了记忆。

9. 幽默风趣法

幽默从美学意义上讲,主要表现形式是一种轻松欢快而又意味深长的笑。教学幽默实际上是一种教学机智,它是教师在教学过程中随机应变,灵活创造的能力,是教师娴熟地驾驭课堂的一种表现,它以高雅有趣、出人意料、富含高度技巧与艺术的特点,在教学中散发着永恒的魅力。

有的幽默式结束来自教师精心的设计,而有的幽默式结束则得于教师机智灵活的应变。例如,有一位老师在利用小黑板展示当堂课的知识结构图时,没想到小黑板没挂牢固,"啪"的一声掉到了地上,这时恰好响起下课铃声,这位教师不失时机地说:"看来,黑板也想休息了,下课。"干脆利落,饶有风趣,师生在会心一笑中完成了课堂教学。

美国的乔治·可汗说:"当你说再见时,要使他们的脸上带着笑容。"幽默风趣式的结束方式往往能起到这样的效果。

10.激励式结束法

喜欢接受别人的表扬和激励,是人们共有的心态,学生更是如此。在生物科学的研究发展中,还存在着许多的未解之谜。在课堂结束时,可联系与本课内容有关的问题,用激励的话来鼓励学生学好生物课,以便为将来探求生物学领域中的奥秘打下基础。

如学完"光合作用"后,学生已经了解到人类对光合作用的机理还有许多尚不清楚的地方。可设计如下结束语:"如果光合作用奥秘被破译,那么我们人类就可以自建工厂。人工制造粮食,再也不需种田了。这对农民是一种何等的解放和贡献!同学们正处在青年时期,风华正茂,有志于此者,真是大有作为啊!"这样的小结,能不让学生热血沸腾,为之所动吗?!这样不但激发了学生学习生物课的兴趣,而且培养了他们攀登科学高峰的进取心。

朱永薪教授认为,在激励学生方面,可用如下定律来表述:"说你行,你就行;说你不行,你就不行。"言下之意,教师的表扬与鼓励,可以充分激活学生学习的潜力。

总之,课堂结束的方法很多,只要能够巧妙地运用结束技能,针对不同的课堂教学类型,根据不同的教学内容和要求,紧扣教材,大胆创新,因势利导,随机应变,充分备课,精心设计出具有特色、富于实效的课堂结束方式,一定能够收到事半功倍的效果。

第三节 结束技能的运用

一、运用结束技能的基本要求

一位高明的教师,常把最重的、最有趣的东西放在"末场"。越是临近"终场",学生的注意力越是被情节吸引。的确,一个恰到好处的结束能够起到画龙点睛、承上启下、提炼升华,乃至发人深思的作用,给学生留下难忘的记忆,激起他们对下一次教学的强烈渴望,同时也给学生以启发引导,让他们的思维进入积极状态,主动地求索知识的真谛。

在实际的课堂教学中,要巧妙地运用结束技能,充分发挥课堂教学结束部分的作用,圆满地完成课堂教学的任务,使之体现科学性和艺术性,就必须遵

守以下基本要求：

1. 自然贴切，水到渠成

课堂教学结束是一堂课发展的必然结果。它既反应了课堂教学内容的客观要求，又是课堂教学自身科学性的必然体现。因而，教师在课前要做好充分的准备，认真备课、钻研教材、明确目的、分清重难点，这样才能在课堂教学时，严格按照课前设计的教学计划，由前而后地顺利进行，力求做到有目的地调节课堂教学的节奏，张弛有度，有意识地照顾到课堂教学的结束，使课堂教学结束得水到渠成、自然妥帖。

2. 结构完整，首尾照应

教学是有客观规律可遵循的。依据教学的客观规律，课堂教学应是由几个环节紧密联系、环环相扣组成的一个完整的有机统一体。教师在进行教学设计时，要加强前后环节的联系，保证教学结构的完整性，从而实现一定的教学任务。结束部分要适当地照应开头部分，做到首尾相连、前后呼应，给人浑然一体的感觉，又能充分发挥结束部分应该起的作用。切忌发生结束部分孤立，有头无尾，或头大尾小，或头小尾大，以及互不相连的现象。

3. 语言精练，紧扣中心

课堂教学结束的语言一定要高度浓缩，直截了当，不拖泥带水，要一语点破，而且要紧扣教学中心，梳理知识，总结要点，脉络分明，形成知识网络结构，起到画龙点睛的作用。同时要首尾呼应，突出重点，深化主题，让学生的认识由感性向理性飞跃，干净利落地结束全课。总之，教师应在课堂结束前几分钟的短暂时间内，以精练的语言使讲课的主题得以提炼升华，使学生对课堂所学知识了然于心，有一个既清晰完整又主题鲜明的认识。

4. 内外沟通，立疑开拓

在学校教学中，课堂教学只是教学的基本形式，而不是唯一的组织形式。课堂教学结束时，充分发挥各种教学组织形式在培养学生中的协同作用，要注意课内与课外的沟通、学科课程与活动课程的沟通，以及生物学科与其他学科课程的沟通，帮助学生拓宽知识面，培养广泛的兴趣。教学是一个不断置疑、释疑、再置疑的过程。为了立疑激趣，引导学生不断思考，在课堂教学结束时，教师要注意给学生留有思考的余地，以激发学生的积极思维，培养学生的创造性思维能力。

5. 多种形式，综合运用

结尾无定法，妙在巧用中。绝妙精彩的结尾是科学内容与艺术形式完美的结合，有归纳总结、比较分析、拓展延伸、悬念启下、练习巩固、首尾呼应等形

式。在实际教学中要根据教学内容的性质和要求,有所侧重、综合运用,选择合适的结束方法,努力做到归结全课、提炼升华、突出重点,尽可能地巧布悬念,使学生展开联想与想象的翅膀,收到扣人心弦、引人入胜的效果。一堂课虽然结束了,但学生的求知欲不熄灭,课止而思不断。

二、运用结束技能应该避免的几个问题

在实际的教学活动中,很好地运用结束技能,能够突出重点,梳理知识要点,帮助学生记忆理解,充分发挥结束技能的作用。但是如果结束技能运用得不当或者课前没有进行周密的教学设计,则可能产生一些副作用。因此,在教学过程中,还要注意避免以下几种情况的发生:

1. 拖拉

讲授完教学内容,本该进行总结概括知识要点,却故弄玄虚,小题大做,拖延时间,这样做不仅使学生感到厌烦,影响了师生之间的情感,冲淡或损害了教学效果,使结束技能没有发挥出应有的作用,还势必加重学生大脑的负担,影响良好思维效能的发挥和下节课的学习效果。所以,教学过程的结尾无论运用哪种结束方法,都切忌拖拉。

2. 仓促

由于教师没有很好地驾驭课堂,或者教师时间计划不周,教学节奏把握不好,没有留下足够的时间进行教学结束环节的实施,于是就慌忙、草率地结束,不讲什么艺术,对应该做的总结、复习、推论等也不去完成,使整个教学过程不能善始善终。或者是由于某些教师在完成了教学任务后,想赶快下课,于是就在有限的时间内,用三言两语仓促结束课程,这样学生既无法总结课堂所学的知识,也无法进一步消化理解。

3. 平淡

在教学结束的部分本该运用各种方法帮助学生进行总结概括,让学生对本节课的内容了然于胸,但是教师在实施时却轻描淡抹,这样不仅无法给学生留下深刻的印象,更不能启发学生的思维,引起学生的回味,甚至淡化了主题,影响了学生对教学内容的把握。因此淡而无味的结尾不仅影响课堂的教学效果,而且可能影响学生以后的学习兴趣。所以教学过程的结尾切忌平淡,要努力使其有滋有味,有声有色,让学生回味无穷,若余音缭绕。

4. 矛盾

教学过程中,每一个环节的内容应该紧密联系,首尾相顾,环环相扣,给人浑然一体的美感。但是有的教师在结尾所讲的总结性内容与开始或过程中讲

的内容、材料发生不一致、相冲突,这样的结尾不仅没有帮助学生理清知识,反而使学生感到困惑不解,阻碍学生对知识的掌握。在结尾处出现教学矛盾,不仅是结尾的失败,更是整个教学过程的失败。所以课前教师要进行周密的教学设计,在进行总结时,一定要回过来看下教学开始的内容,教学过程中有关环节的材料,使结尾与前面相呼应、相一致,融会贯通。

三、运用结束技能的原则

古人作诗行文,讲究"凤头、猪肚、豹尾",上课也一样,不仅要有良好的开端,还要有完美的结尾。运用好结束技能,系统概括、画龙点睛,有助于提高课堂教学效果。实施结束技能的时候,要注意如下原则:

1. 目的性

结束技能的目的要明确,课堂教学的结束部分必须要以教学目的为依据来确定"结束"内容的实施方法。课堂的结束小结要紧扣教学内容的目的、重点和知识结构,针对学生的知识掌握情况以及课堂教学情境等采取恰当方式,把所学新知识及时纳入学生已有的认知结构中,帮助学生形成知识网络。课堂的结束要简洁明快,突出重、难点,语言不拖泥带水,要有利于学生回忆、检索和运用。

2. 启发性

兴趣是推动学生学习的动力,又是发展思维的催化剂。充满情趣的课堂结束方式能有效地激发学生的学习动机,使学生的身心得到放松,浓厚的兴趣得以保持。根据学生的年龄特点、心理特点,教师每讲一节内容都要设计出新颖别致的结束方式,或者概括总结,或者提出问题,或者设置悬念,不能千篇一律而索然无味。不管采取怎样的结束方式,都要给学生以启发,以激起他们努力探索的积极性,自觉参与教学活动,这样学生才会感到快乐,效果才会显著。

3. 适时性

教学结束部分要严格控制时间,按时下课,既不可提前,也不可拖课。由于计划不周或组织不当,课堂教学节奏过快,给结束留的时间过多,造成"学生无事可干,教师随心所欲"的情况,生拉硬扯一些与本节课毫无关系的杂事来应付,既浪费宝贵的教学时间,也会冲淡或干扰本课的主题,影响学习效果。

学生最反感教师拖课,下课铃声一响,学生的注意力就不集中了,此时如果继续讲课、总结都不会取得太好的效果。拖课会影响学生下节课的学习情绪,形成恶性循环,还会影响教师与学生之间的感情,得不偿失。总之,不论是提前下课还是拖课,都是违反课堂教学结束基本要求的不正确做法,教师应该避免这两种情况的发生,坚持做到铃响下课。

4. 多样性

采用结束技能的形式应多种多样,不同科目、不同课型需要选择不同的结束方式。例如,对揭示概念的课型一般可采用画龙点睛、概括要点的结束形式;对法则、定律推广练习一类的课型,可采用讨论、总结、归纳的结束形式;对巩固训练的范例课型,可采用点拨方法、提示要点的结束形式。

对于不同年级的学生,要根据其心理、生理的特点选择不同的结束方式。低年级一般采用"启发谈话、回顾复述"的结束形式,高年级一般采用"抽象概括、整理归纳"的结束方式。同时,还可以安排一定的学生实践活动,如练习、口答和实验操作等。通过思维训练和实践活动,启发学生积极思维,培养学生抽象能力、概括能力和口头与书面表达能力。

5. 巩固性

结束不是知识或讲解的简单重复,应概括本节课和本段知识的结构,深化重要事实、情节、规律和概念,经过精心地加工而得出系统化、简约化和有效化的知识网络,能帮助学生把零散孤立的知识"串联"和"并联"起来,了解概念、规律的来龙去脉。因此,一个好的课堂结束,要求教师能够提纲挈领,抓住知识的要点和精髓,语言要简洁、准确,展示图表要简单明了,有些内容要拓展延伸,才能进一步启发学生的思维。

四、结束技能教学案例分析

微格教学设计	
年级	学校
日期	主讲人

训练重点:结束技能

课题:七上"开花和结果"

学生特点:通过教师上课的讲授,以及平时对花的观察,学生已经初步认识了花的结构,但是在课堂结束时,学生已经处于相对疲惫,注意力相对不集中的状态。

教学目标:通过结束阶段的学生动手练习,教师总结,巩固花的结构的相关知识,同时为讲解传粉和受精做好结构上的准备。

学习任务:掌握花的结构

教学策略:利用多媒体教学工具,通过直观的图片,由学生进行填图练习,教师进行总结。进而让学生掌握花的结构。

教学媒体:多媒体

教学过程:

分配时间(分)	授课行为(讲解或提问的内容)	应掌握的授课技巧	学习行为(预想的回答等)	备注说明
0	通过刚才的认识,我们已经知道并认识了花的结构,请同学们看大屏幕。	演示技能	集中精力准备总结思考	1.多媒体打出一朵花的纵剖,但是没有表明结构 2.提示学生进入总结阶段
0.5	我们知道一朵花是由哪几个部分组成的呢?现在请一个同学到电脑这边帮老师把这些基本的结构填上。	组织学生进行回答	一个学生上台演示,填写花的各部分结构,其他同学观看,并进行回忆	检验学生的学习效果
2.5	××同学很快就写好了,我们来看一下他写得对不对。		一起进行纠错	
	××同学写得很完整,一朵花就包括了花托、萼片、花瓣、雌蕊和雄蕊。其中雌蕊包括了柱头、花柱和子房;雄蕊包括了花药和花丝。	讲解技能	听讲 记忆 巩固	进行总结,提示出花的主要组成部分
3.0	我们深入来看,还可以看到雌蕊下部的子房里有胚珠,雄蕊里面有花粉。这些结构是用来干什么的呢?它们与果实和种子的形成有什么关系呢?	演示	惊奇,产生了兴趣,希望进一步了解花粉和胚珠的作用	1.多媒体放大子房和雄蕊部分 2.问题设下悬念
3.5	这个就让我们下一节课来弄清楚吧。	设置悬念	有预习下一部分知识的冲动	

点评：本节课通过语言给学生一个进入总结阶段的信号，应用多媒体引起学生的兴趣，同时将学生注意力充分地集中到将要进行总结的知识点中，再组织学生填图，让学生有事可做，这样不仅巩固了花的结构这一知识点，而且通过师生一起纠错，更能够深刻地掌握花的结构。然后教师进行总结，系统地讲述花的结构组成。最后，设下悬念："雌蕊下部的子房里有胚珠，雄蕊里面有花粉。这些结构是用来干什么的呢？"引起学生学习兴趣的同时，却在此打住，抛出"我们将在下一节课进一步学习，请大家做好预习"，给学生以想象的空间，激发学生预习新的教学内容的兴趣。做到巩固中拓展知识空间，质疑中培养学生思维能力，言简意赅、承上启下。

第四节　结束技能评价记录表

课题：　　　　　　　　　　　　　　　　　执教：

评价项目	好	中	差	权重
1. 结束环节目的明确，紧扣教材内容	☐	☐	☐	0.15
2. 结束环节有利于巩固、掌握知识，过程合理	☐	☐	☐	0.15
3. 结束环节及时反馈了教学信息，画龙点睛、指明重点	☐	☐	☐	0.15
4. 结束有利于促进学生思维	☐	☐	☐	0.10
5. 结束安排的学生活动恰当、合理	☐	☐	☐	0.10
6. 教师语言清晰、简明扼要	☐	☐	☐	0.05
7. 结束布置的作业面向全体学生	☐	☐	☐	0.10
8. 结束环节能进一步激发学生兴趣，且余味无穷	☐	☐	☐	0.10
9. 结束时间安排紧凑	☐	☐	☐	0.10

对整段微格教学片断的评价：

◎ 思考与练习

1. 结束技能的一般过程是什么？
2. 运用结束技能时，应注意哪些问题？

3. 结合中学生物教学实际,谈谈结束技能的重要性。

4. 如何设计结课?请根据一课例进行分析。

5. 观看多个微格技能训练的录像,分析这些录像的结课各属于哪些方式,对你有哪些启发。

6. 选择一段合适的教材进行微格教学实践,重点实践结课环节。

第十三章 说课技能

"说课"作为一种特殊的教研活动,是上个世纪八十年代教学改革中涌现的新生事物,由于它本身固有的特点和它在教学研究中显露的实际功能,因而被教育界广泛承认和接受。最近几年来,随着我国中学教学和新课程改革的迅速发展、教学研究活动的不断深入,"说课"这种形式的教研活动日益受到广大教师的重视,在各级教研活动中,特别是在各级"评优"活动中,对它的采用也越来越普遍。

第一节 说课概述

一、什么是说课

所谓"说课",就是教师以教育教学理论为指导,在精心备课的基础上,面对同行、领导或教学研究人员,利用口头语言和有关辅助手段阐述某一具体课题的教学设计及其理论依据,并就课程目标的达成、教学流程的安排、重点难点的把握及教学效果与质量的评价等方面与听课人员相互交流、共同研讨,进一步改进和优化教学设计的教学研究过程。

说课技能是教师将教材理解、教法及学法和教学程序设计转化为具体教学活动的一种课前预演或课后总结,是督促教师业务学习和进行课堂教学研究、提高业务水平的重要途径,也是评估教学水平的有效手段。因此,说课技能是构成教师教学研究技能的重要技能之一。它不仅是一种重要的教学研讨形式,也是教学研究过程中的一项常规性内容,而且对于教师教学理念的更新与教学方法的转变具有重要意义。通过课前说课,教师能够发现教学设计中的不足之处,以便及时进行修改,从而使课堂教学更加科学、合理、有效;通过

课后说课,教师能对课堂教学中好的做法进行提炼和升华,或总结提高,或推广应用。

当然,说课不等同于课堂教学,既不能看到教师临场发挥、随机应变的教学机智以及学生掌握知识、形成能力的实际效果,也不能反映是否符合真实的教学情形。说课好的教师不一定上课好,上课好的教师也不一定能说好课。因此,在教学研究活动中,不能简单地根据教师说课的好与坏,来评判某个教师的课堂教学水平,应将说课与课堂教学有机结合,统筹兼顾。

二、说课的特点

说课与其他教研活动相比,具有以下四个突出优点:

1. 机动灵活

说课研究的范围广泛、内容丰富、形式多样、节省时间。说课可以不受教学进度、时间、地点、形式和人员安排的限制,只需两人以上即可进行。根据实际需要,可以灵活地组织多层次、多形式的说课活动。

2. 短时高效

单纯的说课一般时间较短,10～20分钟即可完成,但内容却十分丰富,既包括教师对教材的理解掌握和分析处理,又包括教法设计;既要说清怎么教,又要讲出为什么这样教。

3. 运用广泛

说课运用广泛。检查教师备课、教师间教学研究,评价教师的教学水平、开展教学技能竞赛等均可采用说课的方法。从中可以综合地反映出教师的教学思想、理论修养、知识水平、教学能力、应变能力和教学基本功等各个方面的素质。

4. 理论性强

说课的理论因素很浓,能充分体现教师的教学思想和课程理念。上课是实践性的表演,说课是理论性的分析,教师没有一定的理论水平,是说不好课的。这就要求教师系统地钻研课程标准和教材,学习并运用教育科学理论,反复琢磨教学设计可行性、艺术性和创造性。

三、说课的类型

说课的类型有很多,依据说课与上课的时间先后关系,有课前说课与课后说课;根据说课活动的目的、要求的不同,又有评比型说课、研究型说课、示范型说课等类型。

第十三章 说课技能

1. 课前说课

课前说课是一种预测性和预设性的说课活动,是教师在认真研读教材、领会教学目标、分析教学资源、初步完成教学设计的基础上进行的一种说课形式。通过课前说课,可借助集体智慧来预测课堂教学的实际效果,达到优化教学设计的目的。课前说课能够在课堂之外解决课堂教学中的低效、无效和负效问题,避免学生在课堂学习中成为教学设计失误的实验品和牺牲品。

2. 课后说课

课后说课也可以被认为是一种反思性和验证性的说课活动。它是教师按照既定的教学设计进行上课,在上课后由授课教师将自己在教学活动中的得失感受、体会、想法与听课教师、教学研究人员相互交流的一种说课形式。课后说课是建立在教师个体教学活动基础上的一种集体反思与研讨活动。通过课后说课讨论课堂教学中存在的问题,分析其产生的原因,并提出实质性的改进意见,可以使说课者和参与研讨的教师对教学的成败得失有更加清晰的认识,也为进一步改进和优化教学设计提供了可能。

3. 评比型说课

评比型说课是把说课作为教师教学业务评比的内容或一个项目,对教师运用教育教学理论的能力、理解课程标准和教材的实际水平、教学流程设计的科学性和合理性等做出客观公正评判的活动方式。评比型说课可以是课前说课(预测性说课),也可以是课后说课(反思型说课)。评比型说课可以发现优秀教师,是带动教师队伍建设、促进教师专业发展的有效途径。

4. 教研型说课

教研型说课通常是指以某一个教研单位进行,大到以本地市、区所有同一年级的生物教师,小到以本校教研组、年级备课组为单位。活动一般由市区教研员或本校教研组长、备课组长组织。活动的开展以集体备课的形式,先由一位教师事先备课(准备说课),然后对参与教师进行说课,之后由听课教师评议。说课的内容、形式和手段多样,可以是一堂完整的课,也可以是一两个重要的教学问题。教研型说课是一种更深入的问题研究活动,更有助于教育教学重点、难点的解决,有利于新的教学模式、教学理念在教学中的推广应用,通过加强教师之间的交流与合作,将个人智慧变为集体智慧,是大面积提高教师业务素质和研究能力的有效途径。

5. 示范型说课

示范型说课是指教学能手或学科带头人等优秀教师先做示范说课,并按照说课内容进行上课,然后组织教师对该课进行评议的教学研究方式。示范

型说课也是培养教学骨干的有效方式和重要途径。听课教师在这种形式的教研活动中,可以从听说课、看上课、参评课中增长见识,开阔视野,不断提高自己的教学实践能力。示范型说课适于在校内开展,也可以扩大规模在区内或市内开展。

四、说课的作用

在大力推进课程改革的今天,不管是在职的教师,还是在读的教师教育专业师范生,对于自身教育教学水平的提高,说课都具有非常重要的作用。

1. 直接促进课堂效率的提高

说课是教师在备课的基础上,对所准备的课题进行系统而概括的解说。它介于备课和上课之间,以备课为前提和基础,以上课为目的和归宿。因此,它能促进备课的更加完善,其他教师的评议也能为说课者提供丰富的感性和理性认识,直接促进上课效率的提高。

2. 促进教师教育能力的提高

说课不仅要求教师熟练掌握本学科的课程性质、课程理念、设计思路、课程目标和课程内容等,而且必须掌握一定的教育教学理论知识。否则,无论是说课还是评课都不会深入,难以达到预期的效果。说课的过程本身就具备了教育科研的特征,因此能促进教师教育教学能力的提高。

3. 促进教师教学规范

说课要求说教学目标、说教学内容、说教法、说学法、说教程、说练习设计、说理论依据等,这就使教师,特别是新教师和高等院校的师范生明确教学的基本工作规范和教学的基本环节,符合当前课程改革中倡导的在课堂教学中应重学法、重教程、以学为本、因学论教等理念。

4. 促进教师教学交流与合作

长期以来,受文人相轻等传统思想的影响,不少教师习惯于在自我封闭的状态下工作。说课则为教师提供了教育教学交流的平台,使教师之间能进行充分的信息交流、相互切磋,形成资源共享的教风学风。教师的教学交流与合作无疑为学生的合作学习树立了良好的榜样,这正是新的课程改革倡导的重要理念之一。

5. 促进教师的理论水平的提高

说课重在讲依据、说原理。如果缺乏教育教学理论作支撑,教师的说课和评课就会浮于表面,难以深入。这就要求教师较为系统地学习教育教学理论知识,不断提高自身的理论素养。

总之,长期坚持说课锻炼,必将促使教师的业务素质和理论素养发生质的飞跃,实现由经验型教师向理论型教师的转变。

五、说课与备课、上课的关系

说课,是介于备课之后,授课之前的教学活动。新教师们容易将说课与备课、上课混淆,因此,要说好一节课,就要先弄清说课与备课、上课之间的关系。

1. 说课与备课

二者形式、内容和作用不同。备课主要是个体独立思考,做好一切上课前的准备工作;而说课则是说课者与评说者共同参与的,是一种群体的交互教研活动。备课将教师个人对教材、教学内容、教学过程、教学媒体的钻研成果体现在教案中,是教师个体对课堂教学主观设计的蓝图;而说课则通过说课者对教学设计及其理论依据的口头表述,部分地把教案转化成教学活动,通过评说者评议,消除了教学过程中可能出现的缺点和失误,在一定程度上保证了教学效果。

说课源于备课,又高于备课,是备课的深化和提高,教师的备课是个体独立的、无声的半封闭式劳动。说课与备课不同,它所呈现的不只是教学设计本身,而且更重要的是要说出备课中的思考,即不仅要说"教什么"和"怎么教",更要说"为什么这样教"。这样,可使教师将教学设计的思维活动过程从隐性变为显性,从无声变为有声,使教师半封闭式的个体备课劳动置于集体的活动之下。

2. 说课与上课

说课是教学过程中的一种教研形式,上课是教学过程中的一种基本教学形式。

课前说课是上课的准备,上课是说课的目的之一;课后说课是上课的反思,上课是说课的基础。说课主要解决"怎么讲?为什么是这样讲,这样安排?"的问题;上课主要解决教学设计实施的问题。说课侧重于教学的设计依据,出发点在于提高教师的教育教学的理论水平;上课侧重于解决教学问题,出发点是顺利完成教学任务。说课主要反映教师备课的基本功和教育理论素养;上课则反映教师课堂教学的基本素质和综合能力。教学功底在说课中磨炼,教学效果在上课中体现。说课的构成要素主要有说课教师、听课教师、说课内容、说课手段等;上课的构成要素有讲课教师、教学媒体、教学内容、学生等。

由此可见,"说课"和"上课"不尽相同。"上课"主要通过现场课堂教学实

践,以体现教学设计思想与教学技艺;而"说课"的重点在于说明对一定的课题"怎么教"和"为什么这样教"的设计思想的分析、概括方面。其一,对象不同,前者面向同行,后者面向学生;其二,前者不仅要说出准备上课的教学方案怎样教,运用了哪些教学理论,还要说出备课中所思考的问题,后者只是将教学方案付诸实施;其三,因"说课"是在同行中进行的,知识层面高,所以要求在20分钟内,用凝练、浓缩的语言,说完厚实的内容,而非一节课的40分钟。

  总之,说课与备课、上课之间有着很大的区别,但三者之间也有着密不可分的联系。备课是说课和上课的基础与前提,备课的质量直接决定着说课与上课的效果。而说课、上课是备课结果的表述和检验,通过备课与说课这两个环节,整合了课程,促使上课更具科学性、计划性、有效性。

  最后应指出,说课没有僵化的模式,其内容不必包罗万象,应有所侧重,详略得当,洋溢出教学理论素养。教师应避免说课读讲稿,防止把说课变成教学过程的"流水账"。

第二节 说课的设计

  说课的方法很多,采用何种说法,要因"课"制宜,因材施"说",有所侧重。说课的内容及侧重点随说课类型的不同而有所差别,但无论怎么"说",一个完整的说课至少应包括以下五方面的内容:

一、说教材

  说教材,主要说明"教什么"的问题。即在个人钻研教材的基础上,说清本节课的教学内容的主要特点,它在整个教材中的位置、作用和前后联系并说出教者是如何根据课程标准和教材内容的要求确定本节课的教学目的、目标、重点、难点和关键的。也就是说课者在认真研读课程标准和教材的基础上,系统地阐述所选定课题的教学内容,本节内容在教学单元乃至整个教材中的地位和作用,以及它与其他单元或课题乃至其他学科的联系等。

  说教材应该围绕着课程标准对本课题内容的要求,将知识与技能、过程与方法、情感态度与价值观等方面的目标化解到具体的教学环节中,以确定教学的重点、难点和教学实施的安排等等。

  说教材要突出对教材的处理与整合,体现课程意识。生物新课标关注学生的兴趣与经验,密切教科书与学生生活以及现代社会、科技发展的联系,注

重课程内容学科间、学科内知识的整合。因此生物教师要具有课程意识,懂得"用教材教,而不是教教材"的蕴意,要在阐述教材地位和作用的基础上体现出对教材的处理与整合。这是确保学生完成学习过程的前提条件。

说教材能够使教师依据教学内容确定教学的重点、难点,使教学活动主次分明、难点分散,解决"教什么"的问题;还能促使教师依据课程标准对学习内容的要求,将三维目标化解到具体内容的教学过程中,有利于解决"怎样教"的问题;更能够使教师从整体上把握教材,根据学生已有的学习经验和认知特点,循序渐进地设计教学活动,阐明"为什么这样教"。

说课者在说教材时,应尽量阐明自己对教材的理解和感悟,以此展示自己对教材的宏观把握能力和对教材的驾驭分配能力。说教材应力求做到既"说"得准确又具有特色;既要"说"出共性,也要"说"出个性。说教材主要包括以下几个内容:

1. 教材内容在课程体系中的地位、作用、意义,为以后哪些内容提供基础、编写者编写的意图及特点、与其他学科的关系;

2. 学习该内容应具备的基础知识;

3. 教材的重点、难点是什么,如何突出重点、突破难点,理论依据是什么;

4. 根据学期教学计划,对所选内容或课题提出合理的课时安排并阐述安排的依据。

二、说目标

现代教学的突出标志是有目标的教学。教学目标是指教学活动预期所要达到的结果,是对学生学习终结行为的具体描述。作为规定教学活动方向的重要指标体系,它对教学活动发挥着导向、激励、检测的作用,是教学活动的出发点和归宿。教学目标的制定应体现合理性、明确性、可评价性。说目标应将具体学习内容与各项目标有机地整合,注意避免千篇一律地说"通过教学,使学生能……"一类的套话,而是将教学目标从认知性学习目标、技能性学习目标和体验性学习目标等方面进行分层化解,阐述实现这些目标的途径与方法,着重表现在应说清以下几点:

1. 要说清教学目标的分类设置以及对教学目标的深层考虑,一般从知识目标、能力目标和情感态度与价值观目标三部分进行论述。

2. 要说清每一类教学目标中不同层次的具体要求和重点把握。知识目标、能力目标和情感态度与价值观目标具体到本节课中,其不同层次的具体要求是什么。还要明确在本课中三个教学目标的侧重点。如"细胞核是遗传信息库"这一节,知识目标是重点,居第一位,能力目标次之;"环境对生物的影响(探究鼠妇)"能力目标居第一位,情感目标次之,知识目标居第三位;"人类对环境的破坏"情感目标又上升为第一位,能力目标次之。在这三个目标的侧重点的区分上,教师必须认真解读生物课程标准,对新课程的内涵精神要做到心领神会,再结合教材内容的呈现方式,方能灵活把握。

3. 要说清这些分类设置的教学目标的具体知识点、情感教育点和能力训练点;教师应该认真研读教材和课程标准,将知识点的教学活动和教学目标的实现有机的结合起来。

三、说学情

所谓学情,是指学生的年龄特征、认知规律、学习方法以及已有知识和技能基础等的总和。它是教师组织教学活动的依据,是学生学习新知识的基础。教学总是在一定的起点上进行的。不同的学生学习起点不一样,学习个性、风格也不尽相同。说学情,就是要全面客观地阐述学生已有的学业情况和已经掌握的学习方法等,预先判断学生对学习新知识的关注和接受程度,为优化教学设计提供参考。说学情应重点关注以下三方面的内容:

1. 已有知识和经验是学生学习新知识和新技能的基础,有利于实现学生"旧知"向"新知"的迁移,说课中应把如何利用这些知识与经验说清楚。

2. 学习方法的指导要突出学生学习方式的转变,鼓励开展探究性学习,学习方式的转变是本次课程改革的显著特征。改变原有的单一、被动的学习方式,建立和形成旨在充分调动、发挥学生主体性的多样化的学习方式,促进学生在教师指导下主动地、富有个性地学习,基于生物学科特殊的实验性和实践性,生物教师在阐述学习方法的指导时应突出对学生探究性学习的引导,要把学生在学习过程中发现、探索、研究等认识活动突显出来,使学习过程更多地成为学生发现问题、提出问题、分析问题、解决问题的过程。

3. 个性发展和群体提高统一。说学情的较高层次就是在能够实现群体水平提高的同时,实现个性的发展。能够说出个性发展和群体提高在教学内容中是如何实现整合的,它的落脚点在哪里。教育的最高理想之一就是要使每一个学生都能在原有的基础上得到提高和发展,因此教师既要对学生群体中的学风、合作精神和团队意识等进行整体分析,又要对特殊个体(如后进生、特长生)进行单独分析,真正做到因材施教。

四、说教法

说教法,主要是说明"怎样教"和"为什么这样教"的道理。在确定教学目的的要求后,恰当地选择先进的教学方法是至关重要的。它是根据学科特点、教学内容的特点、教学目标和学生学业情况,说出选用的教学方法和教学手段,以及选用的理论依据。教学方法多种多样,但没有哪一种是普遍适用的。教师通常需要在教育教学理论的指导下,对常用的直观教学、启发式、掌握式、探究式、讨论式、合作式等教学方法进行合理选择,优化组合;根据教材内容、学生特点、教学媒体、授课时间和自身的教学风格等,采用适宜的教学方法。

在新课程背景下,教学方法的设计要体现新理念、新策略、新思路,要符合教学原理,遵循教学规律,要研究学生的求知起点、技能状态、思维方式和考虑可接受性,不能脱离学生实际,教法应体现新课程的基本理念,做到灵活多样,具有主导性,体现主体性和有效性。

说教法还要有利于激发学生的兴趣,利于学习过程的顺利实施,利于学习能力的培养和提高。常规说课时我们的生物教师过多地关注"教师的教",选择的教学方法为的是在规定的课堂时间内将教学任务圆满地完成,而忽视了教学过程中对学生兴趣的激发,学习能力的培养以及学习过程的实施。这是和生物新课改理念相背离的。基于这些不足,说课者在说教法时,就必须阐述其对教学方法的合理选择和利用;阐述其所选择的教法对于学生学习过程的顺利实施具有的促进作用;阐述其在教学活动中如何引导学生学习,如何参与学生的学习。

说教法还包括教师在教学过程中如何选择和使用教具、学具或电教手段,使用的依据是什么。

五、说教学程序

在说教学程序中,要突出精心设计的导言和结束语。设计导言要有科学性、艺术性、趣味性,可采用提问、讲故事、猜谜语、俗语等形式,设疑激趣,扣住学生心弦,激发学生的学习兴趣,使其积极步入求知的兴奋状态。结束语也要巧妙安排,使人有"虎头凤尾"之感。可用简明的总结语,或精选典型的习题作结束,或为下节课埋下伏笔而设疑激趣。

说教学过程要突出学生的课堂主体性。因此生物教师在阐述新课程教学过程的设计时,应做到以下几点:首先教师要完成角色的转变、摆正位置,成为真正意义上的参与者、组织者和促进者。不仅要尊重每一位学生,更要会赞赏

每一位学生;要处理好传授知识和培养能力的关系,注重培养学生独立性和自主性,引导学生质疑和调查探究,在实践中学习,使学习成为教师指导下主动且富有个性的过程;要关注个体差异,满足不同需要,创设能引导学生主动参与的教育环境,激发学生的学习积极性,使每位学生都得到充分发展。其次要改变传统的学习观念,认识到学生是具有独立意义的、有充分发展潜能的个体,要把学生视为朋友,实现师生的平等对话,共同发展,把课堂的主动权还给学生。

教学程序是教学活动的系统展开过程,它表现为教学随时间推移的活动序列,描述了教学活动是如何发起,怎样展开,最终又是怎样结束的。教学程序,也是一个过程,教学过程是学生在教师的指导下认识世界,接受前人积累的知识经验的过程,是教师根据制定的教学目标、任务,引导学生掌握系统的科学文化知识和技能、技巧,认识客观世界,掌握科学研究方法的过程,是教学生在教师的指导下主动掌握知识、发展智能、提高自身素质的实践活动的过程。

说教学程序,主要说出自己教学思路及理论依据、课堂结构、教学媒体的合理运用、实验设计及板书设计等。它是说课的一个重要环节,要求说课教师在规定的时间内说明组织实施这一课的方案,如应如何导入新课、传授新知识,如何进行能力培养和思想教育等等。说课的过程,最能体现教师的教学基本功和素质,所以说课教师要紧紧把握教材的重点、难点,围绕教学目标,切实处理好各教学环节的关系,进行精练、简洁的概述。对于新授课教学要说明课堂教学过程和步骤安排以及这样安排的理论依据,这是说课中更为具体的内容,要说出教学过程中教学各环节的衔接和过渡。一般地说,一节课的教学环节包括新课的引入,课题的提出,新课教学的展开,巩固练习,课堂小结,作业布置等,还要说出课堂教学的板书设计,现代教学媒体的应用等内容,用以体现教师的教学安排是否合理、科学和艺术,反映教师的教学思想、教学个性与教学风格。主要表现在以下几个环节:

1. 教学媒体准备

教学媒体准备是指教师为了提高教育教学活动的质量,根据授课内容或优化教学的需要,选择使用诸如挂图、幻灯、投影、录音机、电视、计算机等教学媒体的安排。在说课中,这部分内容通常在具体教学环节中阐述,也可单独介绍。

2. 设计思路

设计思路是对教学流程主要环节的概括。说设计思路,有助于听者更清

晰地了解和把握说课者关于教学活动的整体安排，既可以单独作为一个"说课"部分，也可以隐含在教学流程中。

3. 教学流程

说教学流程，就是围绕教学设计思路，说具体的教与学活动安排及这样安排的理论依据。说教学流程不能像给学生上课那样详细讲解，而要力求详略得当，重点、难点详细说，理论依据简单说，使听者明了这节课要"教什么"、"怎样教"、"为什么这样教"就可以了。

4. 板书设计

主要谈谈板书的结构组成，设计的依据、原理和方法。板书要能体现教学思想在本课中是如何实现的。介绍板书时，要求把板书的完整系统，简明扼要，重点突出，直观形象地表达出来。

第三节　说课的运用

一、说课的方法和技巧

1. 说"亮"点

说课作为教师之间的教学信息交流和对话的独特方式，应该遵循高效率的原则，尽可能减少无效信息。为此，说课的教师应着重讲出对有关问题比较特别的认识和理解。课程标准、教材已明确给出的内容和已成共识的问题，在说课中应少说或不说，而将在这个教学设计中有特色的"亮"点进行详细的阐述和分析，这样说课才具有鲜明的个性亮点，才能达到彼此交流和借鉴的目的，从而使自己的说课充满活力和特色。

2. 结合教学实践，让教学理念贯穿说课的始终

说课不是宣讲教案，不是浓缩课堂教学过程。说课的核心在于说理，在于说清"为什么这样教"。因为没有理论指导的教学实践，永远是经验型的教学，只能是"高耗低效"的。因此，说课应该结合教学实践，强调切实可行的教学理念，让教学理念和教学思想贯穿说课的始终。要避免向听课者抽象地阐述教育教学的理论，详细介绍某理论成果，生搬硬套一些教育教学理论的专业术语，这会给听课者产生"故弄玄虚、故作深奥"的感觉。

3. 教法与学法并重，不可偏废

教师对各种教法的应用往往得心应手，而如何向学生传授学习方法却说

得不够。应当多考虑探究式学习方法、自主性学习方法、合作性学习方法等方法在教学中的合理应用。重视学法指导,还要结合教材的具体内容和学生的实际水平,研究如何发挥学生在课堂教学中的主体作用,如何根据不同层次学生的学习规律,合理调动各个层次学生的学习积极性和主动性,把学习方法传授给学生,从而提高学生的整体学习水平。

4. 凝练语言、条理清晰

说课要语言简明,讲究语言组织的条理性和系统性,要让听者能听得清楚、明白。知道你这节课准备达到什么目标,并且为实现这些目标有哪些科学的学法、教法作保证。因此应该有一个事先准备好的说课稿,必要时配以演示文稿进行讲解和说明。

二、说课的基本要求

按照现代教学观和方法论,成功的说课必须遵循如下几条原则:

1. 说理精辟,突出理论性

说课不是宣讲教案,不是浓缩课堂教学过程。说课的核心在于说理,在于说清"为什么这样教"。因为没有理论指导的教学实践,只知道做什么,不了解为什么这样做,永远是经验型的教学,只能是高耗低效的。因此,执教者必须认真学习教育教学理论,主动接受教育教学改革的新信息、新成果,并应用到课堂教学之中。

2. 客观再现,具有可操作性

说课的内容必须客观真实,科学合理,不能故弄玄虚,故作艰深,生搬硬套一些教育教学理论的专业术语。要真实地反映自己是怎样做的,为什么这样做。哪怕是并非科学、完整的做法和想法,也要如实地说出来,以便引起听者的思考,通过相互切磋,形成共识,进而完善说者的教学设计。说课是为课堂教学实践服务的,说课中的一招一式、每一环节都应具有可操作性,如果说课仅仅是为说而说,不能在实际的教学中落实,那就成了纸上谈兵、夸夸其谈的"花架子",使说课流于形式。

3. 不拘形式,富有灵活性

说课可以针对某一节课的内容进行,也可围绕某一单元、某一章节展开;可以同时说出目标的确定、教法的选择、学法的指导、教学程序的全部内容,也可只说其中的一项内容,还可只说某一概念如何引出,或某一规律如何得出,或某个演示实验如何设计,或某一技能如何使用等等。要做到说主不说次,说大不说小,说精不说粗,说难不说易;要坚持有话则长、无话则短、不拘形式、自由研讨的原则,防止囿于成规的教条式的倾向。同时,在说课中要体现教学设计的特色,展示自己的教学特长。

三、说课应该注意避免的几个问题

1.说课等同于读教案

说课与教案既有联系又有区别,教案是教师备课这个复杂思维过程的总结,是教师备课结果的记录,是教师进行课堂教学的操作性方案。它重在设定教师在教学中的具体内容和行为,即体现了"教什么"、"怎么教"。而说课虽也包括教案中的精要部分,但更重要的是要体现出执教者的教学思想、教学意图和理论依据,即思维内核。简单地说,说课不仅要精确地说出"教""学"内容,而且更重要的是要从理论和实践的结合上具体阐述"我为什么要这样教"。教案是平面的、单向的,而说课是立体的、多维的。

因此说课中教学理念应占有突出的地位,可以说是整个说课的灵魂所在。虽然,教案的编写需要理念的支撑,但这时的理念往往是作为一种素养发挥着潜在性的作用或影响,而说课则要把教师的教学理念摆在灵魂的位置,发挥它的控制、指导功能和支撑作用。因此没有贯穿教学理念的说课,是没有分量、没有力度和光彩的。

2.说课等同于上课

有部分教师在说课过程中一直口若悬河,激动万分地给大家"上课"。讲解知识难点、分析教材、演示教具、介绍板书等,把讲给学生的东西照搬不误地拿来讲给下面就座的各位评委、同行们听。其实,如果他们今天准备的内容和课程安排面对的是学生,可能会是一节很成功的示范课。但说课绝不是上课,二者在对象、场合上具有实质性的区别,如何能等同?说课是"说"教师的教学思路轨迹,"说"教学方案是如何设计出来的,设计的优胜之处在哪里,如此设计的依据是什么,预定要达到怎样的教学目标,这好比一项工程的可行性报告,而不是施工过程的本身。

3.说课说得过于"悬"

说教学方法太过笼统,说学习方法有失规范,教学方法和学法指导是说课过程中不可缺少的环节,有些教师在这环节中多一言以蔽之:"我运用了启发式、直观式……教学法,学生运用自主探究法、讨论分析法"等等。至于教师如何启发学生,怎样操作,却不见了下文,甚至有的教师把"学法指导"理解为:解答学生疑问、学生习惯养成、简单的技能训练。如此将二者混为一谈,即是连什么是学法指导的概念都没弄清楚。

4. 说课手段、形式过于简单

说课过程没有任何的辅助手段和材料,手段、形式单一。有的教师在说课过程中,既无说课文字稿,也没有幻灯片或运用任何的辅助手段。说课者说得头头是道,洋洋洒洒,听者却听得云里雾里。这样的说课,是难以达到预期的效果和目的。更有甚者,明明说自己设计了网络型课件来辅助教学,但在说课过程中,始终不谈如何制作和应用课程网页,让大家不禁怀疑其真实性。所以,说课教师可以运用一定的辅助手段,如多媒体课件的制作,实物投影仪,说课文字稿、幻灯片等,在有限的时间里向同行及评委们说清楚课的设计方法和原理。

四、说课案例

【案例一】"生物膜的流动镶嵌模型"说课稿①

1. 说教材

(1)教材的地位与作用

"生物膜的流动镶嵌模型"属于高中生物学必修部分第四章的第二节内容。第四章共有 3 节内容,第一节主要说明细胞膜是选择透过性膜,为什么具有选择透过性。这与膜的结构有关,于是进入第二节内容。而第二节内容又是解释第三节内容"物质跨膜运输的方式"的基础。这三节内容的内在联系是:功能——结构——功能。由此可见,本节"生物膜的流动镶嵌模型"在第四章中起着承上启下的作用,它是架起第一节和第三节的一座桥梁,并体现出了结构决定功能的观点。同时本节内容和前面的第二章中的"化合物"和第三章中的"细胞膜"、"生物膜系统"等内容又有一定的联系。

(2)教学目标

①知识目标:简述生物膜的结构。

②能力目标:在以细胞膜分子结构的探索历程为主线的学习中,重点培养"尝试提出问题,并做出假设"的能力;借助多媒体网络进行探究性学习,培养自主学习的能力,信息获取、分析、加工、创新、利用的能力,以及团结协作和活动的能力。

③情感、态度与价值观目标:在建立生物膜模型的过程中,形成结构和功能相适应的观点,从而树立辩证唯物主义的自然观,逐步形成科学的世界观;在探讨建立生物膜模型的过程中,了解实验技术手段的进步在促进科学发展

---

① 袁锦明."生物膜的流动镶嵌模型"说课稿.中学生物学,2006,22(3).

中的作用,从而增强为振兴中华而努力学习的使命感和责任感。

教学目标成因:依据以人的发展为本的指导思想,创设有利于引导学生主动学习的课程实施环境,提高学生自主、合作、探究的能力,并在学习过程中树立科学的世界观。

(3)教学的重点和难点

教学重点:流动镶嵌模型的基本内容。

教学难点:探讨建立生物膜模型的过程如何体现结构与功能相适应的观点。

确定教学重点的依据:遵循新课标基础性原则,强调掌握必需的经典知识及灵活运用的能力,注重增加学生浓厚的兴趣和激发旺盛的求知欲。

确定教学难点的依据:遵循新课标选择性原则,在保证每个学生达到共同基础的前提下,分层次设计了多样的,可供不同发展潜能学生选择的课程内容,以满足不同学生的需要。

(4)课时安排:1课时。

(5)教学环境

多媒体教学系统、教师制作的网上运行的 web 课件、网络教室(学生每人一台计算机)。

2. 说教法

(1)采用的教法

网络条件下问题合作解决教学法。该教法的一般程序:

① 创设情境,激趣导入,提出探索问题。

② 多媒体网络提供学习材料,学生个人自主学习。

③ 小组合作学习。

④ 全班合作学习,进行学习效果评价。

(2)采用该教法的依据

该教法的选择始终体现构建以学生在学习与发展中的主体地位为核心的主体性教育思想和教学理念。主体性教育作为一种全新的教育理念,认为人的主体性素质是现代社会人的核心素质,在教学中应注重和发展人的主体性、能动性、创造性,达到主体主动发展、素质全面提高的目的。但人的主体性作用的发挥离不开一定条件的支撑,现代教学信息技术的介入为实施主体性教学提供了技术基础,引发了教育领域的重大变革。教学角色的转变使教师从原来的以教师为中心的"讲解者"的角色转化为学生学习的指导者、学生活动的导演者的角色。学生地位的转变使学生由原来的单纯听讲、接受灌输的被动地位转化为能有机会主动参与、发现、探究的主体地位。媒体作用的转变使教学媒体从教师手中转化到学生手中,使媒体由作为教师的讲解工具转化为学生的认识工具。教学过程的转变使教学过程由传统的逻辑分析或逻辑综合、讲解说明式的进程变化为意义建构指导下的教学过程,即教师通过利用教学资源,为学生建立教学情境,使学生通过与教师、学生的协商讨论,参与操作,发现知识,理解知识,掌握知识。

3. 说学法

(1) 采用的学法

在本课学习中,教师指导学生利用课本和网上运行的 web 课件提供的资源开展自主学习,在此基础上,运用小组讨论、综合分析、归纳对比等方法完成学习任务。在学习中,教师可将学生分成若干个合作学习小组,让各小组成员协作学习,分组竞答,创造一个活跃的竞争氛围,让每个学生积极参与,认真思索,充分体现主体作用。

(2) 采用该学法的依据

教是为了"不教",前苏联教育学家苏霍姆林斯基在《给教师的建议》一文中指出:"在学校里,重要的不是学到多少知识和技能,而是学会一种会学习的能力,学会自己去学习的能力。"因此,在课堂教学中教师应通过教法的实施,体现对学生学法的指导,学法指导的目的在于使学生愿学、乐学、主动学、会学,促进学生个性发展和全面发展。

4. 说教学程序

(1) 首先创设情境,激趣导入,提出探索问题大屏幕演示以下 3 个动画:

①水分子进入细胞膜的过程;

②葡萄糖分子进入红细胞膜的过程;

③钾离子进入细胞膜的过程。

提问:①这 3 种物质进入细胞膜的方式相同吗? ②这种不同是由生物膜的什么决定的?(要求学生根据"结构与功能相适应的观点"回答)设计目的:中学生具有追求新、奇、趣、美、乐的心理特点。为适应学生心理,教师首先利用计算机创设立体情境,使学生产生情感上的共鸣。接着提出与新知识有关的问题,在新知识和学生的求知心理之间制造一种不协调和矛盾冲突,使学生处于"愤、悱"状态,口欲言而心不能,从而点燃学生的好奇之火,有效地激发学生对新知识的强烈兴趣和渴望探索的动机,真正变"要我学"为"我要学"。教师此时顺势导入:生物膜的结构到底是怎样的呢?下面让我们一起随着小探索者去亲历科学家的探索历程吧!从而引发学生探究生物膜结构的好奇心。

(2)利用网络课件,进行个人自主学习

图 13-1 是网络课件内容:共有 8 个站点(各个站点均设置了区域响应,学生点击即可进入)。学生先依次对 8 个站点进行探究,学习速度快的可先进入思考讨论 1 和思考讨论 2 站点去学习。

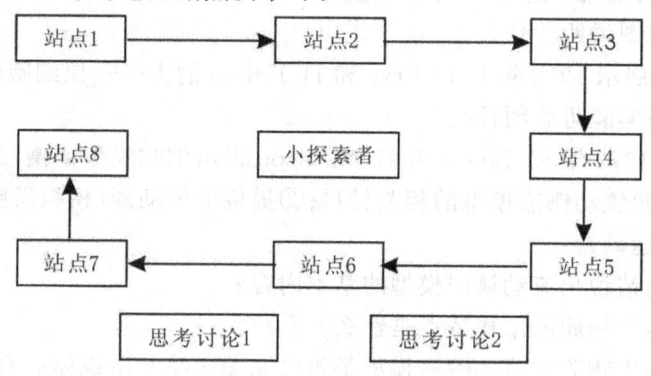

图 13-1　网络课件内容

站点 1:1895 年 E. Overton 用植物细胞研究细胞膜的通透性。他选取了 500 多种化学物质对植物细胞的通透性进行上万次的研究,发现:脂溶性分子易透过细胞膜;而非脂溶性分子则难以通过。

问题①:从该实验你可以推出什么结论?

问题②:一般说来,要研究某一物质或物体的分子结构首先要弄清其化学组成成分。为何 E. Overton 不用化学分析方法去弄清细胞膜的化学成分呢?

站点 2:20 世纪初,科学家将细胞膜从哺乳动物的红细胞中分离出来,发现细胞不但会被溶解脂质的物质溶解,也会被蛋白酶(能专一地分解蛋白质的物质)分解。

问题①:从该实验你可得出什么结论?

问题②:在此实验中为什么要选用红细胞膜来进行分析?

站点 3:1925 年,两位荷兰科学家 E. Goiter 和 F. Grendel 作了丙酮抽提红细胞膜脂质实验:将抽提出的脂质在空气—水界面上铺成单分子层,测得其分子所占的面积相当于所用的红细胞表面积的 2 倍。

问题④:该实验可得出什么结论?

问题②:细胞膜中的脂质为什么会排列为连续 2 层呢?细胞膜中的磷脂分子会排列成怎样的 2 层呢?

站点 4:展示 20 世纪 50 年代电子显微镜诞生后拍摄的细胞膜结构的电镜照片。1959 年 D. Robertsen 根据电镜下观察到的细胞膜暗—亮—暗的 3

层结构,提出单位膜结构模型。

问题①:单位膜结构的主要内容是什么?

问题②:单位膜结构有什么缺陷?

站点5:展示20世纪60年代电镜冰冻蚀刻细胞膜示意图。

问题:该图说明了什么?

站点6:展示1970年L.D.Frye和H.Edidin的人——鼠细胞融合实验。

问题:该实验可表明什么?

站点7:1972年SJ.Singer和G.Nicolson提出细胞膜流动镶嵌结构模型。①提供细胞膜流动镶嵌模型的相关材料;②提供电脑动画(模拟磷脂分子和蛋白质分子的运动)。

问题①:请说出流动镶嵌模型的基本内容?

问题②:生物膜的结构特点是什么?

问题③:生物膜的流动镶嵌模型是否已完美无缺?说说你的看法。

站点8:问题:分析生物膜模型的建立和完善过程。你受到哪些启示?

设计目的:构成课堂教学活动的3个要素是:教师、学生和教材。在处理三者关系时,主体性教学理论认为:学生是认识的主体,教材是认识的客体,教师应以指导者、辅助者角色出现,学生是学会的而不是教会的,知识的真正获得依赖于受教育者个体自主的活动。个性化的自主学习是班级追求而又无法实现的理想模式,而网络教学将会使传统教学模式发生彻底的革命,使分层教学、因材施教成为可能。我把自制的多媒体网络课件让学生进行自主探究学习,力求为不同层次的学生提供学习条件,避免传统教学的"同进同退"的方式,使教学内容、速度适合于每一个学生的接受能力,大大提高了学习效果。这样真正落实了学生的主体地位,让学生生动活泼地学习、个性得到充分地发展。

(3)小组合作学习

本课在学生个人自主学习的基础上,发动学生在各自互助小组中的主体作用,成为小组讨论的顾问和参谋。

设计目的:建构主义学习理论认为,学习者与周围环境的交互作用,对学习内容的理解(即对知识意义的建构)起着关键性的作用。协作与会话是合作学习的主要形式。学生们在教师的组织和引导下以合作小组的形式一起讨论和交流,学生共同建立起学习群体并成为其中一员。在这样的群体中,共同批判地考察各种理论、观点、信仰和假说,进行协商和辩论。通过这样的合作学习环境,学习者群体(包括教师和每位学生)的思维与智慧就可以被整个群体所共享,即整个学习群体共同完成对所学知识的意义建构,而不是其中的某一位或某几位学生完成意义建构。

(4)全班合作学习,进行学习效果的评价

在小组合作学习结束后,教师要求各小组推出一位代表上讲台将本组得到的结果向全班作汇报。各小组代表上台发言时,其他各组对汇报小组进行评议,找出该组的优点和不足,并给予打分,记录在合作学习情况记录单上,作为教师了解各组上课表现的依据之一。最后教师根据小组学习报告质量并综合各小组的评价意见,进行总结性和指导性评价,并评出本堂课的优胜小组(表13-1)。

表13-1 小组学习报告及评价

第 * 小组合作学习情况记录单

我小组的学习报告:

姓名	合作	讨论	探究	总分	姓名	合作	讨论	探究	总分

其他小组合作学习情况评议表

组号	优点	不足	总分

设计目的:评价的本质是一种价值判断。传统教学评价的主体是教师,学生则是被评价者,是评价的客体,在评价中处于被动地位。而新课程需要的教学评价要求评价主要是多元的,评价提倡的是多元化主体,评价包括教师评价、学生自评与互评、学生与教师互动评价等,提倡把学生小组的评价与对小组每个学生的评价结合起来,最大限度地发挥评价对教学活动的导向、反馈、诊断、激励等功能。

【案例二】"开花和结果"说课稿[①]

1.说教材

(1)教材地位

综合学生发展、社会发展、生物科学发展的需要,初中生物新课程标准选

---

① 作者:李君君,本说课稿曾在福建师范大学首届教师教育专业教学技能大赛中获说课一等奖。

取了十个主题,我今天所要讲的《开花和结果》就是属于"生物圈中的绿色植物"这一主题。

本课是七年级上册第三单元"生物圈中的绿色植物"第二章"被子植物的一生"第三节。前面两节学生已经学了"种子的萌发"、"植株的生长",这节是绿色植物生长发育发展的必然阶段,是本章的中心。本节解答了种子的由来,回应了第一节,可以让学生完整地了解被子植物的一生,这也为后面学习绿色植物在生物圈中的地位及其功能打下基础。

本节课知识点清晰,包括三个部分。第一部分花的结构;第二部分传粉和受精;第三部分果实和种子的形成。内容看似简单,但要让学生构建开花到结果的整个过程不是一件很容易的事,所以本节课教学中要充分利用教材,多采用直观教学,认真组织学生参与到课堂实践中来,帮助学生初步认识这个基本的生物学现象。

(2)教学目标

本节教学内容在《初中生物课程标准》中,要求学生能够概述开花和结果的过程,对知识内容达到理解水平。为了达到这一教学标准,针对本节知识结构体系,结合学生特点,我将教学目标确立如下:引导学生亲自解剖、观察花的基本结构,通过学生的自主学习、主动探究、分析整合,认同事物是发展的。同时通过人工辅助授粉的课外实践活动,养成爱护花的习惯,并理解人与自然的和谐发展。

①知识与技能

a. 概述花的主要结构。

b. 描述传粉和受精的过程,阐明花与果实和种子的关系。

②过程与方法

a. 尝试对花进行解剖观察,提高动手能力。

b. 运用生物学的知识,说出传粉和受精以及开花到结果的过程,提高口头表达能力。

③情感态度与价值观

a. 认同事物是发展的辩证唯物主义自然观。

b. 养成爱护花的习惯,理解人与自然和谐发展的意义。

(3)重难点的确立

教学重点是:1、概述花的主要结构。2、描述传粉和受精的过程。

根据本节教材的重点,结合学生的实际情况,我将教学难点定为:1、概述花的主要结构。2、被子植物的受精过程。

2. 说学情

七年级的学生对于开花和结果已经具有一定的了解，这就是一个非常重要的课程资源，为本节课的学习打下一个良好的基础。但是在现实生活中学生没有亲眼见过传粉和受精的过程，特别是受精的过程比较抽象，不好理解；同时七年级的学生活泼好动，对于周围的事物充满了好奇，希望能够亲自解开其中的奥秘；再者由于他们生理和心理还不够成熟，表现出注意力容易转移，思维的逻辑性和科学性都有待提高等特点。

3. 说教法

根据学生的以上特点，以及教材的结构，我将教学方法定位如下：

（1）在第一部分花的结构中，我大胆地将教材中的验证性试验——观察和思考改革成为探究性试验，原因如下：

①我认为生物教学不仅仅是教师在讲台上的讲解和演示的过程，教师有责任为学生提供实践的机会，通过教师和学生的互动，进而达到教学相长的目的。

②小孩子的思维和成年人是不一样的，比如在子房的解剖观察时，他有可能纵剖，有可能横剖，还有可能沿着子房壁慢慢地剖进去，每一种方案都有他的思考在里面，教师不能将所谓的"标准"强加在学生身上，在注重结果的合理性的同时更重要的是个性的张扬，学生发散性思维、创造性思维的培养。

③通过亲自动手加深学生对花的结构这一知识点的掌握，通过探究性学习，培养了学生独立获得知识的能力，这样在课后他就能正确地解剖身边常见的花，从而达到对花的结构这一知识点的不断巩固，这就是古人说的"授之以渔"，而非"授之以鱼"。

（2）在第二部分传粉和受精中，传粉的过程比较直观，我主要采用谈话法、讲授法，同时打出图片让学生观察、分析思考，进而理解传粉。而受精这一过程比较抽象，我主要利用多媒体的现代教育手段变抽象为具体，进而易化难点。

（3）在第三部分果实和种子的形成中，学生对花和果实种子都比较熟悉，我主要让学生对比花和果实种子的图片，进而明白花的子房壁发育成果皮，子房里的胚珠发育成种子。

4. 说学法

在教师的引导之下，学生则主要通过观察、讨论、分析去发现知识，逐渐培养自主学习的习惯和能力，通过课前的预习、课上的探究活动，共同交流，体验知识获得的过程，感悟科学探究的方法，体会同学间合作的魅力，尝到探究性

学习的乐趣。同时也提高了分析问题的能力、语言表达能力。

5. 说教学过程

教学过程大体分为三个部分:课前活动、课堂教学、课后实践。

(1)课前活动:生物教学是教师和学生的双边活动。在课前,教师布置作业,学生根据自己的生活经验,按照自己的思考,设计一个解剖花的方案(花的选择主要看当时的季节,选一个结构比较简单而且常见的花,本课设计时暂定桃花),从而初步认识桃花的结构。而教师则要准备好上课时要用到的教具,比如桃花的培植,设计好解剖花的结构的表格,学生的解剖用具,多媒体课件等等。一个好的课前准备有利于课堂上教学的顺利进行。

(2)课堂教学

①花的结构(19~20分钟)

教师首先打出一组花的图片,引起学生的感性认识,吸引学生的注意力,以问题"为什么开花后一定会结果呢?花和果实到底有什么关系?"那就从花的结构开始研究吧,从而引入"花的结构"这一部分的学习。

学生以4个人为单位对桃花进行解剖。学生拿出自己课前设计的方案,通过小组讨论,选出最佳方案,再带着课本中P102的问题认真地解剖花,共同得出花的主要结构,然后将花的每一部分结构填入教师设计的"桃花的结构"一表格中,本活动使学生在合作探究的基础上认识花的结构。解剖活动结束后,教师随机抽取几个小组以各种形式来汇报结果,可以回答问题,也可以以填花的结构图的方式进行,这样能够检验学生探究性学习的效果同时培养学生口头表达的能力。在学生进行汇报的时候其他学生不可随意打断,应等其汇报完后才能发表自己的意见,教师此时要做好组织者的工作。为学生的学习创设一个平等、民主、和谐的课堂氛围,这可是思维发展的肥沃土壤,在这种氛围中学生的思维是发散性的,充满灵性的。

教师最后做出总结同时点评本次探究性活动,教师切不可随意对学生进行批评,应该循循善诱。对好的方面进行肯定,对不足的进行引导改进,学生则进行反思。利用学生此时的心理,教师利用桃花置疑:"假如这朵花的雌蕊被害虫吃掉了,它还能发育成果实吗?"从而引发学生思考,引入到下一部分知识的学习。

②传粉(5分钟)

用教授法引出传粉,花粉从花药落到雌蕊柱头上的过程就是传粉。指导学生阅读书本中P103的材料来了解虫媒花和风媒花的区别,用表格对比虫媒花和风媒花的区别,再用幻灯片播放出图片让学生正确判断出虫媒花和风媒花,学生回答后,教师引导学生利用虫媒花和风媒花的特点进行对比,进而讲解判断的依据。然后创设情境:"如果遇到阴雨天,虫和风的作用就不大了,会出现缺粒现象,该怎么办呢?"从而引出人工辅助授粉。课本中将人工辅助授粉安排在第三部分果实和种子的形成中讲授,为了让学生更容易理解,我将其安排在传粉这一部分来讲解。

③受精(9~10分钟)

受精这一部分是本节课的重难点,我首先利用放大的子房纵剖图复习前面刚学到的雌蕊的结构,让学生对受精的过程有一个结构上的认识基础。然后再让学生观看受精的动画视频,这段视频是在人教版教参附带的光盘,我将其中"受精"部分的动画剪辑出来,这也是一个非常重要的课程资源,首先它能够吸引学生的注意力,同时它能够让学生对受精的微观过程有个理性的认识。接下来,教师在以上的基础上进一步讲解受精的过程,然后同样再利用放大的子房纵剖动画让学生对受精的过程进行整合,最后逐步引导学生描述受精的过程,有利于学生对这一知识点的掌握,同时培养学生的口头表达能力。

④果实和种子的形成(4~5分钟)

在果实和种子的形成这一部分,学生对花和果实种子都很熟悉,他们可能不能明白展开的花是怎么样跟果实和种子扯上关系的。因此我主要在大屏幕中放出花和果实种子的对比图,让学生通过对比分析进而明白花的子房壁发育成果皮,子房里的胚珠发育成种子,从而掌握这一知识点。

⑤布置出随堂作业(5~6分钟)

题目在教材中P105,学生能够利用所学的知识比较好地完成作业。这些题目与现实生活有关联,既能达到巩固新学知识点的目的,又能锻炼思维,体现知识与社会、日常生活的紧密联系,使学有所用,不断提高学生解决实际问题的能力。

(3)课后实践

根据课本中所学的人工辅助授粉,教师带领学生到课外进行,一方面能够让学生将课堂中所学的知识运用于实践,提高解决实际问题的能力;另一方面这样的课外活动能够提高学生对生物学的兴趣,贴近大自然,热爱自然,从而理解人与自然和谐发展的意义。

6. 板书设计

第三节　开花和结果

一、花的结构
二、传粉和受精
（一）传粉
1. 什么叫传粉
2. 传粉的方式
(1) 虫媒
(2) 风媒
(3) 人工辅助授粉
（二）受精
受精的过程：花粉管的萌发　胚珠　一个精子和卵细胞结合
三、果实和种子的形成

7. 教学反思

（1）成功之处

①这节课充分考虑了学生的实际情况，凸显了学生的主体地位，采用"观察——探索——整合"的教学法，由创设问题情境入手，引导学生发挥联想、提出问题和假设，通过亲自动手实验、小组互动交流，得到问题的答案，再利用多媒体课件的动画印证整合，让学生掌握本课的知识。通过关注知识的形成过程，使学生在科学实验素养、能力诸方面得到锻炼和提高，符合新课程改革的基本精神和目标。

②在教学中，充分利用新教材的优势，创设一个比较民主、和谐的课堂氛围，引导学生开展探究性学习，利用多媒体的现代教育手段支撑整个教学过程，激发学生的学习兴趣和求知欲望，使学生在一个生动、有趣、多姿多彩的生物课堂中，愉快地"享受"学习，真正地把课堂还给学生。

③在情感方面，本次课在科学教育中渗透人文精神，通过课外活动引入爱花护花、爱护绿色植物、热爱大自然等情感。同时，在课堂上也充分体现了"尊重、平等、爱护"的原则，和传统科学教学不同的是：学生的观点和教师的观点一样，应该被考虑，让学生说出自己的关于教学内容上的见解。教学应该是充分培养学生的创造性思维，而不是抹杀！

(2) 不足之处

① 本课还有值得改进的地方,知识点比较多,活动多,教师需要很好地驾驭课堂,控制好每一个环节的时间,才能收到较好的效果。

② 有些学生喜欢探究,在参与教学中表现得活跃、主动,但有些学生却不喜欢探究的学习方式,在小组讨论和合作时,总干一些不相干的事,比较难以控制,在这一点上本人做得还不够。因此,今后要下功夫了解每一个学生,要尽可能为所有学生创造一个表现的机会、获得成功的机会,要善于引导、善于鼓励。

③ 在学生进行课外实践活动中,有些实验用具运用的不够准确,操作不够规范,教师应该给与一一指正,故在今后的教学中,应注意对学生生物学基本功的训练,并做好课外活动的组织。

第四节　说课技能的评价

好的说课应该体现出新的教育观念,深入理解教材、了解学生,准确把握重点难点;合理、灵活运用教育学、心理学的一般原理、方法和现代教育技术的手段;采用教学策略符合学生认知规律和生物学科教学特点;逻辑性强,条理清晰,层次分明,语言准确、形象、生动,富有启发性和感染力;能够体现说课者较强的组织、协调能力,知识面广,对所述问题有独到的见解等。

一、说课技能总的评价标准

说课评价的标准不是唯一的,说课具有开放性、动态性和发展性。但以下几点应该是一个好的说课的共同特征:

1. 体现新理念、新课程、新方法

理念是行动的灵魂,一切先进的教育改革都是从新的教育理念中产生出来的。在新课程教育教学改革中,说课应当更加体现出新理念、新课程和新方法。教学理念在说课中具有重要的地位,是整个说课的灵魂,必须发挥其指导功能和支撑作用。从新理念中说出课堂设计的方法和根据,即为什么要教这些、为什么要这样教。没有教学理念的说课,说课便没了分量,没有力度和光彩。

2. 正确阐释教育教学原理

从说课表达形式看,说课不仅仅限于对教学设计或教学方案的简单说明和解释,它不是教案的复述,也不是对上课的预测和预演,它是在兼有上述两点的基础上,更加突出地表达授课教师对教学任务和学情的了解和掌握,对教学过程的组织和策略运用的教学活动方法。因此,说课注重的是对教育教学理论的阐释,要求说课教师能够合理、准确运用教育学、心理学的原理,解决实际课堂教学过程中的问题。教学原理的阐释,能够使教师进一步明确教育教学观,把理论与实际紧密联系起来,用理论指导教学实践,并对教学设计的预测或现象做出正确的反思,从而提升教师的教学能力和升华教师的教学境界。

3. 体现教学能力

说课同时具有体现教师教学基本功的作用,通过说课,可以透视出教师课堂教学技能的运用能力,如:板书版画、语言表达、教态变化等,进而体现出说课教师对学科专业知识面的掌握程度以及逻辑思维、分析问题等综合素质能力。

4. 展现教学艺术

教学是一门科学,也是一门艺术,应该具有创造性。创新是教学的灵魂,也是教学的最高境界。对教学的创造,在说课中体现为说课者对教学内容准确而独到的见解;对教学环节独具一格的安排;对教学策略独具匠心的理解和独特的运用技巧。

5. 展示演讲才华

说课是面对同行的,主要靠口头语言来表达,这使它具有演讲特点。为了让听者轻松地听懂你所要进行的课的内容、目的、策略、手段及其效果的评价,轻松地明白你的教学思想及行为,说课者应该在演讲艺术上下功夫,提高演讲能力和水平,使自己的说课具有演讲特有的说服力和吸引力。

二、说课技能评价记录表

课题: 执教:

评价项目	评价要求	好	中	差	权重
说教材	1. 教材分析正确、透彻,说出知识的前后联系,教材所处地位及处理方法 2. 教学目标准确、具体,符合课程标准要求 3. 教学重、难点确定正确	□	□	□	0.20
说学清	4. 分析学情客观、具体。对学生的学习基础、能力和学习方法、习惯的分析恰当	□	□	□	0.10

续表

评价项目	评价要求	好	中	差	权重
说教法	5.教法选择恰当,符合教材特点和学生实际,科学合理,具有启发性 6.教具准备合适	☐	☐	☐	0.20
说学法	7.学法指导明确、具体,紧扣教法,符合学情 8.学法有利于学生逻辑思维能力的发展	☐	☐	☐	0.05
说教学过程	9.教学过程紧扣教学要求,设计科学、合理,内容正确,符合学生认知规律 10.能抓住关键,突出重点,突破难点 11.各环节安排正确、恰当、具有针对性	☐	☐	☐	0.20
板书设计	12.内容精当,思路清晰,布局合理,美观大方	☐	☐	☐	0.05
教学基本功	13.说普通话,语言流畅,条理清楚,简明扼要 14.姿态自然、大方、举止得体、停顿恰当 15.板书字体工整,布局合理,重点突出 16.脱稿讲述,语言生动、形象,富有启发性和感染力,具有一定的演讲艺术	☐	☐	☐	0.20
说明	以上各部分均需要说出相应的理论基础				

思考与练习

1. 说课技能有哪几种类型?

2. 说课与备课、上课有哪些关系?

3. 分组练习:每人选择一个课时,进行备课,然后根据说课的设计方法进行组内说课练习。说课后,进行组内交流和讨论,组长记录讨论结果。

4. 说课有哪些基本要求?

5. 分析:为什么说课要说"亮"点,如何才能把"亮"点说好?

第十四章

评 课 技 能

第一节 评课技能的概述

一、什么是评课技能

评课就是对课堂教学的评价与研究。因其目的不同,可以分为两种,一种属于教学评价范畴,另一种属于教学研究范畴。我们所说的评课,主要指后者。其核心在于交流教学经验,切磋教学艺术,提高教学理论水平。科学化的评课可以客观地评判教师课堂教学水平以及不同的教学方法和内容所产生的教学效果,并以此为教师提供反馈信息,利于教师改进教学,从而提高整体课堂教学质量,实现新课程进入课堂。课堂教学是教学改革、素质教育和推进新课程的主渠道,也是学校教育教学的中心环节,要想提高课堂教学的绩效,评课活动则是教学研究不可缺少的重要环节。

评课是一种重要的教学研究形式,实际上是一种价值判断。评课者在随堂听课后根据自身的教育理念、所掌握的教育理论对授课教师这节课的教学行为和结果进行的一系列评价活动。听课人对执教者就教学目标、教学内容、教学方式、教学基本功、教学效果、教学风格进行评价,并对如何上好这节课阐述自己的见解以及需要研究的问题,与授课人一道在理论与实践的结合上,共同探讨如何把这一节课教好。简言之,就是对某一堂课进行价值的评价,对师生在课堂教学中的活动及由这些活动所引起的变化进行价值判断。

在实施新课程后,新课程标准关于评价制度的理念指出:"建立促进教师不断提高的评价体系。强调教师对自己的教学行为的分析与反思,建立教师自评为主,校长、教师、学生、家长共同参与的评价制度,使教师从多渠道获取信息,不断提高教学水平。"在新课程改革的大环境下,每个评课者又会根据新课标的要求、素质教育的要求进行评判。这些判断、评价都将受评价者自身的素质、所处环境的制约。因此,对同一堂课、同一种教学行为,不同的评价者会得出不同甚至相反的结论。

评课作为一项在教学研究过程中十分有研究价值的活动,具有艺术化的说服能力。评课过程体现出来的艺术,很大程度上是一种"唯美而遗憾的教学艺术"。它可以起到促进相互学习、交流切磋、合作进步并形成教学风格的作用。检查或评判的评课,则可以发现不足,推介经验,了解动态,发展理论,提升教研效率。

二、评课技能的功能

新课程背景下的教育评价改革非常注重"发挥评价促进学生发展、教师提高和改进教学实践的功能"。特级教师徐世贵老师认为:"评课,是指对课堂教学的成败得失及其原因做切实中肯的分析和评价,并且能够从教育理论的高度对一些现象做出正确的解释。科学正确的评课能较好发挥应有的功能。"评课,从认识论看,是对以往的认识,是"反思";从管理学看,是对系统进行控制,是"反馈"。它具有以下功能:

1. 鉴定导向

通过评课鉴定某堂课的教学效果,对教学行为、学习行为和教学结果进行价值判断,通过评课来比较、区分教师的教学能力和学生的学习能力。通过评课过程的交流,不断地反馈和调节,可以使教师发现教学中存在的问题,并得出改进的途径和方法,以确保课堂教学朝着科学、有效的方向,促使教师的教学不断得到改进,学生的学习不断得到强化和提高。

2. 激励促进

评课是对教师课堂教学水平的一种比较客观公正的评定,它既能给教师带来满足与自信,也会对教师产生压力和动力,从而激发教师的热情,激励教师以更多的精力投入教学活动。通过评课活动对课堂教学的价值判断和取向,执教者可以看到自己的成绩和不足,找到成功和失败的原因,促使其发扬优点、克服缺点、不断改进教与学,从而促进教师专业素质的提高。

3. 教研诊断

评课作为教学研究和教学实践的工具,明确为达到一定教学目标所应选择的方法和程序,为教学研究和教学实践提供必要的信息。同时通过评课可查清教师教学质量一直很差的原因,对教师钻研教材、处理教材、了解学生、选择教法、教学程序的设计诸方面做一透视,分析产生问题的原因。最后提出具体改进的意见。这是一个"诊——断——治"的过程。

从以上分析可见，评课具有多功能性，评课是一种最直接、最具体、最经常也是最有效的研究提高课堂教学质量的方法和手段，是教师互相学习、切磋教艺、研究教学的重要措施之一，也是最有效地研究课堂教学的一种方法和手段。

三、评课技能的构成要素

评课就是以一节生物课作为研究的对象，依据一定的指标体系及方法，对教与学两个方面进行科学的评价，从而得出一定结论。它主要是由以下五个要素构成：

1. 评课人

评课人随着课的类型不同而不同。日常课，只有自己；检查课，主要是领导；研究课，还有专家、学者等；公开课，有教师、领导等，人数最多。

2. 评课对象

评课的对象是一节具体的课（有的时候也可以是几节课），是对课堂中教学状况、过程、结果等，例如课堂的教学目标、学生活动、课堂气氛、教学效果等进行评价。

3. 评课指标体系

评课指标体系是根据教育测量与评价的理论要求，结合授课的基本内容、教学模式及应该遵循的一般原则，确定评课指标及其权重的集合。评课指标是评课对象内在本质的外在表现，通常分为一级指标（评课项目）和二级指标（评课要点）。二级指标是一级指标的分解。权重是指各评课指标所占的分数比例。

4. 评课方法

有定性评价和定量评价，以及定性与定量相结合等方法。一般采用融权重与评分为一体、定性与定量相结合的"等级分数制"。

5. 评课结果

评课是评课者的主观表述，每个人的思维不同，因此评课的结果也会不同。通常评课的结果是用等级、分数、评语等来表述和解释的。

四、评课技能的类型

课的类型多种多样，不是所有的课都是一个评法，必须因课型而异，有所侧重。根据评课的目的，评课可以分为以下几种类型：

第十四章 评课技能

1. 观摩性评课

观摩性评课通常是选择教学经验丰富的优秀教师上课,骨干教师经历了多年的探索与实践,积累了大量宝贵的教育教学经验,有各自的教学风格,组织专家与其他教师对授课教师的示范性课堂教学作点评,交流、总结其教学经验,新教师和学生评价差的教师在听课后要抱着诚恳的态度将自己的收获、感想与执教者及其他听课人进行及时、正面的交流和反馈,虚心听取他人的意见,从而使参与评课的青年教师从中受益。

2. 提高性评课

提高性评课一般以年级组或教研组为单位,因为同年段学生的年龄特征、知识结构、教材内容基本相同,所遇到的问题也就比较相近,由骨干教师与青年教师共同参与。在随堂听课的基础上,可先由授课教师自我评课,再由青年教师充分评课,最后由骨干教师进行有针对性的总结评课。提高性评课旨在诊断课堂教学存在的问题和不足,提高授课教师和青年教师的授课水平。

3. 研究性评课

研究性评课要带着明确的研究课题去听课、评课,一般以课题组或学科组为单位,通常采取集体备课的形式,相互切磋,共同探讨,写出教案,然后指定几位教师分别讲课,课后逐一进行集体评课,在评议时允许不同见解,但在方向性、关键性问题上要达成共识,不断完善教学方案。研究性评课加强教师间的交流,旨在发挥集体优势,取长补短,有利于集中集体的智慧一起解决教育教学上的难题,共同提高评课参与者的教研水平。另外,在教学改革的尝试阶段通常也采用这种评课形式。

4. 检查性评课

检查性评课一般由学校领导或上级教育部门组织评课专家组,在随堂听课的基础上,对授课教师的课堂教学行为和教学效果运用定量评优的科学方法做出一系列综合评价,侧重对授课教师的教学质量进行专项测评。检查性评课旨在衡量课堂教学水平,评价授课教师的教学素质,促进教师课堂教学的科学化、规范化,帮助提高教师的教学业务水平。对这一类型的评议,一定要实事求是,尽可能将成绩说够,缺点说透。

5. 指导性评课

指导性的评课主要是针对新老师。骨干教师听这一类型的课,不仅要了解教师课前的准备情况,还要注意对课堂上的知识、能力落实是否到位,学习方法、习惯是否养成,教学策略是否得当,教师与学生的关系处理是否妥帖,作业布置是否到位等方面进行全面摸底了解。交流时,先听听他们说课,了解他们的教学目标、教学思路,然后对照他们的授课过程提出意见或建议,主要是从他们原有的教学现状出发,肯定优点,指出发展方向。

当然无论听什么课,评什么课,最根本的是要看教师有没有把知识讲正确,有没有充分调动学生学习的积极性,师生的精神是否饱满,学生的思维是否紧张、活跃,学生的自学习惯、书写习惯好不好;教学过程中出现的情况处理得是否妥善、巧妙,是否因材施教,教学任务是否真正完成等等。

第二节 评课的内容与形式

一、评课的内容

不同类型的评课,内容应该有所不同且有所侧重,一般来说,主要从以下几个方面对授课教师一堂课的课堂教学行为和结果进行评价:

(一)教学态度

在课堂中,教师的教学态度就像"指挥棒"一样左右和引导学生的上课情绪和求知热情,是决定教学质量的能动因素。例如,对教材等相关资料能进行深入研究,对学生的关注体现一种希望和爱心,对课堂教学的活动组织和开展有一种激情,对学生的探究过程极为重视,对自己的角色定位总是朋友式的,在教学的过程中始终关注学生的思想道德教育,等等。评价教师的教学态度也可以从与同事、与学生进行调查或访谈入手,还可以采取问卷的方法进行,力求比较全面。

(二)教学目标

教学目标是教学的出发点和归宿,串联教学活动的一条红线,合理的教学目标能够最大限度地调动学生的学习热情,积极地促进教学活动朝产生最大成效的方向发展,故评课一定要分析教学目标。

从教学目标制订来看,要看是否全面、具体、适宜。全面,从知识、能力、思想情感等几个方面来确定;具体,指知识目标要有量化要求,能力、思想情感目标要有明确要求,体现学科特点;适宜,以新课程标准为指导,体现教材特点,符合学生年龄实际和认识规律,难易适度。从目标达成来看,要看三维目标是不是明确地体现在每一教学环节中,教学手段是否都紧密地围绕目标,为实现目标服务,以及课堂结束时教学目标的达成情况来确定。

（三）评教材处理

评析老师一节课的效果好坏,不仅要看教学目标的制定和落实,还要看授课者对教材的组织和处理。新课程理念认为教材不是唯一的课程资源,教师应该用教材教,而不是教教材。

教师必须根据教学目的、学生的知识基础、学生的认知规律以及心理特点等,对教材进行合理的调整充实与处理,重新组织、科学安排教学程序,选择好合理的教学方法,使教材系统转化为教学系统。

评价教材处理应评价教材处理是否定位在学生素质的发展上;是否使知识目标、能力目标、德育目标、美育目标相统一;是否强化了德育渗透、美育渗透、学科渗透、科学精神和人文精神的渗透;是否根据学生健康成长与健康发展来把握教学的重点与难点;教材处理是否具有层次性,照顾到不同学生的差异;教材处理是否使书本知识在教学中得以活用;是否围绕教材内容设计学生能积极参与的活动,有效地引导学生思考,使教学顺利进行,等等。

（四）评教学程序

教学目标要在教学程序中完成,教学目标能不能实现要看教师教学程序的设计和运作。因此,评课就必须要对教学程序做出评析。教学程序评析包括以下几个主要方面:

1. 看教学思路设计

做事,要有思路,写文章,要有思路,上课,同样要有思路,这就是教学思路。教学思路是教师上课的脉络和主线,它是根据教学内容和学生水平两个方面的实际情况设计出来的。它反映一系列教学措施怎样编排组合,怎样衔接过渡,怎样安排详略,怎样安排讲练等。

教师课堂上的教学思路设计是多种多样的。为此,在评价教学思路时,一是要看教学思路设计,是否符合教学内容实际,是否符合学生实际;二是要看教学思路的设计,是不是有一定的独创性,能不能给学生以新鲜的感受;三是看教学思路的层次,脉络是不是清晰;四是看教师在课堂上教学思路实际运作的效果。有的老师课上不好,效率低,很大一个程度就是由教学思路不清,或教学思路不符合教学内容实际和学生实际等造成的。所以评课,必须注重对教学思路的评析。

2. 看课堂结构安排

教学思路与课堂结构既有区别又有联系。教学思路是侧重教材处理,反映教师课堂教学纵向教学脉络;而课堂结构则是侧重教法设计,反映教学横向的层次和环节。它是指一节课的教学过程各部分的确立,以及它们之间的联系、顺序和时间分配。课堂结构也称为教学环节或步骤。课堂结构的不同，也会产生不同的课堂效果。通常，一节好课的结构是：结构严谨、环环相扣，过渡自然，时间分配合理，密度适中，效率高。

在听课时计算授课者的教学时间设计，能较好地了解授课者的授课重点。授课时间设计包括教学环节的时间分配与衔接是否恰当。

（1）计算教学环节的时间分配，要看教学环节时间分配和衔接是否恰当，要看有没有"前松后紧"或"前紧后松"的现象，要看讲与练时间搭配是否合理等。

（2）计算教师活动与学生活动时间分配，要看是否与教学目的和要求一致，有没有教师占用时间过多，学生活动时间过少的现象。

（3）计算学生的个人活动时间与学生集体活动时间的分配。要看学生个人活动、小组活动和全班活动时间分配是否合理，有没有集体活动过多，学生个人自学、独立思考和独立完成作业时间过少的现象。

（4）计算不同水平学生的活动时间。要看优、中、后进生活动时间分配是否合理，有没有优等生占用时间过多，后进生占用时间过少的现象。

（5）计算非教学时间，要看教师在课堂上有没有出现脱离教学内容，做别的事情，以及浪费课堂教学时间的现象。

（五）评教学方法和手段

评价教师教学方法、教学手段的选择和运用，是评课的又一重要内容。所谓教学方法，就是指教师在教学过程中，为完成教学目的、任务而采取的活动方式的总称。但它不是教师孤立的单一活动方式，它包括教师"教学活动方式"，还包括学生在教师指导下"学"的方式，是"教"的方法与"学"的方法的统一。它包括以下几个主要内容：

1. 量体裁衣，灵活运用

教学有法，但无定法，贵在得法。教学是一种复杂多变的系统工程，不可能有一种固定不变的万能方法。教法必须灵活实用，能够注意启发学生思维，培养学生所需的能力。一种好的教学方法总是相对而言的，它总是因课程，因学生，因教师自身特点而相应变化的。也就是说教学方法的选择要量体裁衣，灵活运用。

2. 多样化

教学方法最忌单调死板，再好的方法天天照搬，也会令人生厌。教学活动的复杂性决定了教学方法的多样性。所以评课时，既看教师是否能够面向实际，必须根据本班学生的实际状况，合理恰当地选择教学方法，同时还要看教师能否在教学方法多样化上下一番功夫,使课堂教学超凡脱俗,常教常新,富有艺术性。

3. 改革与创新

评析教师的教学方法既要评常规,还要看改革与创新。尤其是评析一些素质好的骨干教师的课,既要看常规,更要看改革和创新。新课程提倡以教师指导与启发之下的自主探究、合作探究等形式的学习,提倡引导学生深入生活,体验和运用所学知识解决实际问题。因此,评课时要看课堂上的思维训练的设计,要看创新能力的培养,要看主体活动的发挥,要看新的课堂教学模式的构建,要看教学艺术风格的形成等。

4. 现代化教学手段的运用

教师的教学方法要体现学生的需要,现代化教学呼唤现代化教育手段。"一支粉笔一本书,一块黑板一张嘴"的陈旧、单一的教学手段应该有所改变。看教师教学方法与手段的运用,还要看教师是否适时、适当地用了投影仪、录音机、计算机、电脑、电视、电影等现代化教学手段,变抽象复杂为直观易懂,让学生更形象地接受新知识,促进对知识的理解吸收。

但是目前很多地方要求教师的公开课必用多媒体。似乎没有电脑课件的课堂便不成为课堂。这种片面追求方法手段上的现代化反而有害于教学。其实,教师教学的个性化,已能引起学生的共鸣,使学生流连忘返情不自禁。其中反映出的还有教师对课堂的有效调控和娴熟的灵活应变技能,能因势利导而又使教学活动不逾轨。所以评课时不仅要关注教师教学技术手段的先进性,还要从教学过程中看到教师最基本的课堂驾驭技能。

评价教学方法最大的原则就是:实效性和个性化结合,科学性与人文性结合,儿童性和易接受性结合。也就是说教学方式的选择、教学方法的运用必须根据本班学生的实际状况,合理选用,让学生得到"最大的实惠"。

(六)教师基本功

教学基本功,是教师上好课的一个重要方面,所以在评课时,还要看教师的教学基本功。通常,教师的教学基本功包括以下几个方面的内容:

1. 教学语言

教师的语言是传授知识、进行思想沟通的桥梁,运用得好可使教学效果事半功倍。教师的课堂语言,首先要准确清楚,说普通话,精当简练,有启发性;其次,教学语言的语调要高低适宜,快慢适度,抑扬顿挫,让学生听懂且易于接受;再次,教学语言还要有一定的幽默感,这样才能感染学生,使学生积极投入到学习中;最后,语言要有良好的表达技巧。教师要发挥自己的语言技巧,用自己特有的表达方式来力争取得最好的效果。

2. 课堂板书

课堂板书是一节课主要内容的浓缩，是对一节课的内容进行"简笔画"式的勾勒。学生通过对板书的观察和回顾，能对本节课的内容有整体的把握，从而对知识进行更好地梳理。板书首先要设计得合理，脉络清楚，依纲扣本；其次，言简意赅，布局合理，有艺术性；再次，条理性强，字迹工整美观，板画娴熟。不管如何，最重要的是看板书能否给人以最大的实效，是否能给人一种简洁的美。

3. 教态

据心理学研究表明：人的表达靠55％的面部表情＋38％的声音＋7％的言词。教师的教态很重要，除了一般形象的要求，更为重要的是教师教态要符合教师的基本要求。教师课堂上的教态应该是明朗、庄重且富有感染力。仪表端庄，举止从容，态度热情。不矫揉造作，不夸张，贴近学生认可的形象。用教师特有的魅力感染学生，以自己最好的教态帮助学生找到上进的信心，用无形的亲和力在教师和学生之间拉起信任的纽带。

（七）学法指导

教学的本意不仅仅是教学生会什么，而且更重要的是教学生会学，让学生乐学。从这一意义上讲，把评课的视角由以往关注教师的教学过程转向关注学生的学习过程，从学生参与学习的过程与态度来衡量教师的教学设计，看能否针对学生的年龄差异、心理特征、学习基础、学习方法、学习能力、思维特点等进行相应的学法指导，帮助学生认识学习规律，激发学习兴趣，养成良好的学习习惯，逐步提高学习能力，有效地提高学习效率。

（八）师生关系

教师在课堂中要营造创造性的课堂氛围，努力创设一种"以人为本"、以学生为中心的课堂环境，尊重学生的观点、问题，挖掘学生的内在因素，并加以引导、鼓励，培养学生独立思考、敢于探索的习惯，充分确立学生在课堂教学活动中的主体地位。创造良好的教学氛围，建立和谐、民主、合作的师生关系，更好地发挥教师为主导，学生为主体的作用。通过教师的引导，学生的思维活跃，气氛热烈，形成良好的师生互动。

（九）学习效果

从课堂教学的表象来看，能观察到的学习效果包括学生的学习参与情况，情绪是否高涨，课堂交流中有无创新火花的迸现，在反馈中知识掌握得是否牢固等。但从课堂教学的本质来看，还有一些学习效果是无法观察到的，属于隐性或需要长期培养的,如学生的活跃思维究竟是浅层次的还是深层次的,学生的个性有没有得到张扬等等。这就需要评课者既要看外在的表现形式,又能由表及里,探求内在的深层次的东西,不被流于外表的活跃的课堂气氛所迷惑,做出客观公正的评价。

需要强调一点,在评课活动中,要注意关注发现和总结执教者的教学个性,切忌惯用自己的意志去规范教者的教学设计,包括有些刻意去按照他人的"指导"去做。评课中要对教者表现出来的"亮点",适当给予鼓励,帮助总结,让教者的教学个性由弱到强,由不成熟到成熟,逐步形成自己的教学风格。

二、评课的形式

评课的形式有很多,要根据实际情况确定评课的形式,根据实际组织形式,可以将评课分为以下几种:

1. 个别面谈式

指听课者与执教者之间面对面地进行单独交流,这样更容易进行双向沟通。先由教课者比较详细地谈谈自己的教学设计,然后由评课者交换对课的看法和建议。既可以保护执教者的自尊心,探讨问题也更容易深入。当然,这只限于听课人数只有一两个人的情况下采用。

2. "研讨式"

评课要让每个人都参与研讨,大胆发言。主要包括:自评,执教者在授课结束后,面对同行的专家评述自己的教学;互评,教师之间的一种互相交流、学习,在教师自评的基础上,组织教师进行互评,最后集中反馈;总评,专家具有专业理论知识与丰富的实践经验,可以请专家对课堂教学进行客观全面的评价。

3. 书面材料式

评课要受时间、空间、人员、场所等多种因素的影响,有些不便在公共场合交谈的问题可以通过书面形式来传达自己的见解,还可以填写举办者设计的评课表。这样能让执教者对听课的情况进行认真的回忆和整理,同时还能比较周全地运用教育教学理论来评课,从课中发现总结出有价值的本质的东西来。

4. 庭辩式

庭辩式评课用近似于法庭辩论的形式来开展评课。先由执教者在授课后进行说课,在说课基础上,针对评委提出的问题给予答复,对有争议的问题进行有理有据的辩论,教者以此阐明自己的观点,由评课小组集体评议,作出课堂教学评价。此种评课方式不是孤立地存在的,而是在教者和同行专家的问答、辩论这一民主氛围中做出客观、公正、科学的评价。

5. 点名评议式

这种评议方式有点像考试,由评课组织者或负责人采取点名的方式请参加评课者进行现场点评。

6. 师生评议式

这是体现教学民主的一种评议方式,符合新课程以学生为中心的理念。执教者评议学生学习态度、学习效果、学习方式、合作情况和技能掌握情况等,多肯定积极因素,少批评。学生则主要评议教师上课的精神面貌、自己学的情况,有没有没搞懂的知识等方面。它的最大优点在于可以让教课者或评课教师克服片面性。采用这种形式首先要制定出一份比较合理的评教表。

7. 自我剖析式

这是重要的一环。在听取了别人的评价后,执教者要及时进行反省性的修改、优化,进行二度设计。特别是在反思时要根据自己的不足,探究失误的原因并及时记录,以防止类似问题的出现。

8. 网上评课

随着网络技术的不断进步,出现了网上评课。即要求开课教师在上课之前把教学设计上传至校园网,听课教师可以首先熟悉开课内容和教学设计,开课后由教导主任或教研组长在开课教学设计下跟帖,提出合理化的修改意见。听课后,根据课堂实际所有教师进行课后跟帖评课,最后由开课教师根据评课反馈的情况和自我感悟进行课后"二度创作"。

综上而言,新课程课堂教学评价主要目的之一是要促进教师不断提高教学水平,评价方向是面向未来的。评课方式要恰当得宜,能够诊断教师在课堂教学中存在的问题和不足,这样才能充分发挥评课的诊断、激励和导向作用,从而提高教师教学水平,促进学生综合素质的提升。

第三节 评课技能的运用

一、一堂好课的标准

什么样的课算是一堂好课,是个不好回答的问题。因为年级不同,地区不同,每次评课的目的任务不同,评课教师的认识和理念不同。特别是面对新课

程、新教材、新思想,很难有一个通用的标准。但是评课作为课堂教学质量分析的重要环节具有重要的意义和作用。在评课标准方面,从总的课堂教育教学的价值理念入手,评课可能更具实际的操作意义,下面主要介绍两种评课理念。

(一)有意义、有效率、生成性和常态性、有待完善[①]

叶澜教授认为,评价一堂好课没有绝对的标准,但有一些基本的要求,就她倡导的"新基础教育"而言,大致表现在四个方面:

1. 有意义

在这节课中,学生的学习首先是有意义的。初步的意义是他学到了新的知识;进一步是锻炼了他的能力;往前发展是在这个过程中有良好的、积极的情感体验,产生进一步学习的强烈要求;再发展一步,是他越来越会主动投入到学习中去。只有这样学习,学生才会学到新东西。学生上课,"进来以前和出去的时候是不是有了变化",如果没有变化就没有意义。一切都很顺,教师讲的东西学生都知道了,那你何必再上这个课呢?换句话说,有意义的课,它首先应该是一节扎实的课。

2. 有效率

有效率表现在两个方面:一是对面上而言,这节课下来,对多少学生是有效的,包括好的、中间的、困难的,他们有多少效率;二是效率的高低,有的高一些,有的低一些,但如果没有效率或者只是对少数学生有效率,那么这节课就不能算是比较好的课。有效率的课应该是充实的课。整个教学过程,大家都有事情做,通过教师的教学,学生都发生了一些变化,整个课堂容量大、效率高。

3. 常态性和生成性

不少老师受公开课、观摩课的影响太深,一旦开课,往往是准备过度。为了一堂公开课的精彩,可能经历了多次同行试讲,甚至多次调班实战上课。教师课前很辛苦,学生很兴奋,课堂的任何一个细节都作了非常周到细致的安排和设计。到真正开公开课的时候,课堂纯粹地变成了表演课,没有了课堂应有的常态性和生成性,再没有新的东西呈现,教师没有新意,学生也在表演中索然无味。

生成性,即是这节课不完全是预先设计好的,而是在课堂中有教师和学生

---

① 叶澜. 扎实 充实 丰实 平实 真实——"什么样的课算一堂好课". 基础教育,2004,(7)

真实的、情感的、智慧的、思维和能力的投入,有互动的过程,气氛相当活跃。在这个过程中,既有资源的生成,又有过程状态的生成,这样的课可被称为丰实的课。

诚然,课前的积极准备有利于师生的教学,但课堂有它独特的价值,这个价值就在于它是公共的空间,需要有思维的碰撞及相应的讨论,最后在这个过程中,师生相互生成许多新的知识。

叶澜教授反对借班上课,为的就是让教师淡化公开课、观摩课的概念。在她看来,公开课、观摩课更应该是"研讨课"。因此,她告诫老师们:"不管是谁坐在你的教室里,哪怕是部长、市长,你都要旁若无人,你是为孩子、为学生上课,不是给听课的人听的,要'无他人'。"她把这样的课称为平实(平平常常、实实在在)的课。

4. 有待完善

课不能十全十美,十全十美的课可能有做假的成分。只要是真实的就会有缺憾。预设过多不仅给教师增加很多心理压力,而且经过大量的准备,反而可能导致最后的效果出不了"彩"。真实生活中的课本来就是有待完善的,这样的课称之为真实的课。扎实、充实、平实、真实,说起来容易,真正做起来却很难,但正是在这样的一个追求过程中,教师的专业水平才能提高,心胸才能博大起来,同时也才能真正享受到"教学作为一个创造过程的全部欢乐和智慧的体验"。

(二) 有效、开心和自主[①]

华南师范大学刘良华博士认为一堂好课大体有三个基本的要素:

1. 有效

主要是让学生有效地学习基础知识和基本技能。这是一堂好课的第一道门槛、第一个追求,也可以视为一堂好课的第一个层次、第一个境界。如果教师的教学过不了这道槛,无论这堂课如何熟练地运用了现代教育技术、如何有激情地发表了一场演讲,都可能使课堂显得华而不实、金玉其外,甚至被认为逢场作戏。不考虑知识和技能的精彩很可能是表演或做秀。"有效",也可以理解"有效学习"或"有效教学",判断教学有效性的基本公式是"掌握知识的质和量/单位时间"。在现有的教育体制中,大体可以理解为在45分钟内所掌握的知识的质和量。在这点上,中国教育史中的"目标教学"及其所蕴涵的"掌握

---

① 刘良华. 有效、开心和自主. 赛埔学报(叙事教育学周刊), http://xushi.cersp.com/.

学习"理念积累了大量的经验。中国传统教学经验中的"双基训练"(基础知识和基本技能)也是有意义的,有效的课程改革不会轻视这些良好的传统经验,而是利用和发展这些有意义的传统经验。

2. 开心

主要是指教师教得开心和学生学得开心。这是一堂好课的第二道门槛、第二个追求,也可以视为一堂好课的第二个层次和第二个境界。如果学生既能够掌握必要的基本知识和基本技能,又能够比较开心地学习这些知识,这堂课就大体可以认为是成功的、美好的教学。

实际上,无论是谁,无论他做何种工作,都应该开心。对教师和学生来说,他们在教室里度过的时间几乎占据了他们日常生活的一半,如果他们在教室里过得不开心,他们的日常生活就会过得郁闷;如果他们在教室里过得比较开心,他们的日常生活就比较如意。

在这点上,中国教育史中的"成功教育"、"赏识教育"、"愉快教育"或"情境教育"积累了有意义的经验。

3. 自主

主要是指教师创造性地教授、学生独立地学习。这是一堂好课的第三道门槛、第三个追求,也可以视为一堂好课的终极层次、终极境界。叶圣陶称之为"教是为了不教"。教学的终极关怀是让人摆脱对另一个人的依附关系,让人成为不依附于他人的有独立人格的"完整的人"。如果教师的教学没有引导学生学会独立地学习,没有引导学生独立思考,如果学生的学习一如既往地依附于教师的精致讲解和严格控制,那么,教室里的学生就只能算是不完整的"残废"。

在这点上,中国教育史中的"自学辅导教学"改革实验积累了大量的经验。需要改善的地方只在于:让学生由独立学习走向独立思考、独立判断,成为有独立人格的人。

以上三个基本要素的关系是:如果一个老师不能让学生成为真正独立的人,他至少可以让学生成为有知识而开心的人;如果一个老师不能让学生既有知识又开心,他至少可以让学生掌握一些知识。让学生掌握必要的知识和技能,这是学校比较底线的目标。

当然,不同阶段的学校教育可以有所侧重,比如幼儿园和小学的教育可以偏重开心,中学教育可以偏重知识,大学教育可以偏重独立。另外,不同的地区和国家对这三个目标也可能有所侧重。也许发达国家的某些学校教育会把"开心"放在第一位,然后是"独立",最后才是"知识";而发展中国家的某些学校教育可能更愿意把"知识"放在第一位,然后是"开心",至于"独立",往往较少考虑。

二、评课指标体系

评课的关键是要有一套科学合理的评课指标体系。所谓科学,就是各评课指标要客观实在、准确全面、简练明确、具体可行,既能够充分反映课堂教学的特点与规律、保证课堂教学的质量与水平,又不至于过于琐碎、庞杂,难以应用。所谓合理,就是各评课指标的权重要适当。

但是,教学过程是极其复杂的系统过程,任何一种因素都会对上课产生影响,用一个标准或少数几个标准是无法进行教学评价的,而任何一个标准也是不能对所有的教学进行评价的,而且一旦有了一个评课标准,也有可能让教师为了迎合所谓的"标准"而丧失自己的授课风格,特别是竞赛性的评课,更容易让教师有取悦评委的嫌疑。放之四海而皆准的固定标准是没有的,相对合理的总的评价标准还是有的,以下列三条供讨论:

首先,课堂中的师生关系。相对融洽的师生关系是保证教学过程开展的必要前提,有效的师生互动和生生互动也是课堂生命活力的展现。

其次,课堂上学生的学习兴趣是否被激发,学生的多种思维是否活跃并得到维持,这是学生认知能力发展的保证。有此基础才会有知识与技能、过程和方法、情感态度和价值观三维教学目标的达成。

第三,课堂过程是否基本完成了教与学的主要任务,是否体现出适合本班教师和学生教与学的特色、风格和闪亮点。

总之,只要是有利于学生的可持续发展,有利于执教者的反思和提高,有利于参与听课、评课教师的专业化发展水平的提升,那么,所有的评课都是合理的,无论他是否有评课的标准或用什么样的标准。

例如,某课堂教学评价表(表 14-1),供参考。

表 14-1 课堂教学评价表

评价项目	评价内容	评价
教学理念 (10分)	1. 正确处理智育与德育的关系	
	2. 面向全体学生,因材施教	
	3. 注意能力培养和智力发展,体现改革和服务思想	

续表

评价项目	评价内容	评价
教学内容与过程（30分）	4. 教学目的明确，教学要求适当，符合课程标准和学生实际	
	5. 内容正确，无思想性、科学性错误	
	6. 教学重点把握正确	
	7. 教学难点处理得好	
	8. 容量适当，密度合理	
	9. 教学过程设计合理，讲课思路清晰，层次清楚，衔接自然	
教学方法（25分）	10. 教学方法选用得当	
	11. 教学手段恰当，善于运用实验、电教等手段进行教学	
教学素质（20分）	12. 教学语言清晰、准确、规范、生动，富有启发性，用普通话讲课，教态亲切自然	
	13. 板书工整、规范，设计合理，脉络清楚，内容精当，重点突出，书写与讲解同步，有条不紊	
	14. 重视教学信息的反馈，及时有效地调控教学	
	15. 适时并正确地使用教具，有熟练的解题和实验操作技能技巧	
教学效果（15分）	16. 学生掌握知识好	
	17. 课堂结构紧凑，教学效率高	
合计总分		
总体评价		

听课者签名：

再如：某课堂教学评价表[①]（表14-2），供参考。

---

① 徐世贵. 课程怎样听课评课. 天津教育出版社，2006. 76.

生物微格教学

表 14-2 课堂教学评价表

执教者：	年级（班级）：	评价人：（请在相应的等级处打√）
评价维度	具体指标框架	等 级
教学目标	教学目标明确而具体，重点突出 让学生知道这节课要做什么（目标）	A B C
教学策略	所有课堂活动都围绕目标展开，体现科学性、趣味性 内容正确，由简入繁，知识点讲清楚 联系学生经验或已有知识，设计多样化的活动 教学步骤清楚，活动转换自如 阻止不当行为，鼓励正确行为；驾驭课堂的能力	
教师素养	语言、板书、教态等基本功好，适当使用其他媒体辅助教学 真诚、热情、民主、公平等专业品质，善于沟通	
学生学习	目标达成程度高，合作与互动气氛浓 学生感兴趣，注意力集中	
总体印象	A B C	
改进意见		

三、运用评课技能的原则

评课旨在帮助教师提高课堂教学水平，在整个教育教学评价系统中占有十分重要的地位。一般来说，评课要肯定教师的劳动、总结教师的教学经验、尊重教师的教学特色。同时，更要通过评课鼓励教师们勇于创新，潜心教改。根据新课程改革的精神，在进行评课时应遵循以下一些原则：

1. 实话实说原则

对于评课教师来说，实话实说是一种社会责任，它是执教者向其他与会者学习借鉴的一个机会。授课教师的课堂教学行为是评课的主要事实依据，只有本着客观公正、实事求是的精神来评价课堂教学，评课才有意义。评课过程中采用的一些测评数据，必须真实可靠，没有任何情感因素和虚假成分。评课结论必须真实反映授课教师现有的教学业务水平，不能人为拔高或随意贬低。另外，评课人必须具备一定的教学理论与实践经验以及评课经验，才能够科学、客观地分析评议他人的课堂教学。

第十四章 评课技能

2. 突出重点原则

评课时要主次分明、重点突出,需理论结合实际。评课时切忌面面俱到,主次不分,"眉毛胡子一把抓"。哪些地方需要改进,哪些地方很有特色,可以详细地进行分析评点,让人一听颇有"柳暗花明又一村"的感觉。而对于次要的问题则宜简略地讲,点到为止,切不可冲淡中心。评课应做到语言简洁,观点鲜明,条理清楚,重点突出。

3. 理论联系实际原则

评课既不是生硬的、泛泛的理论说教,也不是简单的、细琐的教学行为描述,而是一项理论性很强的实践活动。评课要注意理论联系实际,将教育教学理论与课堂教学环节紧密结合,围绕着"如何教"来阐明观点,切忌泛泛而谈和平铺直叙。评课不仅要有教育教学理论的科学铺垫,而且要有教学例子的有力论证,做到夹叙夹议,这样的评课才具有说服力和感染力。

4. "心理零距离"原则

评课者要站在执教者与帮助促进者的角度去分析考虑问题,给执教者一个中肯的指导意见,特别是要用一种十分诚恳的态度去评课,营造一种"心理零距离"的环境,让别人特别是执教者在一种融洽的氛围中,在充满"轻松"的心理状态下去感觉善意,接受正确的意见,这样才有助于执教者反思自己的教学,有助于教师教学水平的提高。

5. 激励性原则

评课的最终目的是要激励执教者自我反省、树立自信、尽快成长,成为课堂教学乃至改革的中坚力量。因此评教语言热情诚恳,注意评价的方向和火候,特别是评新教师的课,要做到循循善诱,充分肯定其成绩。哪怕是一点一滴也要给提出来。对这些老师来说,点滴成绩往往就是推动力。新教师的课往往问题比较多,不宜和盘托出,倾盆大雨,以免他们接受不了,也不知从何改起。要达到促进课堂教学不断改进的目的,评课时应把提高课堂教学质量作为评课的出发点和归宿,提出该课可以进一步改进之处,让执教者感到"没有最好,只有更好"。

6. 差异性原则

(1) 因人而异

因执教者的情况不同,课堂教学形式的不同,评课时的侧重点也不同。对于教学能力较弱的教师,评课的侧重点宜放在备课、上课等教学基本功是否扎实方面,评课的目的重在鼓励和引导他们尽快入门;而对教学能力较强的教师,评课的目的则是在充分挖掘、总结优秀教学经验的同时,全面深入地提出教学中仍存在的问题,使教学精益求精。

(2)因课而异

课的性质不同,评课的目的不同,评课的侧重点也不同。针对常规性的课,可抓住课堂评价的基本标准展开评课;对于专题研讨课,则应把评课的侧重点放在所进行的专题研究方面;对于观摩课,则应把评价的侧重点定在发现与总结教学优点方面。

7. 民主性原则

评课要坚持民主性原则,为评课营造民主的氛围,调动每一个参与者的积极性,尊重每一个人的问题与建议,做到人人敢讲,畅所欲言。评课切不可把授课教师排除在外,也不可仅仅由专家评,应该让所有参与听课的人都来评价,也可包括听课的学生。针对听课中出现的问题,评课者与授课教师通过充分的沟通与交流,商讨与切磋,民主讨论,让参与教师能博采众家之长形成一己之技,让人感受智慧的光芒。

8. 艺术性原则

评课也要讲究艺术,注重说话技巧,掌握"谈话"的方法与策略。评课的语言要做到简明、易懂,避免晦涩、生僻,语气要平和谦虚,避免说教的口吻。评课还要注意人的心理变化,不以成败论英雄,要掌握评议的尺度。评课者提出问题宜委婉含蓄;提出教学建议时,尽量使用商量的语气。评课者要以帮助、促进者的身份,站在授课教师的角度来考虑、分析问题,用诚恳的态度提出中肯的意见,这样的评课才能使授课者和听课者都乐于接受。

四、评课注意事项

评课效果如何,这是个方法问题。方法得当,效果就好。评价一堂不够成功或不够完美的课,一定不能对教师的执教能力下定性结论,这样容易让执教者丧失信心,无法起到促进的作用,就会失去评课的意义,起不到应有的作用。因此,在评课时应该注意以下几点:

(一)评课要有准备,切忌信口开河

评课的准备工作主要是对听课时所获取的感性材料进行细致的分析综合,使之上升为理性的东西。听课时往往会发现一些问题或经验,评课时要对这些看起来似乎是独立的问题加以仔细地分析研究,发现它们之间的本质联系,还必须注意揭示那些被表面现象所掩盖的本质问题。不能出现"走过场"的现象,因碍于情面说些无关痛痒、不着边际的话,不说优缺点。这样的评课都失去了它的意义和作用。

（二）评课要有重点，切忌吹毛求疵

评课的重点应主要围绕教学任务的完成情况、课堂教学组织结构、课堂信息传递结构、学生思维活动的密度和质量、教师基本功等方面进行，不要在琐碎问题上吹毛求疵。有的教师在听课时往往抓不住课堂教学中的要害问题，总喜欢对教学中出现的偶发性错误抓住不放，这是一种舍本逐末的做法，不但不能帮助教师提高教学水平，而且反而会严重地伤害教师的自尊心。

（三）评课要全面衡量，切忌以偏概全

有些教师在某一方面有十分突出的优点，这些优点往往会使听课的人产生一种愉快的心境。相反，有时候也会因为授课教师存在某一方面的缺陷，给听课者带来一些沮丧失望的心境。评课在谈执教者的不足之处时不可太尖锐，要考虑别人是否能接受。心理学研究证明，任何性质的心境都具有强烈的发散性。因此，如果在听课时发生这种情形，那么在评课时就要特别注意防止感情用事，以偏概全。

（四）评课要因人而异，切忌程式化

评课的角度和深度要根据被评教师的实际情况而定。评课时应注意三点：

1. 要注意教师的年龄差异

对待老教师要尊重，持虚心态度；对于有多年教学经验的中老年教师，要把评课重点放在教学指导思想方面，对于一般性的问题可以讲得概括一点，不要不厌其烦地谈论教学细节问题，要帮助其总结经验，并使之上升为理论性的东西；对待刚参加工作的年轻教师，要细心指导，评课要具体，可以就教学细节提出具体的改革意见或努力方向，但不要求全责备，可结合实际讲一些教学理论问题，但不宜太多太深。

2. 要注意教师的性格差异

对待性格谦逊的老师，可促膝谈心；对待性格直爽的教师，可直截了当；对待性格固执的教师应谨慎提出意见。评课也是一种交流、探讨，不能说谁的观点就是百分之百正确的，所以评论时要为自己的观点留有余地。

3. 要注意教师的素质差异

对待素质好的教师要提出新的目标，以求不断进取，形成个人的教学风格；对待素质一般的教师，要注意鼓励、鞭策，使其充满信心，迎头赶上；对待素质较差的老师，要诚恳地帮助他们认识到教学中的不足，促使其苦练基本功，提高自身素质。总之，评课要看对象，不能一个程式往下套。

（五）评课要实事求是，切忌片面性和庸俗化

评课要一分为二，实事求是，敢讲真话。既充分肯定成绩，总结经验，又要揭露问题，指出错误。现在评课中的庸俗化现象比较严重，只谈成绩不谈缺点，或者对一些明显存在的缺陷，讲一通模棱两可的话，甚至把缺点也说成优点，讲假话，吹捧。这些评课中的不正之风，不管对授课者本人，还是对参加评课的其他教师，都是十分有害的，要坚决反对。

（六）评课要以理服人，切忌强词夺理

评课最忌的就是"就课论课"、"评课论人"的做法。评课一定要站在一定的理论高度来分析课堂教学中的种种现象，要充分地做好准备工作，既要关注细小的环节，更要关注大教育观。在评价课堂教学中，用新的教育理念比照课堂教学实践看哪些教学现象是合乎教育规律的，哪些教学行为是有违新课程的教育理念的。需要展开辩论时，不可出现盛气凌人、强词夺理、感情用事的情况，将自己的观点强加于别人身上，以致使人难以接受，甚至产生反感。

（七）评课要形式多样，切忌单调死板

评课要根据其范围、规模、任务等不同情况，采用不同形式。对于检查评估性听课、指导帮助性听课、经验总结性听课应采用单独形式评课，即听课者与执教者单独交换意见的形式进行，运用这种形式，灵活机动，可随时进行，并且能中肯地研究解决在公开场合不易解决的问题。而对于观摩示范性、经验推广性、研究探讨的群体听课活动，应采用集体公开形式评课，通过集体讨论、评议，对所示课例进行分析评论，形成对课堂教学的共同评价，以达到推广经验的目的。

总之，评课是一种说服的艺术。说服是一种技巧，说服是一种智慧。善于说服别人，首先应该说服自己。充分尊重别人，是说服自己的心理基础；以理服人，是让人心悦诚服的保证。课评得恰如其分，不仅可以充分调动执教者的积极性，促进教学水平和教学质量的提高，还可以升华评课者自身的认知，推动课堂教学改革的深入发展。

○ 思考与练习

1. 什么是评课技能，有哪些作用？
2. 你是如何理解评课的，评课的主要目的是什么？
3. 评课应从哪几个方面入手？
4. 你觉得一堂好课的标准应该是什么？
5. 选一段片段教学的录像，试对其进行客观、全面的评价。

6."如果你教学重点突出,他说你目标不全面;如果你教学面面俱到,他说你蜻蜓点水,重点不突出。如果你教学紧凑,他说你没给学生留有自由发挥的余地;如果你设置'空白',他说你教学结构松散。如果你当堂训练效果明显,他说你教学开放性不强;如果你顾及课内外联系,他说你双基训练不牢固。如果你没用多媒体,他说你缺乏现代信息意识;如果你运用了多媒体,他说你滥用技术,哗众取宠……"看了以上文字,试述你的感想和理解。

主要参考文献

1. 刘舒生.教学法大全.北京:经济日报出版社,1990.
2. 孟宪恺.微格教学基本教程.北京:北京师范大学出版社,1992.
3. 郭友等.教师教学技能.北京:首都师范大学出版社,1993.
4. 德瓦埃特·爱伦(美),王维平.微格教学.北京:新华出版社,1995.
5. 赵祥麟,王承绪编译.杜威教育论著选.上海:华东师范大学出版社,1981.
6. 王耿海.课堂教学技能微格训练.长春:吉林人民出版社,1998.
7. 孟宪恺.微格教学与小学教学技能训练.北京:北京师范大学出版社,1998.
8. 胡淑珍.教学技能.长沙:湖南师范大学出版社,1997.
9. 孙玉珂.浅谈微格教学录像片编辑的技巧[J].中国现代教育技术装备,2006,(8).
10. 叶惠文,邹应贵,杜炫杰.现代微格教学系统构建与实施模式研究[J].电化教育研究,2006,(7).
11. 胡富斌、陈孝权.运用微格教学训练教学技能[J].教育教学.
12. 李宗颖等.智能微格教学系统的构建.中国医学教育技术,2006,(4).
13. 郭友,杨善禄,白蓝.教师教学技能.北京:首都师范大学出版社,1993.
14. 皮连生.教学设计——心理学的理论与技术.高等教育出版社,2000.
15. 郑晓蕙.生物课程与教学论.杭州:浙江教育出版社,2003.
16. 周小山,严先元主编 新课程的教学设计思路与教学模式.成都:四川大学出版社,2002.
17. 王永胜.生物新课程教学设计与案例.北京:高等教育出版社,2003.7.
18. 汪忠.新编生物学教学论.上海:华东师范大学出版社,2006.5.
19. 张汉光,周淑美.生物学教学论.南宁:广西教育出版社,2001.
20. 孙可平.现代教学设计纲要.陕西人民教育出版社,1998.
21. R.M.加涅,L.J.布里格斯,W.W.韦杰著.皮连生,庞维国等译.教学

设计原理.上海:华东师范大学出版社,1999.

22. 徐英俊.教学设计.教育科学出版社,2001.

23. 盛群力.现代教学设计应用模式.浙江教育出版社,2002.

24. 孙淑贞.酶的作用和本质 教学设计. http://www.pep.com.cn:82/gswzy/index.htm.

25. 杨昭宁,陈建勇.教师仪表行为艺术.广州:广东人民出版社,2005.

26. 翟志华.教师教态对课堂教学效果的影响.教学与管理,2005,(9).

27. 尹智孟.优化课堂教学方法丛书——教态变化技能.北京:中国人事出版社,1998.

28. 侯夹莲.手势在生物学教学中的运用.生物学教学,2002,(6).

29. 刘 波.教态浅析.现代教育科学,2002,(2).

30. 郝立芳.谈教态变化的作用.中小学教育与管理,2004,(8).

31. 丁详坤,姜维国.优化课堂教学方法丛书:教学语言运用方法.北京:中国人事出版社,1998.

32. 俞如旺.一道生物高考题引出的实验教学反思.中国考试,2007,(5).

33. 高寿华.谈生物学教学口语的几个原则.生物学教学,2005,(4).

34. 李强.浅论中学生物教师的教学语言.生物学通报,2000,(6).

35. 韦莉莉.怎样处理课堂教学的过渡语言.生物学通报,2000,(6).

36. 杨善禄.中学生物教学基本功讲座.北京:北京师范学院出版社,1991.

37. 王永珍.微格教学与教学技能评价.中医教育,2004,(5).

38. 郭永峰.生物学课堂教学中讲授技能的运用.科学教育,2005,(4).

39. 谌业锋.与教师谈讲授法和讨论法. http://www.cbe21.com/jgsyx/wenzhai/6.php.2007,9.

40. 张华.讲授法教学专题思考网. http://www.bjesr.cn/esrnet/site/bjjykyw/gdjy/0060d50019bab2792e.ahtml(北京教育科研).2007,9.

41. 朱嘉泰.中学化学微格教学教程.北京:科学出版社,1999.

42. 丁怀智.略论讲授法教学.咸阳师范学院学报.2003,(2).

43. 叶小兵.讲授的必要.历史教学.2006,(4).

44. 肖帮欲.从知识的分类谈生物学教学设计.学科教育,2004,(3).

45. 刘玉琨.浅谈教师的讲授技能.吉化党校学报,2003,(3).

46. 刘发生.试论中学化学教学课堂提问技能.井冈山师范学院学报,2003,(5).

47. 朱彤.关于数学课堂提问设计的几个问题.中学教研:数学版,2001,

(6).

48. 张迎春,汪忠.生物学教学论.西安:陕西师范大学出版社,2003.

49. 李充璧.大学生物学科的教学方法探讨.肇庆学院学报,2003,(5).

50. 薛彦.精心设计课堂提问 提高课堂教学效率.生物学教学,2005,(2).

51. 刘本举.培养学生求异思维能力的尝试与研究.生物学通报,2004,(8).

52. 李尧英,段新.师范生专业技能训练中微格教学评价体系的构建.http://wgjx.bjchyedu.cn/onews.asp? id=147,2007,9.

53. 陈秋红.教师的课堂提问行为反思.教学与管理,2004,(10).

54. 刘丽卿.浅谈学生质疑能力的培养.中学生物学,2005,(7).

55. 张越友.科学运用课堂提问的几个问题.西藏教育,2000,(2).

56. 徐常凤.中学生物学课堂教学提问技能探讨.生物学教学,2002,(11).

57. 彭小明.教学板书设计论.教育评论.2005,(6).

58. 张玉萍.精心设计板书提高课堂效果.教育革新,2003,(4).

59. 彭宗臣."人体的消化和吸收"的板书设计.中学生物学,2004,(1).

60. 刘丽宋,晓鹏.生物学教学中常见板书的类型及应用.克山师专学报,2002,(3).

61. 王公德.浅谈板书设计中的布白艺术.生物学教学,1999,(4).

62. 陈世友.浅谈生物学课堂教学中的板书设计.生物学通报,2001,(6).

63. 胡象岭,颜茜.教学板书艺术原理与技巧探微.教育探索,2001,(3).

64. 刘毓森,张昕,张富国.生物学实验论.南宁:广西教育出版社,2001.

65. 严素琴.浅谈初中生物实验课的教学组织.教育实践与研究,2007,(1).

66. 张作仁.生物实验中引导探究的途径.教学与管理,2005,(8).

67. 王运常、雷清春.生物学课堂演示实验教学要略.潍坊教育学院学报,2001,(4).

68. 王治仁.浅谈初中生物教学中的演示实验.中国教育研究与创新,2006,(8).

69. 单萍.注重生物演示实验 培养学生科学素质.广西教育学院学报,2006,(1).

70. 叶旭涌.浅析初中科学课中的生物演示实验.教学研究(河北)2006,(3).

71. 傅厚春.初中生物学实验课上法要灵活.生物学教学,2000,(8).

72. 余瑞婷、谢红涛.如何做好演示实验.内江科技,2006,(9).

73. 朱江海.化学演示实验的八点要求.教学与管理:理论版,2002,(4).

74. 杨安之.对化学教学中演示实验的探讨.中国科技信息,2006,(24).

75. 王胜忠.化学课堂演示实验浅谈.科技资讯,2006,(36).

76. 马清河.初中物理演示实验六忌.中学理科(综合),2006,(10).

77. 乌美娜.教学设计【M】北京:高等教育出版社,1995.

78. 陈维.对"渗透现象"演示实验的改进.生物学通报,2006,(9).

79. 丁忠江.浅谈导入技能在初中生物教学中的积极作用.黔东南民族师专学报,2001,(6).

80. 荣静娴,钱舍.微格教学与微格教研.上海:华东师范大学出版社,2000.

81. 孙启录.生物课堂导入十法.山东教育,1997,(4).

82. 韦慧彦.寓游戏于实验教学之中——英国中学生物实验教材特点初探.中学生物教学,2001,(1).

83. 杨光选.浅论生物课堂导入技巧.中国教育与教学,2006,(6).

84. 周柳华.浅谈生物课的导入艺术.教学与管理,2005,(15).

85. 吴曼霖.试论生物课的导入技能.曲阜师范大学学报(自然科学版),1993,(1).

86. 谈华.加强生物教学法教学中的技能训练.高师理科学刊,1997,(4).

87. 田小龙.生物教学的开讲艺术.中国农村教育,2007,(3).

88. 汪清泉.课堂教学中的强化技能及运用.延边教育学院学报,2005,(4).

89. 孙立仁.微格教学理论与实践研究.北京:科学出版社,1997.

90. 李亚文.强化技能在课堂教学中的应用.辽宁师专学报(社会科学版),1999,(5).

91. 杜复平.强化技能的心理学基础及在课堂教学中的应用.贵阳师范高等专科学校学报(社会科学版),2003,(4).

92. 陈详.谈生物学科综合能力培养的策略.生物学教学,2002,(8).

93. 祝有涛.生物课堂小结的艺术.山东教育,2003,14.

94. 李红慧.浅谈生物课堂结课艺术.教学与管理,2004,(30).

95. 陈红燕.高中生物学课堂练习的实施与评价.生物学教学,2005,(6).

96. 张广铎.生物课堂教学结课艺术初探.中学生物教学,2002,(4).

97. 王客亮. 浅谈中学数学课教学的结课艺术. 数学通讯,2005,(1).

98. 胡学荣. 体育课堂教学结束技艺研究. 河北体育学院学报,2004,(2).

99. 王小玲. 谈谈生物学课结尾的艺术. 生物学教学,2003,(4).

100. 周勇,赵宪宇. 说课、听课与评课. 北京:教育科学出版社,2004.(6).

101. 刘勇梅. 新课程改革理念下的说课. 吕梁教育学院学报,2005,(1).

102. 丁邦勇. 教师说课能力的培养与要求. 北京教育(普教版),2005,(4).

103. 夏志清. 论说课. 河南师范大学学报(教育科学版),2003,(4).

104. 方帅军,杜召凤. 浅谈新课改理念下的生物学说课. 阜阳师范学院学报(自然科学版),2006,23(3).

105. 朱琦. 生物学教师说课能力的培养与要求. 生物学教学,2004,(4).

106. 袁锦明. "生物膜的流动镶嵌模型"说课稿. 中学生物学,2006,22(3).

107. 温虹羽. 浅议微格教学中的说课训练. 内蒙古师范大学学报(教育科学版),2006,(3).

108. 侯代忠. 重视评课 提高评课质量. 广西教育,2005,(8).

109. 王旭东. 提升教学质量的重要举措——谈"评课". 中国职业技术教育,2005,(7).

110. 陈白茹. 让听课评课确具针对性. 中小学教师培训,2007,(1).

111. 邱衍霖. 新课程理念下评课的实践与探索. 新课程研究(教师教育),2006,(3).

112. 王巧生. 新课程理念下如何听课与评课. 新课程(初中版),2006,(1).

113. 张华. 浅析新课程背景下的评课. 甘肃教育,2007,(2).

114. 鞠宁. 教师应如何听评课. 新课程(小学版),2007,Z(1).

115. 徐世贵. 怎样听课评课. 沈阳:辽宁民族出版社,2000.

116. 李静. 改进评课方式促进教师专业成长. 新课程研究(教师教育),2007,(2).

117. 马志龙. 评课到底有没有标准. 现代教学,2007,(1).

118. 杨九俊. 新课程说课、听课与评课. 北京:教育科学出版社,2004.

119. 徐世贵. 课程怎样听课评课. 天津教育出版社,2006.

120. 刘良华. 有效、开心和自主. 赛埔学报(叙事教育学周刊),http://xushi.cersp.com/.

121. 吴志华,周德茂. 简论微格教学评价标准的建立[J]. 教育科学,2003,19(6).

122. 于俊乐,许永龙. 实践教学课程体系质量的综合评价研究[J]. 天津师范大学学报：自然科学版[J],2006(1).

123. 郝莉,龙华,吴志刚.对学生学习进行综合评价的探索[J].东华大学学报,2004(4)1.

124. 王斌华.教师评价模式：微格教学评价法[J].全球教育展望,2004,33(9).

125. 宋阳,佟延秋.微格教学评价的数学模型[J].中国医学教育技术.2006.20(2).

图书在版编目(CIP)数据

生物微格教学/俞如旺主编. —2 版. —厦门：厦门大学出版社，2012.3
(教师教育专业课堂教学技能训练系列教材/黄汉升主编)
ISBN 978-7-5615-2914-0

Ⅰ. ①生… Ⅱ. ①俞… Ⅲ. ①生物课-微格教学-师范大学-教材　②生物课-微格教学-中学　Ⅳ. ①G633.912

中国版本图书馆 CIP 数据核字(2012)第 031254 号

厦门大学出版社出版发行
(地址：厦门市软件园二期望海路 39 号　邮编：361008)
http://www.xmupress.com
xmup @ public.xm.fj.cn
南平市武夷美彩印中心印刷
2012 年 3 月第 2 版　2012 年 3 月第 1 次印刷
开本：787×960　1/16　印张：23　插页：2
字数：400 千字　印数：3 000～5 500 册
定价：32.00 元
本书如有印装质量问题请直接寄承印厂调换